可能性理论及应用

Possibility Theory and Application

杨风暴　吉琳娜　王肖霞　著

科学出版社

北　京

内 容 简 介

可能性理论是一种新的不确定性信息处理的理论和方法，其针对事件发生难易的可能性探索相应的研究工具．本书是在作者及其课题组多年来研究成果的基础上撰写而成的，较系统地介绍可能性理论研究的专著．全书包括理论研究和应用研究两方面，其中理论研究有可能性理论的基本概念、可能性分布的构造、可能性分布的相似测度、可能性分布的合成和可能性集值映射等；应用研究包括基于可能性理论的决策方法，以及可能性理论在尾矿坝风险评估、LIDAR 数据车辆区域提取、地面目标识别和红外图像融合等方面的应用．

本书可供从事多源信息融合、不确定性信息处理、人工智能、风险评估与预测、故障诊断等方面研究的科研人员使用，也可作为高等院校和科研院所信息与通信工程、计算机技术、控制工程、环境与安全工程、信息计算、应用数学等相关专业的高年级本科生和研究生的参考用书．

图书在版编目(CIP)数据

可能性理论及应用/杨风暴，吉琳娜，王肖霞著．—北京：科学出版社，2019.5
ISBN 978-7-03-061128-4

Ⅰ.①可… Ⅱ.①杨… ②吉… ③王… Ⅲ.①信息处理-研究 Ⅳ.①TP391

中国版本图书馆 CIP 数据核字(2019) 第 083634 号

责任编辑：胡庆家 贾晓瑞／责任校对：彭珍珍
责任印制：吴兆东／封面设计：陈 敬

科学出版社出版
北京东黄城根北街 16 号
邮政编码：100717
http://www.sciencep.com

北京虎彩文化传播有限公司印刷
科学出版社发行 各地新华书店经销
*
2019 年 5 月第 一 版 开本：720×1000 1/16
2024 年 2 月第五次印刷 印张：15 3/4 插页：3
字数：320 000

定价：99.00 元
(如有印装质量问题，我社负责调换)

序　言

信息探测与处理是现代综合信息系统的重要组成部分, 目标状态特性的变化、探测环境的复杂多样、噪声 (或信息对抗) 的干扰混叠、探测手段的性能不同、信息储存和传输的容量限制等因素会造成信息探测与处理中存在许多不确定性问题, 因此, 对不确定性信息的处理是解决此类问题的关键. 可能性理论在处理预测和估计中的小样本问题方面具有一定优势, 是处理信息不确定性问题的一种新的重要理论和方法. 该书研究可能性理论中的基本概念、原理、方法和应用, 具有重要的理论意义和应用价值.

可能性理论的发展处于初期, 还没有形成理论体系, 该书建立了包括可能性理论基本概念 (可能性分布、可能性测度、可能性截集等)、可能性分布的相似测度、可能性分布的构造和合成、可能性集值映射等内容的系统的理论框架, 是一种新的探索. 书中包含了作者多年来在可能性理论方面的一些研究成果, 如不确定性信息的划分、线性回归可能性分布构造、分布间的相似测度、分布的合成、可能性集值映射、可能性决策及可能性理论应用等, 具有创新性. 该书能够将理论和应用相结合, 给出可能性理论在决策、风险评估、遥感数据处理、红外图像融合等方面的应用实例, 具有重要参考价值. 因此, 该书为可能性理论的深入研究和广泛应用奠定了基础, 将对相关的科技研究和应用发展产生深远的意义.

杨风暴教授及其带领的团队多年来一直从事智能信息处理领域的研究, 尤其近年来在可能性理论研究方面取得了不少的重要研究进展和成果, 得到了同行专家的肯定和关注. 在与杨教授多年交往中, 感受到他的治学严谨、勤奋刻苦、为人谦逊. 该书撰写中他们几易其稿、反复斟酌, 为保证书稿质量奠定了良好基础.

我相信该书的出版将对可能性理论的研究发挥促进作用, 祝愿杨教授等在今后的工作中再接再厉, 取得更多的研究成果.

以此为序.

中国工程院院士　张锡祥

2018.11.10

前　言

可能性是包含在事物中的预示着事物发展种种趋势的属性, 是潜在的、未实现的; 可能性往往存在于事物的发展过程中, 在一定条件下某种可能会转变为现实. 因而, 可能性的大小可以描述事物未来发展趋势的潜在可实现程度, 成为人们预测判断时不可忽略的重要因素.

由于概率与数理统计手段在日常生活和各个领域的普及, 人们常常将可能性与概率反映的事物发展的随机性相混淆. 实际上二者有本质的区别: 随机性表示的是某一事件发生的频繁程度, 来源于事件发生条件的不确定性, 对应的概率论着重于事件发生结果的统计研究; 可能性表示的是某一事件实现的难易程度, 来源于事件本身和相关因素影响的不确定性. 所以, 进行未来预测时对可能性的研究基于原有的理论、方法是非常有局限的.

模糊数学的创始人、美国控制论专家 L. A. Zadeh 在模糊集合论的基础上, 于 1978 年提出了可能性理论, 将未来预测中的不确定性理解为可能性, 利用模糊集合的手段处理不精确推理中的问题, 使可能性理论成为与概率论平行的不确定性问题的研究方法. 后来, 随着可能性分布和可能性测度两个概念的出现, 可能性理论被应用于预测评估、决策分析、信息融合和自动控制等领域, 对推动不确定性问题的研究产生了积极作用.

工程实践中有大量的问题不是基于多次试验或许多样本的, 小样本问题是经常需要直面的. 可能性分布的构造可以避免概率分布大样本统计的窘境, 利用非样本空间的数据或间接先验知识来建立, 为小样本问题的突破提供了有力的工具, 这也成为可能性理论的一大优势.

但是处于初期的可能性理论本身的发展仍比较缓慢, 其相应的内容需要不断被挖掘, 潜在的应用价值需要不断被发现; 同时, 越来越多的工程实践问题需要利用可能性理论才能更好地解决. 这些因素成为可能性理论研究不断深入的动力. 目前国内虽有一些研究可能性理论及其应用的论文发表, 但没有检索到可能性理论方面的专著.

本书就是在上述背景下撰写的, 汇集了作者十几年来在可能性理论方面的艰辛探索的研究成果, 尽管有些内容还处于探索阶段, 有许多需要进一步完善的地方, 但作为一种新的处理不确定性信息的方法, 本书试图探索其系统的理论框架, 达到抛砖引玉的效果. 全书包括理论研究和应用研究两方面, 其中理论研究内容有可能性理论的基本概念、可能性分布的构造、可能性分布的相似测度、可能性分布的合成和可能性集值映射等; 应用研究包括基于可能性理论的决策方法, 以及可能性理论在尾矿坝风险评估、LIDAR 数据车辆区域提取、地面目标识别和红外图像融合等方面的应用实例.

中国科学院姚建铨院士、中国工程院何友院士、张锡祥院士在本书的编写中给予了极大的支持和帮助; 英国雷丁大学卫红博士、澳大利亚昆士兰科技大学顾元通教授、美国长岛大学张奇萍教授审阅了部分书稿, 在此表示衷心的感谢. 本书的研究得到了国家自然科学基金项目 (项目编号: 61672472, 61702465, 61503345) 和教育部高等学校博士学科点专项科研基金项目 (课题编号: 20121420110004) 的资助, 在此表示感谢.

第 1, 3 和 9 章由杨风暴教授撰写, 第 2, 4, 5, 7, 10 和 11 章由吉琳娜博士撰写, 第 6 和 8 章由王肖霞副教授撰写, 全书由杨风暴教授统稿. 冯裴裴、周新宇、牛涛、安富、李国平和史冬梅等提供了部分研究资料, 李大威、焦玉茜、王向东等参与了修改工作. 本书在撰写过程中参阅了近年来相关领域的一些新的研究成果, 在此向有关作者表示诚挚的谢意.

由于作者学术水平的局限, 本书难免存在不妥或疏漏之处, 有些系一家之言, 真诚希望各位专家、学者不吝赐教.

杨风暴

2018 年 11 月 7 日

目　　录

第 1 章　绪　　论

不确定性信息的处理比确定性信息的处理要困难得多, 一方面是由于人们对信息不确定性的认识不足, 另一方面是由于不确定性信息处理的手段不足. 其中, 对信息不确定性的认识不足主要体现在: 不确定性主要有哪些表现形式, 这些表现形式之间的关系是什么. 不确定性信息处理的手段不足主要体现在: 不确定性信息处理的方法可以处理哪些不确定性, 这些方法与不确定性之间是什么关系, 还有哪些新的方法. 作为本书的研究对象, 可能性在诸多不确定性信息的表现形式中处于什么样的位置, 处理可能性问题的可能性理论的作用是什么, 这些问题是目前不确定性信息处理中亟待解决的问题, 对其探讨是本章的主要内容.

1.1　信息的不确定性

信息是能够被人感知的、关于客观事物的反映. 客观事物多样性、事物之间联系的复杂性、人们感知事物的时空局限性、认识事物的主观选择性, 使反映事物的信息常常具有不确定性, 换而言之, 不确定性是信息的本质属性之一. 当信息的不确定性比较大、对研究问题的影响不能被忽略时, 相应的信息一般被称为不确定性信息. 随着人类认知能力的不断提高, 研究对象的系统复杂性不断增大, 相关信息的不确定性表现愈来愈明显, 影响愈来愈严重, 成为现代信息处理领域中不可回避的主要内容. 在实际工程应用中, 不确定性信息处理不当, 会造成状态分析不准确、判断决策失误, 系统运行失调、出错, 甚至瘫痪, 严重时会造成安全事故. 因此, 对不确定性信息进行有效处理尤为重要.

信息的不确定性有不同的表现形式, 随着人们研究的深入, 其表现形式不断被发现, 如随机性、可能性、模糊性、混沌性、冲突性等. 按照信息感知的要素, 可以从现象、感觉、认知三个方面来说明常见的几种不确定性主要表现形式的差异, 如图 1.1 所示.

随机性、可能性和混沌性等描述的是事物现象的不确定性, 属于客观现象范畴. 其中, 随机性表示的是某一事件 (包括事物、行为、结果) 发生的频繁程度, 着重于事件结果的统计性, 对其描述主要考虑事件本身; 可能性表示的是某一事件 (包括事物、行为、结果) 实现的难易程度, 对其描述不但需要考虑事件本身, 还要考虑相关事物 (因素) 对事件的影响; 混沌性表示的是某一事件 (包括事物、行为、结果) 对周围事物影响的复杂程度, 对其描述主要考虑事件对周围事物的影响.

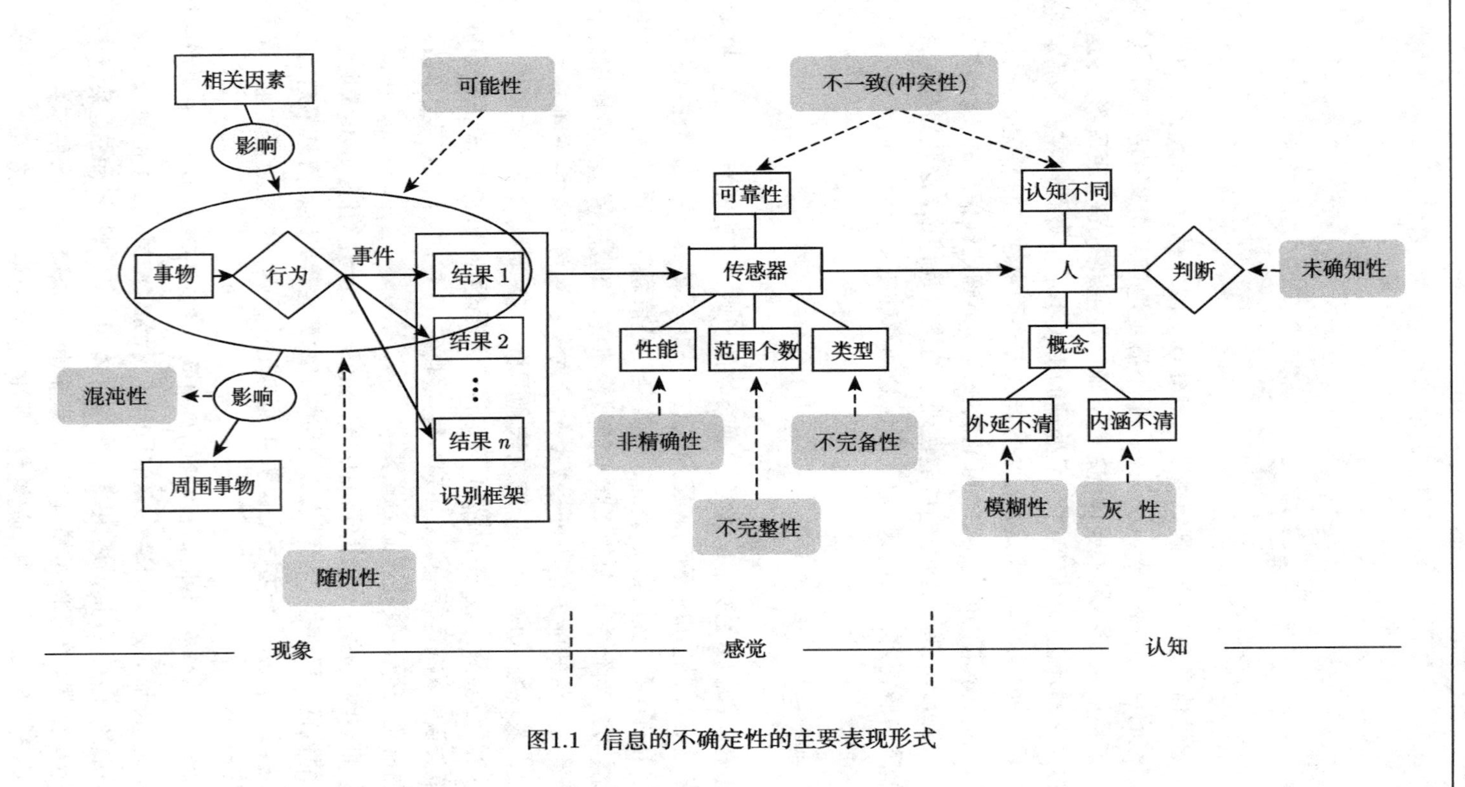

图1.1 信息的不确定性的主要表现形式

非精确性、不完整性、不完备性和不一致性 (甚至冲突性) 等描述的是传感器探测事物及其现象结果的不确定性, 属于传感器 (感觉器官) 范畴. 其中非精确性表示的是由传感器性能的局限造成的探测数据的精度 (分辨力、信息粒度等) 不能满足探测需求的精细程度; 不完整性表示的是由传感器测量范围、个数的局限造成的探测数据描述探测对象全局特性的缺失程度; 不完备性表示的是由传感器类型的局限造成的探测数据描述探测对象维度的缺失程度; 不一致性 (冲突性) 表示的是由传感器可靠性的不同造成的探测数据之间描述探测对象性能的矛盾程度.

模糊性、灰性、未确知性和不一致性 (甚至冲突性) 等描述的是人们通过传感数据对客观事物认知的不确定性, 属于主观认知范畴. 其中, 模糊性表示的是人们形成概念时, 内涵明确、外延不清的情况; 灰性表示的是人们形成概念时, 外延明确、内涵不清的情况; 未确知性表示的是人们做出判断时由于条件限制而形成的对信息主观认识不清的情况; 不一致性表示的是人们认识同一事物时, 个体之间认知不同的情况.

不同的不确定性有不同的研究理论或方法, 例如, 概率论、随机集理论是研究随机性的理论和方法, 模糊理论是用来研究模糊性的, 灰色理论是在研究灰性的基础上提出的, 混沌理论对应的是混沌性, 粗糙集理论为非精确性信息的处理提供了方法, 证据理论为不一致性信息的综合提供了合成规则 [1].

但是, 研究对象和研究工具是两个不同的概念, 二者之间不必要, 也不需要一一对应性, 即不同的研究方法和不同的不确定性不具有严格的一一对应性, 或者说, 不同的不确定性, 可以用同一个方法或其中的子方法去研究或处理. 例如, 模糊理论可以研究模糊性, 也可以研究非精确性、不一致性、未确知性等; 灰色系统理论可以处理信息的灰性问题, 也可以研究信息的不完备性、不完整性问题. 进而, 有些不确定性问题需要几种理论和方法的结合, 如灰色粗糙集模型、模糊证据理论、模糊随机优化等.

在日常生活中, 往往出现人们对某些事件发生结果的可能性做出判断或预测的情况, 造成了可能性被划分为人们认知范畴的不确定性. 这实质上是混淆了研究者 (人) 和研究对象 (事件发生的可能性) 之间的区别, 虽然研究者具有主观性, 对研究对象的判断或预测结果有一定的影响, 但并不能代替或忽略研究对象及其客观属性. 此类情况中可能性仍是属于客观现象范畴的.

1.2 可能性与可能性理论

从前面的分析可以看出, 事件发生的可能性不同于事件发生的随机性, 更不同于描述人们概念认知的模糊性. 可能性是在考虑某一事件本身以及相关因素对该事件影响的基础上, 对该事件实现难易程度的反映和预测. 如 “这次试验可能成功”“甲队比乙队获胜的可能性大”“今天有可能下雨” 等, 都是对未来发生结果的一种不确定性估计.

可能性是包含在事物中的预示着事物发展种种趋势的属性, 是潜在的、未实现的; 可能性往往存在于事物的发展过程中, 在一定条件下某种可能会转变为现实. 因而, 可能性的大小可以描述事物未来发展趋势的潜在可实现程度, 成为人们预测判断时不可忽略的重要因素. 利用可能性能够对未来事件的发生进行预测, 在解决小样本工程问题中具有独特优势和重要作用.

由于可能性不同于其他信息的不确定性, 原有的处理其他不确定性信息的理论和方法具有很大的局限性, 需要探索新的、能够有效解决可能性及其相关问题的理论和方法. 可能性理论就是针对可能性及相关问题而提出的一种理论和方法, 是对事件未来发生的可能性进行预测和研究, 尽管其借鉴了模糊数学、随机集、证据理论等的一些概念和规则, 但仍是一种新的不确定性信息处理方法. 随着人们和工程技术对小样本、未来发生事件预测的迫切性需求的增加, 可能性理论将会发挥更加重要的价值, 成为不确定性信息处理的关键组成部分.

可能性理论具有以下特点:

(1) 需要的先验知识较少, 适用于小样本、贫信息的处理.

(2) 分布构造方法多: 可借鉴模糊数学、概率论、随机集、证据理论和粗糙集等的度量形式, 形成多种可能性分布构造方法.

(3) 利用不同测度描述可能性信息: 利用二元测度 (可能性测度、必然性测度) 及可信性测度对可能性信息的不同状态进行表达与量化, 有效确定信息的不确定性区间, 可得到比单一测度更为全面的描述与解释.

(4) 通过可能性分布合成描述更复杂的问题: 通过不同模糊算子或基于可能性分布数字特征的相似测度, 针对不同类型的可能性分布, 进行相应的合成, 可以综合多个因素对事件的影响, 解决复杂系统的预测与决策问题.

(5) 有利于建立不同论域间的集合映射关系: 利用多个可能性分布间的联合落影, 揭示不同论域的集合与集合 (或幂集) 的复杂映射规律; 通过截集的变化反映集值映射的动态多变性, 突破了单一确定性映射仅能描述元素与元素间静态关系的局限.

可能性理论除了解决可能性的相关问题外, 利用上述特点也可以处理其他非可能性的问题.

1.3 可能性理论与概率论的比较

可能性理论和概率论的异同主要表现在以下四方面.

(1) 理论解释：两种理论都具有多种解释方式, 其中概率论具有客观频率解释、主观 Bayes 解释以及区间概率解释等; 可能性理论的解释方式有模糊集合解释、模态逻辑解释、上/下概率解释、基于似然函数和认知状态的解释等. 根据不确定性类型以及具体实际要求, 可选用合适的解释方式.

(2) 刻画对象：概率分布用于对随机变量的刻画, 可对随机性信息进行有效描述; 可能性分布是对可能性变量的描述和刻画, 可对可能性信息进行有效表征与度量.

(3) 测度表征：两者均是采用基于集函数的测度表达方式, 然而由于公理背景的本质不同, 可能性测度和概率测度主要存在以下区别:

概率测度是在 Lebesgue 测度与积分的理论基础上提出来的, 是定义在一个由非空集合的一系列子集构成的 σ-代数上的集函数, 取值范围为区间 [0,1], 并在空集上取值为 0, 在样本空间上取值为 1, 且具有可列可加性. 尽管概率测度的可列可加性能够有效描述无误差及理想条件下的多种测量问题, 然而对于一些不可重复性试验或者涉及主观判断的问题来说, 其本质就是非可加的. 随后, Sugeno 提出了一种模糊测度, 用该测度比较弱的单调性及连续性来代替可加性, 而且定义了可测函数关于模糊测度的积分 ——Sugeno 积分. Zadeh 将 Sugeno 积分扩展到模糊集合上, 定义了基于模糊集合的可能性测度. 概率测度、可能性测度和模糊测度的性质对比如表 1.1 所示.

表 1.1 概率测度、可能性测度和模糊测度的性质对比

性质	概率测度	可能性测度	模糊测度
测度空间	概率空间$(\Omega, P(X), P)$	可能性空间$(U, F(U), \Pi)$	模糊测度空间$(U, F(U), \mu)$
有界性	$P(\Omega)=1$	$\Pi(\varnothing)=0, \Pi(U)=1$	$\mu(\varnothing)=0, \mu(U)=1$
单调性	$\forall A\subseteq\Omega, P(A)\geqslant 0$	$\forall A, B\subseteq U,$ 若$A\subseteq B$, 则$\Pi(A)\leqslant\Pi(B)$	$\forall A, B\subseteq U,$ 若$A\subseteq B$, 则$\mu(A)\leqslant\mu(B)$
连续性	$\forall i\neq j,$ 若$A_i\cap A_j=\varnothing$, 则$P\left(\bigcup\limits_{n=1}^{\infty}A_n\right)=\sum\limits_{n=1}^{\infty}P(A_n)$ 满足可列可加性	$\forall i\neq j,$ 若$A_i\cap A_j=\varnothing$, 则$\Pi\left(\bigcup\limits_{n=1}^{\infty}A_n\right)=\max(\Pi_n(A_n))$ 满足次可加性	$\forall A_n\subseteq\Omega,$ 若$\{A_n\}_{n=1}^{\infty}$单调, 则 $\lim\limits_{n\to\infty}\mu(A_n)=\mu\left(\lim\limits_{n\to\infty}A_n\right)$

值得注意的是, 概率测度只能在 σ-域上赋值, 而实数区间的所有子集并不能构成 σ-域, 因此, 概率测度在实数区间的所有子集上没有取值; 相反, 可能性测度在实数区间的所有子集上都可以赋值, 三者的关系如图 1.2 所示.

(4) 分布函数: 概率利用统计方法来反映随机事件中所隐含的历史规律, 其分布是定义在概率空间 $(\Omega, P(X), P)$ 上、从实数集到区间 [0,1] 上的映射; 而可能性是对人们对某一事物或达到某一目标的预测, 其分布是定义在可能性空间 $(U, F(U), \Pi)$ 上函数的集合. 概率密度函数和可能性分布函数的区别如表 1.2 所示.

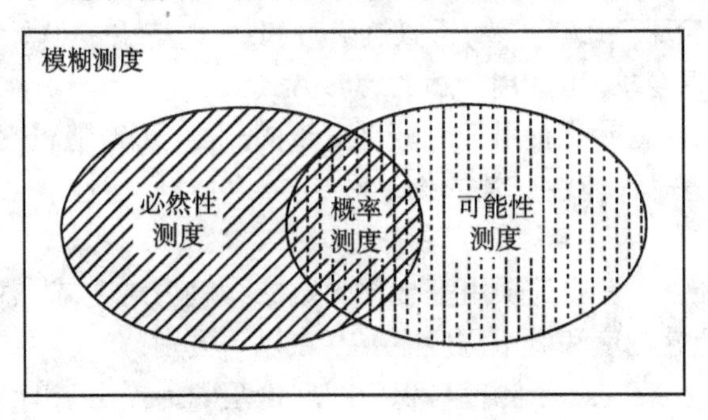

图 1.2　概率测度、可能性测度和模糊测度间的关系

表 1.2　概率密度函数与可能性分布函数的区别

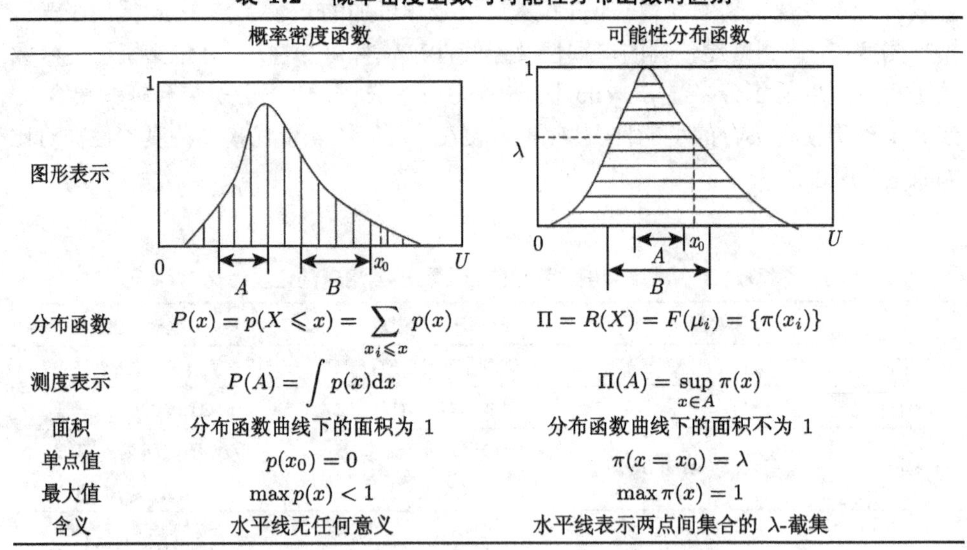

	概率密度函数	可能性分布函数
图形表示		
分布函数	$P(x) = p(X \leqslant x) = \sum\limits_{x_i \leqslant x} p(x)$	$\Pi = R(X) = F(\mu_i) = \{\pi(x_i)\}$
测度表示	$P(A) = \int p(x)\mathrm{d}x$	$\Pi(A) = \sup\limits_{x \in A} \pi(x)$
面积	分布函数曲线下的面积为 1	分布函数曲线下的面积不为 1
单点值	$p(x_0) = 0$	$\pi(x = x_0) = \lambda$
最大值	$\max p(x) < 1$	$\max \pi(x) = 1$
含义	水平线无任何意义	水平线表示两点间集合的 λ-截集

下面举例来说明可能性和概率之间的区别.

例 1.1　设论域 $U = \{1, 2, \cdots, n\}, x \in U$, 表示 Hans 每天吃 x 个鸡蛋, $\pi(x)$ 和 $p(x)$ 分别表示 Hans 每天早餐吃 x 个鸡蛋的可能性和概率, 见表 1.3.

表 1.3　Hans 每天早餐吃 x 个鸡蛋的可能性和概率

x	1	2	3	4	5	6	7	8	9
$\pi(x)$	1	1	1	1	0.8	0.7	0.5	0.4	0.2
$p(x)$	0.2	0.7	0.1	0	0	0	0	0	0

从表 1.3 中可以看出, Hans 每天早餐吃 3 个鸡蛋的可能性为 1, 即 Hans 吃 3 个鸡蛋这一事件是完全有可能发生的, 但他吃 3 个鸡蛋的概率却为 0.1. 这说明事件发生的可能性和概率是不同的.

可能性表示实现某一事件的难易程度, 可能性值越大, 说明此事件越容易实现; 而概率表示某一事件发生的频繁程度, 概率值越大, 说明该事件发生得越频繁. 可能性是概率发生的前提, 事件只有具备了发生的可能性, 研究其发生的概率才有意义, 即当事件不可能发生时, 该事件必然不发生, 即发生的概率为 0. 对于一事件而言, 若该事件发生的概率越大, 则其发生的可能性就越大; 若该事件发生的可能性越小, 则其发生的概率也就越小. 然而, 可能性大的事件并不意味着其发生的概率大, 概率小的事件也并不能说明其发生的可能性也小. 如事件发生的概率为 0, 但其发生的可能性却不一定为 0, 也可能很大或为 1. 事件发生的可能性和概率之间的关系如图 1.3 所示.

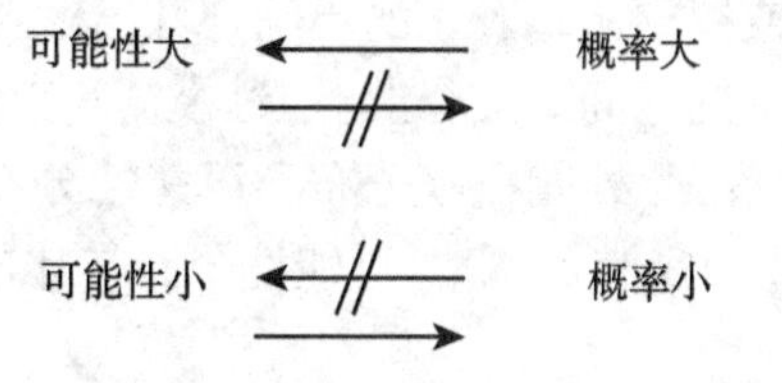

图 1.3 事件发生的可能性与概率之间的关系

1.4 可能性理论的发展过程

可能性最早出现在 Gaines 的可能性自动装置的研究中, 但并没有提出一个具体、准确的概念 [2]. 1978 年, Zadeh 首次提出了可能性理论 [3], 对可能性分布和可能性测度这两大核心概念分别进行了定义, 给出了可能性理论的模糊集合解释, 为可能性理论的研究奠定了的基础. 随后, Nahmias 提出了可能性空间, 并给出了其公理化定义 [4]. 1988 年, Dubois 和 Prade 就可能性理论的测度背景与基本应用进行了进一步阐述 [5], 将可能性测度作为一种上概率测度加以分析和应用 [6]. 1997 年, de Cooman 从测度、积分、条件可能性和独立可能性等不确定测度的属性角度充实了可能性理论 [7]. 2006 年, Klir 对可能性理论做出了一种公理化解释 [8]. 2014 年, Zadeh 对可能性理论和模糊逻辑的关系进行了进一步说明 [9].

可能性测度是可能性理论中的重要概念之一, de Cooman 从积分和测度等属性角度提出了可能性测度的一般定义与性质, 将可测函数关于非可加性测度的积分 (即 Sugeno 积分) 进行扩展, 给出了可能性积分的定义 [10]; Ralescu 和 Adams 针对 Sugeno 积分提出了与 Lebesgue 积分、Riesz 积分等相平行的结论以及定理 [11]; Liu 指出利用单一的可能性测度并不能同时反映某一事件与其对立事件之间的关系, 为此利用可能性理论的二元测度提出了可信性测度 [12]; Liu 证明了可信性测度是一种具有单调性、正规性、自对偶性和可列可加性的不确定性测度, 并以此为据建立了基于可信性测度的公理化体系. 可信性测度在可能性理论中占据了无可替代的地位, 其重要性不亚于概率论中的概率测度 [13].

几种不确定性测度如图 1.4 所示.

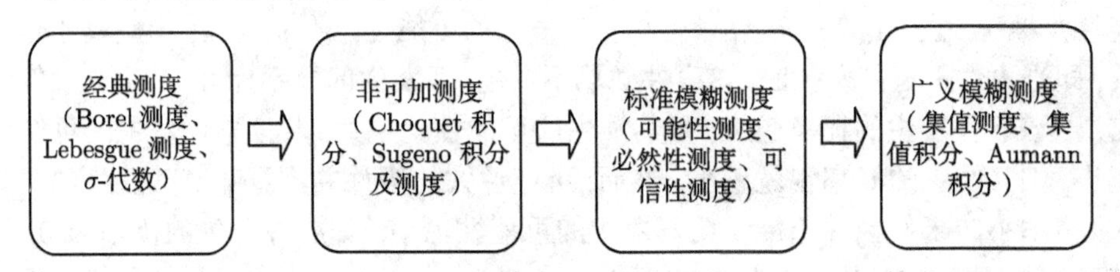

图 1.4 几种不确定性测度的发展

Zadeh 从自然语言或模糊命题表示的不确定性出发, 将取值为概率论中一个点的变量扩展到模糊理论中的区间或集合上, 通过模糊约束建立了模糊变量的可能性分布与隶属函数间的关系, 此外就概率分布和可能性分布的关系进行了详细说明, 明确指出, 在两者的转化中需满足概率–可能性分布转化的三个原则. 目前, 可能性分布构造方法主要有:

(1) 基于隶属函数的可能性分布生成法: 根据实际问题的具体背景, 从模糊统计法、启发式法、二元对比排序法、专家打分法、集值统计法等方法中构造合适的隶属函数, 从而生成可能性分布, 该方法通常用于离散论域的情况.

(2) 基于主观可能性分布构造方法: 根据实际问题, 从常用的模糊分布中选取合适的分布, 通过调整分布参数, 使其尽可能地符合事件的客观规律. 例如, 何俐萍对基于隶属函数的可能性分布生成方法进行了详细阐述, 通过对少量的客观数据进行赋值, 将数据进行分组, 分别计算每组的平均值, 提出了一种基于可能性中值的线性模糊数或非线性模糊数构造法, 同时将其用于可能可靠性理论的建模与仿真中 [14], 该方法简单易于实现, 但主观性较强.

(3) 概率分布到可能性分布的转化方法: 以大量统计样本数据的概率分布为基础, 在概率分布已知的情况下, 根据不同的转化方法可得到不同的可能性分布. 例如, Yager 利用一致性原则, 通过标度假设实现了概率分布到可能性分布的比例或区间转化 [15]; Klir 和 Parviz 利用转化过程中信息保持不变的原则提出了概率到可能性的线性转化 [16]; Civanlar 和 Trussell 提出了由概率分布到可能性分布的 T 转化, 构造了测量数据的可能性分布, 认为模糊事件发生的概率应大于某一给定的阈值 [17]; Mauris 等利用可能性分布对获取的传感器数据进行了模糊建模 [18], 阐述了概率分布和可能性分布的关系 [19], 提出了双峰概率分布到可能性分布的一种转化方法 [20], 此外利用对称和非对称的概率置信区间对可能性分布进行构造 [21];

Dubois 等讨论了可能性分布到概率分布的相互转换, 针对连续且单峰的概率分布(均匀分布、三角分布、高斯分布等), 提出了截性三角近似的可能性分布构造法, 同时对各分布的转换参数进行了说明 [22]; Masson 和 Denoeux 利用概率论中的不等式实现了对少量数据的可能性分布表征 [23]; 侯艳华提出了一种基于最大确定性原则的可能性分布构造方法, 通过引入 Sison-Glaz 同时置信区间实现了测量数据的表征与度量, 利用收敛性、覆盖概率等指标对其加以验证 [24]; Ferrero 和 Prioli 在建立自变量间关系的基础上, 提出了一种联合可能性分布的构造法 [25], 这类方法为可能性分布的构造提供了有效手段, 然而在实际工程应用中, 由于条件及成本限制, 仅能得到少量的数据, 该方法无法对小样本数据进行表征与处理.

可能性分布的相似测度在风险评估、聚类分析、系统决策等领域都起着非常重要的作用, 近年来学者们提出了一些方法并得到了广泛应用. Chen[26] 提出一种梯形可能性分布的相似测度计算方法, 但仅仅考虑了横坐标之间的差异, 未考虑高度、形状等影响可能性分布相似测度的因素. Lee[27] 在 Chen 的基础上进行了改进, 但当两个可能性分布为相同实数时, 该方法无法计算其相似测度. Hsieh[28] 等提出了一种基于距离理论的相似测度计算方法, 但未考虑可能性分布纵坐标的变化. 而且以上三种方法都不适用于广义可能性分布相似测度的计算. 为此, 文献 [29] 利用简单质心法给出了一种广义可能性分布相似度量方法, 虽克服了上述方法的一些不足, 但其将质心的横纵坐标单独考虑, 导致结果缺乏信任度. 文献 [30] 提出的相似测度计算方法中考虑了可能性分布的几何距离、周长和高度, 但不能处理一些特殊情况下的相似测度计算. Hejazi[31] 在文献 [7] 的基础上提出了一种新的相似度量方法, 该方法考虑了可能性分布的几何距离、周长和高度以及面积, 但无法计算两个单点的可能性分布的相似测度. 上述方法都有各自的局限性, 但共同之处是只能计算线性可能性分布间的相似测度, 对于非线性分布则无法处理.

可能性分布间的运算是依据各种运算模式对多个可能性信息源进行逻辑推理及处理的过程. 一些学者就不同算子间的区别和联系进行了初步探索, 这为可能性分布合成研究提供了借鉴和基础. 主要包括:

Zadeh 提出了可能性分布的扩张原理, 其本质是一种 “先取小, 后取大” 的算子, 这为可能性分布的运算开辟了一条新思路. 随后, Klir 和 Yuan[32] 给出了三角范数和三角余范数的定义及其不同表现形式, 提出了一种具有有界性、单调性、递增性、对称性及幂等性的聚合算子, 并指出该算子可以是调和算子、几何平均算子和算术平均算子等. Dujmovic[33] 提出了有序加权平均合成算子 (ordered weighted averaging, OWA) 用于可能性分布间的运算; Yager[34] 给出了 orness 算子和 andness 算子, 但是这类算子认为每个分布具有相同的权重. 由于不同不确定性集合表示的属性不同, 其可能性分布的权重也应不同. 为此, Larsen[35] 采用重要性 OWA 算子对可能性分布进行运算; Oussalah[36] 对可能性分布自适应合成规则的一些代数运算及其性质进行了深入研究.

可能性分布合成能够同时包含多种运算或算子, 当算子参数发生变化时, 会产生不同的合成规则; 运算描述的是两个分布间对应取值的关系, 即点与点的关系, 而合成将点与点的运算在论域上进行扩展, 反映了分布间的区间与区间、集合与集合间关系. 上述运算或算子为可能性分布间合成规则的制定提供了借鉴, 同时为可能性分布有针对性地合成奠定了基础.

1.5 可能性理论的应用

1. *在目标识别中的应用*

由于探测环境的复杂多变性、传感器精度及观测者本身的局限性、目标机动、干扰、遮挡等引起的信息内容的冲突性等, 从不同传感器中获取的信息具有不确定性. 如何根据传感器测量信息确定合理易行的分布函数、寻求待测量值与目标库中特征值的关系, 对于目标跟踪与识别尤为必要. 如, 王国宏和何友通过构造可能性分布对雷达型号进行识别 [37], Sossai 对多源不确定性信息进行可能性分布的构造及运算, 将其应用于传感器定位中 [38].

根据不同测量信息的特点, 借鉴其他理论的信息表征形式或结合分布的数字特征, 构造可能性分布, 对传感器测量信息进行表征; 通过可能性分布与可能性测度的转化或可能性分布间的相似测度确定传感器观测值和目标库中已有目标特征值之间的模糊对应关系; 针对不同类型的信息, 在可能性度量体系下建立相应的目标识别融合模型, 实现待识别目标类别的判决与预测, 从而提高系统信息融合的准确性和可靠性. 如 Qi 利用可能性理论对本体语言和描述逻辑进行了多源信息融合 [39], Oussalah, Maaref 和 Barret 在可能性理论框架下对移动机器人导航和定位问题进行了研究 [40,41].

2. *在故障诊断中的应用*

由于故障类型的多样性以及运行环境的多变性等, 故障存在不确定性. 通常多种类型的故障特征可能同时反映一种故障, 而一种特征又可能同时描述多种故障的发生, 因此故障特征与故障类型之间并非一一对应的关系; 每种故障之间不是相互独立的事件, 不同故障之间具有一定的联系. 因此故障特征与故障类型间的关系是复杂的, 可以利用可能性分布来处理这种复杂关系. 如, 骆志高等以可能性理论为基础, 得到特征参数的可能性分布, 从而对滚动轴承进行复合故障诊断研究 [42].

对于复杂设备, 由于条件限制, 要得到大量的试验数据往往非常困难, 甚至不可行. 虽然这对于常规的概率统计来说存在很大的局限, 但这些样本足以进行可能性分布估计. 在可能性理论框架下, 将模糊数的规范表达思想作为指导, 以分布的数字特征作为对小样本信息不确定程度的度量手段, 构造基于小样本信息的可能性分布构造方法; 利用可能性集值映射, 结合模糊推理等手段, 建立故障特征与故障类型的不确定性的映射关系, 以反映两者间关系的动态变化, 综合多个不同的故障特征对设备性能的影响, 从而对小样本工程问题中的故障进行诊断与预测.

3. *在风险评估与可靠性分析中的应用*

现代工程系统是促进社会进步、确保国民经济快速高效发展的必备基础设施, 其可靠性和安全性评估是人民生命和财产安全的重要保证. 长时间高负荷运转、材料与结构的自然老化、外界环境侵蚀等因素影响, 必然会导致系统结构的抗力衰减和损伤积累, 因此系统不一定处于完好无损或完全失效这两种极端状态, 很有可能处于完好和失效之间的不确定状态. 如 Cremona 和 Cao 通过对表征结构和机械系统模糊可靠性的多个可能性分布进行运算, 提出了一种可能可靠性方法 [43], Oussalah 利用可能性理论对风险评估中的源信息进行了定性和定量分析 [44].

在可能性理论框架下, 可根据多状态结构函数截集和对偶截集, 分别构造可能可靠性函数和对偶可能可靠性函数, 得到系统在某一截集水平下的完好可靠度、失效可靠度以及处于不确定状态的可靠度. Silva 和 Yarnakami 在风险投资领域中引入了可能性分布的上、下可能性均值以及可能性方差, 对收益指标和风险指标分别进行度量, 建立了组合风险投资模型 [45], 取得很好的效果.

本书作者对可能性分布的构造、可能性集值映射等方面进行了深入分析和研究, 并应用于尾矿坝安全监测及复杂系统的可靠性分析等领域 [46−48]. 对于尾矿坝风险评估来说, 利用可能性分布将各信息源提供的统计信息、逻辑信息、语言信息、专家经验知识等进行描述与度量, 确定了风险模态等级集合的选取规则和构成形式, 根据监测指标信息和风险等级信息的特点提出映射需求, 通过分布间的运算与合成, 建立了两类信息间可能存在的一对多、多对一、多对多的复杂多变性映射关系; 以该映射为评估指标, 构建了能够有效融合各评估指标信息的风险评估模型, 从而提高了坝体评估的精准性, 为坝体风险评估提供了新理论、新方法, 解决了实际工程应用中评估效果差、评估难的问题.

4. *在红外图像融合中的应用*

本书作者在红外图像融合研究中 [49−52], 以可能性理论为研究手段, 构造了图像各差异特征对融合算法融合有效的可能性分布, 利用可能性集值映射揭示了差异特征与融合算法之间复杂的映射规律, 通过可能性分布的截集水平确定了各差异特征驱动的融合算法, 并根据可能性分布运算规则实现融合算法自适应变换与嵌接, 建立了红外图像的自适应融合模型, 使得融合算法能够随差异特征的变化而优化改变, 提高了不同类红外图像融合的效果. 如为满足红外偏振与红外光强图像拟态融合的需求, 本书作者将可能性分布及其合成用于可重构化融合模型. 这为图像融合领域引入了一种新的思路 [53], 同时为可能性分布合成理论体系的建立提供了依据.

基于可能性理论的融合方法还可推广到多波段、可见光和 SAR 以及可见光和红外等的成像探测与识别中. 随着红外成像技术的应用推广, 可能性理论将在武器装备、航空制导、故障诊断、空间目标与环境甄别、火灾地震等灾害空中监测等领域发挥更重要的作用.

5. *在其他方面的应用*

可能性理论在多属性决策、不确定性评定、聚类分析、疲劳寿命分析等其他方面也得到了应用 [54−57]. 如 Cazemier 等将可能性理论应用于土壤可用水容量的估计中, 并取得了很好的效果 [58]; 肖明珠将可能性理论应用到数据的表达与处理方面, 构建了几种常见的不确定性信息可能性分布模型, 并提出了相应的测量不确定度的评定方法 [59]; Klishnapuram, Keller[60] 和陈元谱等 [61] 将可能性理论和聚类分析相结合, 将可能性匹配引入到聚类中, 提出了可能性聚类分析方法; 文献 [62] 探索了在目标航迹关联中, 利用可能性理论提升关联准确性的有效途径.

参 考 文 献

[1] 杨风暴, 王肖霞. D-S 证据理论的冲突证据合成方法 [M]. 北京：国防工业出版社, 2010.

[2] Gaines B R. Memory minimisation in control with stochastic automata[J]. Electronics Letters, 1971, 7(24): 710-711.

[3] Zadeh L A. Fuzzy sets as a basis for a theory of possibility[J]. Fuzzy Sets and Systems, 1978, 1(1): 3-28.

[4] Nahmias S. Fuzzy variables[J]. Fuzzy Sets and Systems, 1978, 1: 97-110.

[5] Dubois D, Prade H. Possibility Theory: An Approach to Computerized Processing of Uncertainty[M]. New York: Plenum Press, 1988.

[6] Dubois D, Prade H. When upper probalities are possibility measures[J]. Fuzzy Sets and Systems, 1992, 49(5): 65-74.

[7] de Cooman G. Possibility theory. Part Ⅰ: The measure-and integral-theoretic groundwork[J]. International Journal of Systems. 1997, 25(4): 291-323.

[8] Klir G J. Uncertainty and Information: Foundations of Generalized Information Theory[M]. New Jersey: John Wiley&Sons, 2006.

[9] Zadeh L A. A note on modal logic and possibility theory[J]. Information Science, 2014, 279: 908-913.

[10] de Cooman G. Possibility theory. Part Ⅲ: Possibilistic independence[J]. International Journal of Systems. 1997, 25(4): 353-371.

[11] Ralescu D, Adams G. The fuzzy integral[J]. Journal of Mathematical Analysis and Applicaiton, 1980, 75: 562-570.

[12] Liu B. Toward fuzzy optimization without mathematical ambiguity[J]. Fuzzy Optimization and Decision Making, 2002, 1(1): 43-63.

[13] Liu B. Uncertainty Theory: An Introduction to Its Axiomatic Foundation[M]. Berlin: Springer-Veriag, 2004.

[14] 何俐萍. 基于可能性度量的机械系统可靠性分析与评价 [D]. 大连理工大学博士学位论文, 2010.

[15] Yager R R. Fuzzy Sets and Possibility Theory: Recent Developments[M]. Oxford: Pergamon Press, 1982.

[16] Klir G J, Parviz B. Probability-possiblility transformations: A comparision[J]. International Journal of General Systems, 1992, 21: 291-310.

[17] Civanlar M R, Trussell H J. Constructing membership functions using statistical data[J]. Fuzzy Sets and Systems, 1986, 18: 1-13.

[18] Mauris G, Lasserre V, Foulloy L. Fuzzy modeling of measurement data acquired from physical sensors[J]. IEEE Transactions on Instrumentation and Measurement, 2000, 49(6): 1201-1205.

[19] Mauris G. A review of relationships between possibility and probability representations of uncertainty in measurenent[J]. IEEE Transactions on Instrumentation and Measurement, 2013, 62(3): 622-632.

[20] Mauris G. Transformation of bimodal probability distributions into possibility distributions[J]. IEEE Transactions on Instrumentation and Measurement, 2010, 59(1): 39-47.

[21] Mauris G. Representing and approximating symmetric and asymmetric probabilty coverage intervals by possibility distributions[J]. IEEE Transactions on Instrumentation and Measurement, 2009, 58(1): 41-45.

[22] Dubois D, Foulloy L, Mauris G, Prade H. Probability-possibility transformations, triangular fuzzy sets, and probabilistic inequalities[J]. Reliable Computing, 2004, 10: 273-297.

[23] Masson M, Denoeux T. Inferring a possibility distribution from empirical data[J]. Fuzzy Sets and Systems, 2006, 157(3): 319-340.

[24] 侯艳华. 认知不确定性条件下可能性分布的构造方法研究 [D]. 电子科技大学硕士学位论文, 2010.

[25] Ferrero A, Prioli M. The construction of joint possibility distributions of random contributions to uncertainty[J]. IEEE Transactions on Instrumentation and Measurement, 2014, 63(1): 80-88.

[26] Chen S M. New methods for subjective mental workload assessment and fuzzy risk analysis[J]. Cybernetics and Systems, 1996, 27(5): 449-472.

[27] Lee H S. An optimal aggregation method for fuzzy opinions of group decision[C].

Proceedings of the 1999 IEEE International Conference on Systems, Man, and Cybernetics, 1999,(3): 314-319.

[28] Hsieh C H, Chen S H. Similarity of generalized fuzzy numbers with graded mean integration representation[C]. Proceedings of the Eighth International Fuzzy Systems Association World Congress, 1999, 2: 551-555.

[29] Chen S J, Chen S M. Fuzzy risk analysis based on similarity measures of generalized fuzzy numbers[J]. IEEE Transactions on Fuzzy Systems, 2003, 11(1): 45-56.

[30] Wei S H, Chen S M. A new approach for fuzzy risk analysis based on similarity measures of generalized fuzzy numbers[J]. Expert System with Application, 2009, 36(1): 581-588.

[31] Hejazi S R, Doostparast A, Hosseini S M. An improved fuzzy risk analysis based on a new similarity measures of generalized fuzzy numbers[J]. Expert Systems with Applications. 2011, 38(8): 9179-9185.

[32] Klir G J, Yuan Y. Fuzzy Sets and Fuzzy Logic: Theory and Applications[M]. New York: Prentice-Hall Inc, 1995.

[33] Dujmovic J J, Larsen H L. Generalized conjunction/disjunction[J]. International Journal of Approximate Reasoning, 2007, 46(2): 423-446.

[34] Yager R R. On ordered weighted averaging aggregation operators in multi-criteria decision making[J]. IEEE Transactions on Systems, Man and Cybernetics, 1988, 18: 183-190.

[35] Larsen H L. Importance weighted OWA aggregation of multicriteria queries[C].18th International Conference of the North American Fuzzy Information Processing Society, 1999: 740-744.

[36] Oussalah M. Study of some algebrical properties of adaptive combination rules[J]. Fuzzy Sets and Systems, 2000, 114(3): 391-409.

[37] 王国宏, 何友. 基于模糊集理论的雷达识别方法 [J]. 模式识别与人工智能, 1994, 7(2): 150-156.

[38] Sossai C, Bison P, Chemello G. Sensor fusion for localization using possibility theory[J]. Control Engineering Practice, 1999, (7): 773-782.

[39] Qi G L. Fusion of uncertain information in the framework of possibility logic[D]. Queen's University Belfast PhD Dissertation, 2006.

[40] Oussalah M. Maaref H. Barret C. New fusion methodology approach and application to mobile robotics: Investigation in the framework of possibility theory[J]. Information Fusion. 2001, 2(1): 31-48.

[41] Oussalah M, Maaref H, Barret C. From adaptive to progressive combination of possibility distributions[J]. Fuzzy Sets and Systems, 2002, 139(3): 559-582.

[42] 骆志高, 何鑫, 胥爱成, 等. 可能性理论在滚动轴承复合故障诊断中的应用 [J]. 振动与冲击, 2011, 30(1): 73-76.

[43] Cremona C, Cao Y. The possibilistic reliability theory: Theoretical aspects and applications[J]. Structural Safety, 1997, 19(2): 173-201.

[44] Oussalah M, Newby M. Combination of qualitative and quantitative sources of knowledge for risk assessment in the frame of possibility theory[J]. International Journal of General Systems, 2004, 33(2-3): 133-151.

[45] Silva R C, Yarnakami A. The use of possibility theory in the definition of fuzzy pareto-optimality[J]. Fuzzy Opti. Decis. Making, 2011, 10: 11-30.

[46] Wang X X, Yang F B, Wei H, Ji L N. A risk assessment model of uncertainty system based on set-valued mapping[J]. Journal of Intelligent & Fuzzy Systems, 2016, 31: 3155-3162.

[47] Wang X X, Yang F B, Wei H, Zhang L. A new ranking method based on TOPSIS and possibility theory for multi-attribute decision making problem[J]. OPTIK, 2015, 126(20): 4852-4860.

[48] Wang X X, Yang F B, Wei H. A method of group decision-making for dynamic cloud model based on cumulative prospect theory[J]. International Journal of Grid and Distributed Computing, 2016, 9(10): 283-290.

[49] Yang F B, Wei H. Fusion of infrared polarization and intensity images using support value transform and fuzzy combination rules[J]. Infrared Physics & Technology, 2013, 60: 235-243.

[50] 牛涛, 杨风暴, 王志社, 王肖霞. 一种双模态红外图像的集值映射融合方法 [J]. 光电工程, 2015, 42(4): 75-80.

[51] 牛涛, 杨风暴, 卫红, 等. 红外偏振和光强图像差异特征分类树的构建 [J]. 红外技术, 2015, 37(6): 457-461.

[52] Ji L N, Yang F B, Wang X X. An uncertain information fusion method based on possibility theory in multisource detection systems[J]. OPTIK, 2014, 125(16): 4583-4587.

[53] 杨风暴. 红外偏振与光强图像的拟态融合原理和模型研究 [J]. 中北大学学报 (自然科学版), 2017, 38(1): 1-8.

[54] Shiraz R K, Charles V, Jalalzadeh L. Fuzzy rough DEA model: A possibility and expected value approaches[J]. Expert Systems with Application, 2014, 41: 434-444.

[55] Liu Y J, Zhang W G. A multi-period fuzzy portfolio optimization model with minimum transaction lots[J]. European Journal of Operational Research, 2015, 242(3): 933-941.

[56] 郑光宇, 胡昌华, 张伟, 李赟. 基于可能性理论的随机应力加速寿命试验分析方法 [J]. 电光与控制, 2009, 16(7): 80-83.

[57] Li Y M, Li Y L, Ma Z Y. Computation tree logic model checking based on possibility measures[J]. Fuzzy Sets and Systems, 2015, 262: 44-59.

[58] Cazemier D R, Lagacherie P, Martin-Clouaire R. A possibility theory approach for estimating available water capacity from imprecise information contained in soil

databases[J]. Geoderma, 2001, 103: 113-132.
[59] 肖明珠, 陈光禡. 基于可能性理论的测量数据处理 [J]. 信息与电子工程, 2006, 4(2): 98-102.
[60] Klishnapuram R, Keller J M. A possibilistic approach to clustering[J]. IEEE Transactions on Fuzzy Systems, 1993, 1(2): 98-110.
[61] 陈元谱, 尹建伟, 董金祥. 基于可能性理论的聚类分析 [J]. 计算机工程与应用, 2003 (13): 85-87.
[62] 周新宇, 杨风暴, 吉琳娜, 李香亭. 一种多传感器信息融合的可能性关联方法 [J]. 传感器与微系统, 2012, 31(4): 33-35.

第 2 章 可能性理论的基本概念

在不确定性信息处理中, 不确定性分布是描述不同属性随变量变化情况的不可或缺的工具和手段. 可能性理论为解决可能性及其相关问题提供了理论和方法. 本章从不确定性分布入手, 探讨了可能性理论中的基本概念, 包括可能性分布、可能性测度、必然性测度、可信性测度、可能性截集及可能性分布的数字特征等.

2.1 可能性分布

2.1.1 一元可能性分布

定义 2.1 设 $Q_{\tilde{A}}$ 是论域 U 到 [0,1] 上的一个映射, 对于 $x \in U$, 若不确定性问题的某个属性 $Q_{\tilde{A}}$ 随变量 x 的变化, 满足

$$Q_{\tilde{A}} : U \rightarrow [0,1] \tag{2.1}$$

$$x \mapsto Q_{\tilde{A}}(x) \in [0,1] \tag{2.2}$$

则称 $\tilde{A}$ 为论域 U 上的不确定性集合 (或不确定性区间), $Q_{\tilde{A}}$ 为 $\tilde{A}$ 上的不确定性分布, $Q_{\tilde{A}}(x)$ 为 x 对于 $\tilde{A}$ 的不确定度, 如图 2.1 所示.

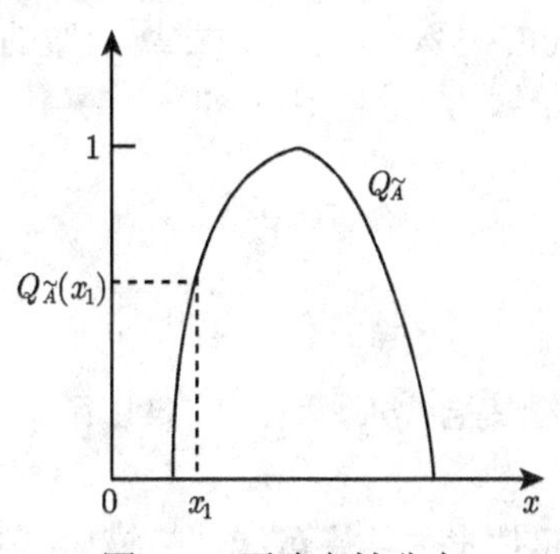

图 2.1 不确定性分布

特殊地, 当 $Q_{\tilde{A}}(x)$ 只取 0 和 1 时, 不确定性集合变为普通集合.

对于不同的不确定性问题, $\tilde{A}, Q_{\tilde{A}}$ 和 $Q_{\tilde{A}}(x)$ 具有不同的含义. 如在某一事件未来发生结果的可能性预测问题中, $\tilde{A}$ 表示可能性集合, 相应地, $Q_{\tilde{A}}$ 为 $\tilde{A}$ 的可能性分布, $Q_{\tilde{A}}(x)$ 为 x 对于 $\tilde{A}$ 的可能度; 在处理由主观认知不同引起的概念划分上的

模糊性问题时, $\tilde{A}$ 表示模糊集合, $Q_{\tilde{A}}$ 为 $\tilde{A}$ 的模糊分布 (隶属函数), $Q_{\tilde{A}}(x)$ 为 x 对于 $\tilde{A}$ 的隶属度; 对于人们做出判断时, 由条件限制形成的对信息主观认识不清的未确知问题而言, $\tilde{A}$ 表示未确知集合, $Q_{\tilde{A}}$ 为 $\tilde{A}$ 的未确知函数, $Q_{\tilde{A}}(x)$ 为 x 对于 $\tilde{A}$ 的未确知度; 对于某一事件发生的频率统计问题 (随机性问题), A 表示随机事件, Q_A 表示事件 A 的概率分布.

下面进一步介绍可能性分布的定义.

定义 2.2　设 X 是在论域 U 上取值的一个可能性变量, $\tilde{A}$ 是可能性集合, 在命题 "X 是 $\tilde{A}$" 中, $\tilde{A}$ 对 X 取值有着弹性限制作用, 这时称 $\tilde{A}$ 是 X 的可能性约束, 用 $R(X)$ 来表示. 换言之, $R(X) = \tilde{A}$ 表明可能性集合 $\tilde{A}$ 具有与可能性约束 $R(X)$ 相同的作用 [1,2].

定义 2.3　设 $\tilde{A}$ 是论域 U 上的可能性集合, X 是 U 上取值的可能性变量, $\tilde{A}$ 对 X 的可能性约束为 $R(X)$, 若 π_X 满足

$$\pi_X = R(X) \tag{2.3}$$

则

$$\forall x \in U, \quad \pi_X(x) = \text{Poss}(X = x) \tag{2.4}$$

称 π_X 是 U 上的可能性分布, $\pi_X(x)$ 为当 X 取值为 x 时, x 对于 $\tilde{A}$ 的可能度 [3,4].

2.1.2　可能性分布和隶属函数的关系

上节指出了可能性分布与隶属函数、概率分布等间的差异, 但在处理不确定性问题时, 人们常常将可能性分布和隶属函数混淆, 有时甚至认为两者是相同的. 为此, 本节进一步讨论两者间的关系. 首先给出隶属函数的定义.

定义 2.4　设 $\mu_{\tilde{A}}$ 是论域 U 到 [0,1] 上的一个映射, 对于 $\forall x \in U$, 若 $\mu_{\tilde{A}}$ 满足

$$\mu_{\tilde{A}} : U \to [0, 1] \tag{2.5}$$

$$x \mapsto \mu_{\tilde{A}}(x) \in [0, 1] \tag{2.6}$$

则称 $\tilde{A}$ 为论域 U 上的模糊集合, $\mu_{\tilde{A}}$ 为 $\tilde{A}$ 的隶属函数, $\mu_{\tilde{A}}(x)$ 为 x 对于 $\tilde{A}$ 的隶属度.

可能性分布是对某一事件发生结果可能性的描述, 需要有可能性变量对可能性集合的约束限制条件; 隶属函数用于描述人们对概念认知的模糊性, 通过隶属度度量模糊集合的模糊程度, 不需要有模糊约束. 两者的含义有着本质的区别, 但是在某些情况下, 两者在数值上是相同的, 即可能性变量 X 取值为 x 的可能性 $\pi_X(x)$ 在数值上等于 $\tilde{A}$ 的隶属函数 $\mu_{\tilde{A}}(x)$ 在 x 处的值 [5].

下面用一个例子来说明可能性分布和隶属函数间的关系.

例 2.1 设论域 $U=[0,100]$ 为年龄, 对于不确定性命题 "张三是年轻人", 则不确定性变量 X 表示张三的年龄, 不确定性集合 $\tilde{A}$ 表示 "年轻人", 其不确定性分布为

$$Q_{\tilde{A}}(x)=1-\begin{cases}0, & x\leqslant 20\\ 2\left(\dfrac{x-20}{20}\right)^2, & 20<x\leqslant 30\\ 1-2\left(\dfrac{x-40}{20}\right)^2, & 30<x\leqslant 40\\ 1, & x>40\end{cases}\tag{2.7}$$

(1) 在可能性理论中, 该命题为可能性命题, 并且可转化为: 张三是年轻人 → R(张三的年龄) = 年轻人, 那么可能性集合 $\tilde{A}$(年轻人) 便具有了对可能性变量 X(张三的年龄) 的可能性约束作用. 根据式 (2.7) 易知, 当 $x=28$ 时, 有 $Q_{\tilde{A}}(x)=0.68$. 可能度 0.68 的含义是: 在给定命题 "张三是年轻人" 的可能性约束条件下, 张三的年龄是 28 岁的可能性程度是 0.68.

(2) 在模糊理论中, 0.68 的含义为: 28 岁属于模糊集合 (年轻人) 的隶属度是 0.68, 或 28 岁与 "年轻人" 这一模糊概念的相容程度是 0.68.

2.1.3 可能性分布的表示方法

可能性分布的表示方法主要有以下两类:

(1) 当论域 U 为有限集合时, 可能性集合 $\tilde{A}$ 的表示方法主要有以下三种:

(i) Zadeh 表示法.

$$\tilde{A}=\sum_{i=1}^{I}\frac{\pi_{\tilde{A}}(x_i)}{x_i}\tag{2.8}$$

其中, x_i 为论域 U 上的元素; I 为所有元素的个数; $\pi_{\tilde{A}}(x_i)/x_i$ 表示 x_i 对于 $\tilde{A}$ 的可能度为 $\pi_{\tilde{A}}(x_i)$.

(ii) 序偶表示法.

$$\tilde{A}=\{(x,\pi_{\tilde{A}}(x))\,|x\in U\}\tag{2.9}$$

(iii) 向量表示法.

$$\tilde{A}=(\pi_{\tilde{A}}(x_1),\pi_{\tilde{A}}(x_2),\cdots,\pi_{\tilde{A}}(x_I))\tag{2.10}$$

其中, I 为所有元素的个数.

例 2.2 设 U 为区间 [2,8] 上的一个正整数论域, $\tilde{A}$ 为论域 U 上的一个 "小整数" 可能性集合, 定义

$$\tilde{A}=\frac{1}{2}+\frac{0.7}{3}+\frac{0.5}{4}+\frac{0.2}{5}+\frac{0.1}{6}+\frac{0}{7}+\frac{0}{8}$$

(i) $\tilde{A}$ 用 Zadeh 表示法可表示为

$$\tilde{A}=\frac{1}{2}+\frac{0.7}{3}+\frac{0.5}{4}+\frac{0.2}{5}+\frac{0.1}{6}+\frac{0}{7}+\frac{0}{8}$$

(ii) $\tilde{A}$ 用序偶表示法可表示为

$$\tilde{A}=\{(2,1),(3,0.7),(4,0.5),(5,0.2),(6,0.1),(7,0),(8,0)\}$$

(iii) $\tilde{A}$ 用向量表示法可表示为

$$\tilde{A}=(1(2),0.7(3),0.5(4),0.2(5),0.1(6),0(7),0(8))$$

(2) 当论域 U 为无限集合时, 可能性集合 $\tilde{A}$ 可表示为

$$\tilde{A}=\int_U \frac{\pi_{\tilde{A}}(x)}{x} \tag{2.11}$$

注意: 上式中的 $\int$ 不是数学中的积分号, 它只是一种表示形式.

例 2.3 设论域 U 是实数域, 可能性集合 $\tilde{A}$ 为 "接近 7 的数", 其可能性分布 $\pi_{\tilde{A}}(x)=(1+(x-10)^2)^{-1}$, 那么 $\tilde{A}$ 可表示为

$$\tilde{A}=\int_U \frac{(1+(x-10)^2)^{-1}}{x}$$

2.1.4 多元可能性分布

在实际工程问题中, 有些输入变量需要同时用两个或两个以上的可能性变量来表示, 因此也需要研究多元可能性分布 [6,7].

定义 2.5 设 $X=(X_1,\cdots,X_n)$ 为在论域 $U=U_1\times\cdots\times U_n$ 上的 n 维可能性变量, Π_X 是与 X 相关联的可能性分布, 且 $\pi_X(x_1,\cdots,x_n)$ 为 Π_X 的可能性分布函数, 即

$$\forall(x_1,\cdots,x_n)\in X_1\times\cdots\times X_n,\quad \pi_X(x_1,\cdots,x_n)=\text{Poss}(X_1=x_1,\cdots,X_n=x_n) \tag{2.12}$$

则称 $\pi_X(x_1,\cdots,x_n)$ 为与 $X=(X_1,\cdots,X_n)$ 相关联的多元可能性分布函数.

定义 2.6 设 X 和 Y 分别为论域 U, V 中取值的两个可能性变量, $\Pi_{(X,Y)}$ 是与 X 和 Y 相关联的可能性分布, 且 $\pi_{(X,Y)}(x,y)$ 为 $\Pi_{(X,Y)}$ 的可能性分布函数, $\pi_{(X,Y)}(x,y)$ 在 U, V 上的投影分别为

$$\forall x\in U,y\in V,\quad \pi_X(x)=\bigvee_{y\in V}\{\pi_{(X,Y)}(x,y)\},\quad \pi_Y(y)=\bigvee_{x\in U}\{\pi_{(X,Y)}(x,y)\} \tag{2.13}$$

则称 $\pi_X(x)$ 和 $\pi_Y(y)$ 为 $\pi_{(X,Y)}(x,y)$ 的边缘可能性分布函数.

定义 2.7 设 X 和 Y 分别为论域 U, V 中取值的两个可能性变量, 对于 $\forall x \in U, y \in V$, 记

$$\pi_{X|Y}(x|y) = \text{Poss}\{X = x|Y = y\} \tag{2.14}$$

$$\pi_{Y|X}(y|x) = \text{Poss}\{Y = y|X = x\} \tag{2.15}$$

则称 $\pi_{X|Y}(x|y)$ 为 $Y = y$ 下 X 的条件可能性分布函数, $\pi_{Y|X}(y|x)$ 为 $X = x$ 下 Y 的条件可能性分布函数.

2.2 可能性测度、必然性测度及可信性测度

2.2.1 可能性测度及其性质

定义 2.8 (普通集合的可能性测度) 设 X 是在论域 U 上取值的一个可能性变量, A 为论域 U 上的普通集合, Π_X 为与 X 相关联的可能性分布, 且 π_X 为 Π_X 的可能性分布函数, $\mathcal{P}(U)$ 为论域 U 上的全体集合构成的集合, 即论域 U 的幂集, 则由 π_X 决定的可能度 $\Pi : \mathcal{P}(U) \to [0,1]$ 表示如下

$$\forall A \in \mathcal{P}(U), \quad \Pi(A) = \bigvee_{x \in A} = \bigvee_{x \in A} \{\pi_X(x)\} = \sup_{x \in A} \pi_X(x) \tag{2.16}$$

称 Π 是 π_X 的可能性测度.

$\Pi(A)$ 为 X 的取值为 A 的可能性程度 [8-10], 即

$$\text{Poss}\{X \in A\} = \Pi(A) = \sup_{x \in A} \pi_X(x) \tag{2.17}$$

此外, 可能性测度 Π 也可决定 U 上的可能性分布函数 π_X, 即

$$\forall x \in U, \quad \pi_X(x) = \Pi(\{x\}) \tag{2.18}$$

若 $\tilde{A}$ 为可能性集合, 这时 $X \in \tilde{A}$ 是没有意义的, 因此需要重新定义可能性集合的可能性测度.

定义 2.9 (可能性集合的可能性测度) 设 X 是在论域 U 上取值的一个可能性变量, $\tilde{A}$ 为论域 U 上的可能性集合, 其可能性分布函数为 $\pi_{\tilde{A}}$, Π_X 为与变量 X 相关联的可能性分布, 且 π_X 为 Π_X 的可能性分布函数, $\mathcal{F}(U)$ 为论域 U 上的全体集合构成的集合, 即论域 U 的幂集, 则由 π_X 决定的可能度 $\Pi : \mathcal{F}(U) \to [0,1]$ 表示如下

$$\text{Poss}\{X\text{是}\tilde{A}\} = \Pi(\tilde{A}) = \bigvee_{x \in \tilde{A}} \{\pi_{\tilde{A}}(x) \wedge \pi_X(x)\} = \sup_{x \in \tilde{A}} \{\pi_{\tilde{A}}(x) \wedge \pi_X(x)\} \tag{2.19}$$

为了避免当 $\tilde{A}$ 为可能性集合时 X 在 $\tilde{A}$ 中取值无意义的情况, 用 "X 是 $\tilde{A}$" 取代了 $X \in \tilde{A}$.

定义 2.10 (可能性测度的公理化定义 [11])　给定论域 U 以及 U 的幂集, 若 $\Pi : \mathcal{P}(U) \to [0,1]$ 满足以下公理条件:

(1) $\Pi(\varnothing) = 0$;

(2) $\Pi(U) = 1$;

(3) 对任意集族 $\{A_i | A_i \in \mathcal{P}(U), i \in I\}$, 其中 I 为任一指标集, 存在 $\Pi\left(\bigcup\limits_{i \in I} A_i\right) = \bigvee\limits_{i \in I} \Pi(A_i)$, 则 Π 称为可能性测度, 三元组 $(U, \mathcal{P}(U), \Pi)$ 称为可能性空间.

可能性测度具有以下性质:

性质 1 (非负有界性)　设 $\tilde{A} \in \mathcal{F}(U)$, 则 $0 \leqslant \Pi(\tilde{A}) \leqslant 1$.

性质 2 (次可加性)　设 $\tilde{A}, \tilde{B} \in \mathcal{F}(U)$, 则 $\Pi(\tilde{A} \cup \tilde{B}) = \Pi(\tilde{A}) \vee \Pi(\tilde{B})$.

性质 3 (单调性)　设 $\tilde{A}, \tilde{B} \in \mathcal{F}(U)$, 且 $\tilde{A} \subseteq \tilde{B}$, 则 $\Pi(\tilde{A}) \leqslant \Pi(\tilde{B})$.

性质 4　设 $\tilde{A}, \tilde{B} \in \mathcal{F}(U)$, 则 $\Pi(A \cap B) \leqslant (\Pi(A) \wedge \Pi(B))$, 当且仅当 $\tilde{A}$ 与 $\tilde{B}$ 两个集合互不相关时等号成立.

性质 5　$\max(\Pi(\tilde{A}), \Pi(\tilde{A}^{\mathrm{C}})) = 1$.

性质 6　$\Pi(\tilde{A}) + \Pi(\tilde{A}^{\mathrm{C}}) \geqslant 1$.

在某些条件下, 可能性分布和可能性测度可以相互转化. 两者间的关系, 如表 2.1 所示.

表 2.1　可能性分布和可能性测度的关系

	可能性分布	可能性测度	
		普通集合	可能性集合
表示形式	Π_X(π_X为Π_X的可能性分布函数)	$\Pi(A)$	$\Pi(\tilde{A})$
定义域	论域 U	U的幂集$\mathcal{P}(U)$	U的幂集$\mathcal{F}(U)$
表示意义	$\pi_X(x)$表示由命题"X是$\tilde{A}$"诱导的变量X取值为x的可能性程度	$\Pi(A)$表示变量X的取值属于U中子集 A 的可能性程度	$\Pi(\tilde{A})$表示变量 X 的取值是 U 中可能性集合$\tilde{A}$的可能性程度
表达式	$\forall x \in U$ $\pi_X(x) = \mathrm{Poss}(X = x)$	$\forall A \in \mathcal{P}(U)$ $\Pi(A) = \sup\limits_{x \in A} \pi_X(x)$	$\forall \tilde{A} \in \mathcal{F}(U)$ $\Pi(\tilde{A}) = \sup\limits_{x \in A} \{\pi_{\tilde{A}}(x) \wedge \pi_X(x)\}$

2.2.2　必然性测度及其性质

定义 2.11 (普通集合的必然性测度)　设 X 是在论域 U 上取值的可能性变

量, A 为论域 U 上的普通集合, Π_X 为与变量 X 相关联的可能性分布, 且 π_X 为 Π_X 的可能性分布函数, $\mathcal{P}(U)$ 为论域 U 的幂集, 则对于 $\forall A \in \mathcal{P}(U)$, 其必然性测度为

$$N(A) = \inf_{x \notin A}\{1 - \pi_X(x)\} \tag{2.20}$$

定义 2.12 (可能性集合的必然性测度) 设 X 是在论域 U 上取值的一个可能性变量, $\tilde{A}$ 为论域 U 上的可能性集合, Π_X 为与变量 X 相关联的可能性分布, 且 π_X 为 Π_X 的可能性分布函数, $\mathcal{F}(U)$ 为论域 U 的幂集, 则对于 $\forall \tilde{A} \in \mathcal{F}(U)$, 其必然性测度为

$$N(\tilde{A}) = 1 - \sup_{x \in A}\{(1 - \pi_{\tilde{A}}(x)) \wedge (\pi_X(x))\} \tag{2.21}$$

定义 2.13 (必然性测度的公理化定义 [12]) 给定论域 U 以及 U 的幂集, 若 $\Pi : \mathcal{P}(U) \to [0,1]$ 满足以下公理条件:

(1) $N(\varnothing) = 0$;

(2) $N(U) = 1$;

(3) 对任意集族 $\{A_i | A_i \in \mathcal{P}(U), i \in I\}$, 其中, I 为任一指标集, 存在 $N\left(\bigcap\limits_{i \in I} A_i\right) = \bigwedge\limits_{i \in I} N(A_i)$, 则 N 称为必然性测度.

必然性测度具有以下性质:

性质 1 设 $\tilde{A} \in \mathcal{F}(U)$, 则 $0 \leqslant N(\tilde{A}) \leqslant 1$, 且 $N(\tilde{A}) \leqslant \Pi(\tilde{A})$.

性质 2 设 $\tilde{A}, \tilde{B} \in \mathcal{F}(U)$, 且 $\tilde{A} \subseteq \tilde{B}$, 则 $N(\tilde{A}) \leqslant N(\tilde{B})$.

性质 3 设 $\tilde{A}, \tilde{B} \in \mathcal{F}(U)$, 则 $N(\tilde{A} \cap \tilde{B}) = (N(\tilde{A}) \wedge N(\tilde{B}))$.

性质 4 $\min(N(\tilde{A}), N(\tilde{A}^{\mathrm{C}})) = 0$.

性质 5 $N(\tilde{A}) + N(\tilde{A}^{\mathrm{C}}) \leqslant 1$.

性质 6 设 $\tilde{A} \in \mathcal{F}(U)$, 则 $\Pi(A) \geqslant N(\tilde{A})$, $N(\tilde{A}) + \Pi(\tilde{A}^{\mathrm{C}}) = 1$.

性质 7 若 $N(\tilde{A}) > 0$, 则 $\Pi(\tilde{A}) = 1$; 若 $\Pi(\tilde{A}) < 1$, 则 $N(\tilde{A}) = 0$.

可能性理论的二元测度 $(\Pi(\tilde{A}), N(\tilde{A}))$ 表示命题 "X 是 $\tilde{A}$" 的不确定性, 其中, $\Pi(\tilde{A})$ 表示命题为真的可能性程度; $N(\tilde{A})$ 表示命题为真的确定性程度; 闭区间 $[N(\tilde{A}), \Pi(\tilde{A})]$ 表示 $\tilde{A}$ 的信任区间.

值得注意的是, 在可能性理论中, 一个事件的可能性 (必要性) 和对立事件的可能性 (必要性) 的关系是很微弱的, 且一个事件与其对立事件的可能性测度 (必然性测度) 之和不一定为 1, 大于 1 或小于 1 的情况是很常见的 (见例 2.4), 这与概率论中要求事件与其对立事件的概率之和为 1 有着本质区别.

例 2.4 设 U 为区间 $[2,8]$ 上的一个正整数论域, 考虑可能性命题 "X 是小整

数", 则由其引入的可能性分布

$$\pi_X = \frac{1}{2} + \frac{0.7}{3} + \frac{0.5}{4} + \frac{0.2}{5} + \frac{0.1}{6} + \frac{0}{7} + \frac{0}{8}$$

若集合$A = \{4, 5, 6\}$, 则 A 的可能性测度

$$\Pi(A) = (1 \wedge 0.5) \vee (1 \wedge 0.2) \vee (1 \wedge 0.1) = 0.5$$

$A^{\mathrm{C}} = \{2, 3, 7, 8\}$, 则 A^{C} 的可能性测度

$$\Pi(A^{\mathrm{C}}) = (1 \wedge 1) \vee (1 \wedge 0.7) \vee (1 \wedge 0) \vee (1 \wedge 0) = 1$$

由于$N(A) = 1 - \Pi(A^{\mathrm{C}})$ 和 $N(A^{\mathrm{C}}) = 1 - \Pi(A)$, 可得 A 和 A^{C} 的必然性测度分别为

$$N(A) = 0, \quad N(A^{\mathrm{C}}) = 0.5$$

集合 A 和 A^{C} 的可能性测度之和:

$$\Pi(A) + \Pi(A^{\mathrm{C}}) = 1.5 > 1$$

集合 A 和 A^{C} 的必然性测度之和:

$$N(A) + N(A^{\mathrm{C}}) = 0.5 < 1$$

2.2.3 可能性测度和必然性测度的关系

在可能性理论框架下, 二元测度为可能性命题 "X 是 $\tilde{A}$" 的真值计算提供了有效手段, 其中可能性测度 $\Pi(\tilde{A})$ 合并所有支持 $\tilde{A}$ 的证据, 但不管这些证据是否支持 $\tilde{A}^{\mathrm{C}}$, 是一种乐观的估计方式; 而必然性测度 $N(\tilde{A})$ 合并所有仅支持 $\tilde{A}$ 的证据, 且这些证据不支持 $\tilde{A}^{\mathrm{C}}$, 是一种保守的估计方式 [13]. 因此, 任一事件的可能性测度不小于其必然性测度. 可能性测度和必然性测度均不具有自对偶性, 其中 $\Pi(\tilde{A})$ 是一种下半连续的不确定性测度, $N(\tilde{A})$ 是一种上半连续的不确定性测度.

由二元测度的对偶关系及性质可知, 对于任一事件 $\tilde{A}$, $\Pi(\tilde{A}) = 1$ 和 $N(\tilde{A}) = 0$ 必有一个发生, 也就是说, "若事件 $\tilde{A}$ 发生, 则其逆事件 $\tilde{A}^{\mathrm{C}}$ 必不发生". 下面对四种特殊的状态进行解释与说明, 如表 2.2 所示.

表 2.2 四种特殊的状态

状态表征	状态解释
$\Pi(\tilde{A}) = 0$	$\tilde{A}$ 是必不发生的, 确定为假, 且可得到 $N(\tilde{A}) = 0$
$\Pi(\tilde{A}) = 1$	$\tilde{A}$ 是可能发生的, 但无法确定 $N(\tilde{A})$ 的值
$N(\tilde{A}) = 0$	$\tilde{A}$ 是可能不发生的, 但无法确定 $\Pi(\tilde{A})$ 的值
$N(\tilde{A}) = 1$	$\tilde{A}$ 是必然发生的, 确定为真, 且可得到 $\Pi(\tilde{A}) = 1$

可能性集合 $\tilde{A}$ 的完备程度与可能性信息的状态是具有对应关系的. 不同状态的可能性表征如表 2.3 所示. 表中不同的认知状态也可用图直观地表达出来, 具体如图 2.2 所示.

表 2.3　不同状态的可能性表征

不同状态	不同状态的解释	可能性表征
$\tilde{A}$ 完全未知	$\tilde{A}$ 和 $\tilde{A}^{\mathrm{C}}$ 均可能发生	$\Pi(\tilde{A})=1$ 或 $N(\tilde{A})=0$
$\tilde{A}$ 完全确定	$\tilde{A}$ 一定发生	$\Pi(\tilde{A})=1$ 和 $N(\tilde{A})=1$
$\tilde{A}^{\mathrm{C}}$完全确定	$\tilde{A}^{\mathrm{C}}$ 一定发生	$\Pi(\tilde{A})=0$ 和 $N(\tilde{A})=0$

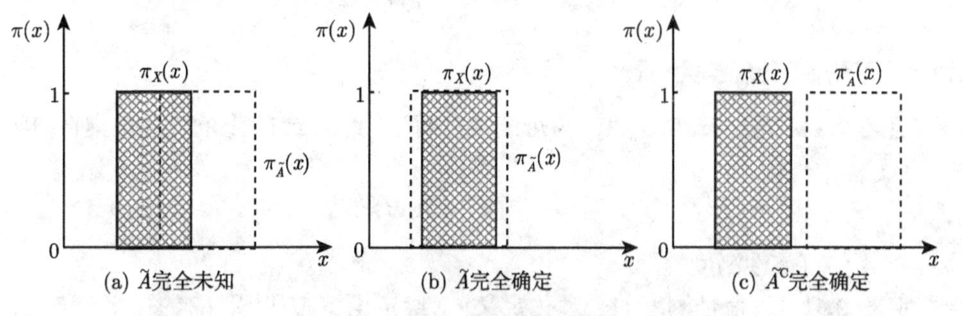

图 2.2　不同状态的可能性表征示意图

经典集合和可能性集合的不确定性表征见表 2.4, 其示意图分别如图 2.3 和图 2.4 所示.

表 2.4　不同集合的不确定性描述与表征

二元测度	经典集合 A	可能性集合 $\tilde{A}$
可能性测度	$\Pi(A)=\sup\limits_{\forall x\in A}\pi(x)$	$\Pi(\tilde{A})=\sup\limits_{\forall x\in\tilde{A}}(\pi(x)\wedge\pi_{\tilde{A}}(x))$
必然性测度	$N(A)=1-\sup\limits_{\forall x\notin A}\pi(x)$	$N(\tilde{A})=1-\sup\limits_{\forall x\in\tilde{A}}(\pi(x)\wedge(1-\pi_{\tilde{A}}(x)))$

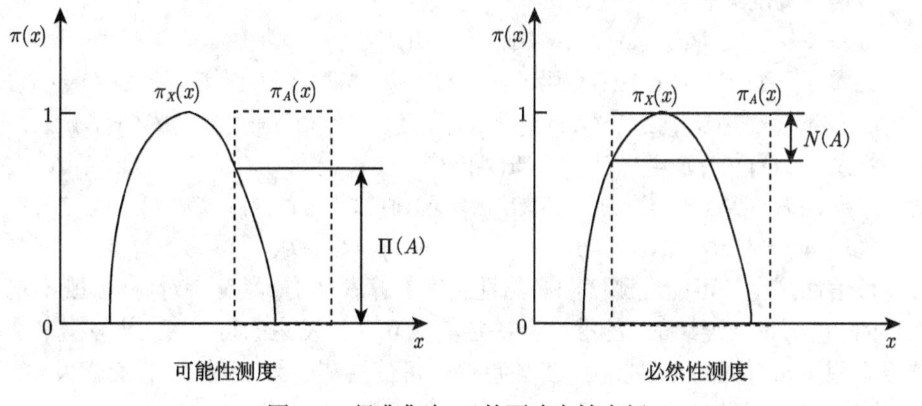

图 2.3　经典集合 A 的不确定性表征

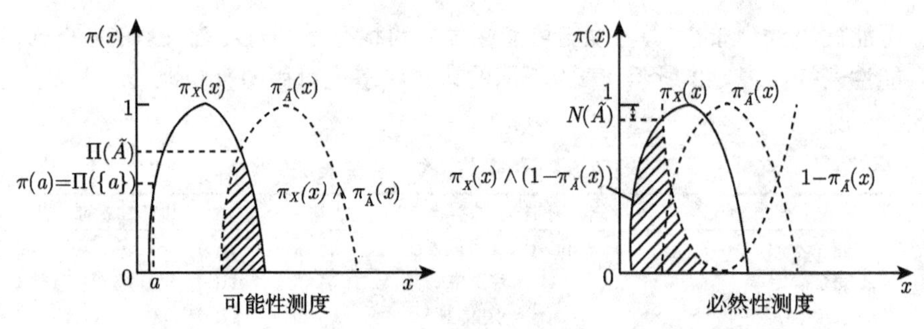

图 2.4　可能性集合 $\tilde{A}$ 的不确定性表征

2.2.4　可信性测度及其性质

定义 2.14　设 $(U,\mathcal{P}(U),\Pi)$ 为可能性空间, $\tilde{A}$ 为论域 U 上的可能性集合, 则称

$$\mathrm{Cr}(\tilde{A})=\frac{1}{2}(\Pi(\tilde{A})+N(\tilde{A})) \tag{2.22}$$

为集合 $\tilde{A}$ 的可信性测度.

定义 2.15 (可信性测度的公理化定义)　给定论域 U 以及 U 的幂集, 若 Cr: $\mathcal{P}(U)\to[0,1]$ 满足以下公理条件:

(1) $\mathrm{Cr}(\varnothing)=0$;

(2) $\mathrm{Cr}(U)=1$;

(3) $\forall A,B\in\mathcal{P}(U)$, 若 $A\subseteq B$, 则 $\mathrm{Cr}(A)\leqslant\mathrm{Cr}(B)$;

(4) Cr 是自对偶的, 即 $\forall A\in\mathcal{P}(U)$, $\mathrm{Cr}(A)+\mathrm{Cr}(A^{\mathrm{C}})=1$;

(5) 对任意集族 $\{A_i|A_i\in\mathcal{P}(U),i\in I\}$, 其中, I 为任一指标集, 如果 $\sup\limits_{i\in I}\mathrm{Cr}(A_i)\leqslant 0.5$, 那么有 $\mathrm{Cr}\left(\bigcup\limits_{i\in I}A_i\right)=\sup\limits_{i\in I}\mathrm{Cr}(A_i)$, 则 Cr 称为可信性测度.

可信性测度具有如下性质:

性质 1　$\forall A\in\mathcal{P}(U)$, $N(A)\leqslant\mathrm{Cr}(A)\leqslant\Pi(A)$.

性质 2　(1) $\forall A,B\in\mathcal{P}(U)$, 当 $\mathrm{Cr}(A\cup B)\leqslant 0.5$ 时, $\mathrm{Cr}(A\cup B)=\mathrm{Cr}(A)\vee\mathrm{Cr}(B)$; (2) $\forall A,B\in\mathcal{P}(U)$, 当 $\mathrm{Cr}(A\cap B)>0.5$ 时, $\mathrm{Cr}(A\cap B)=\mathrm{Cr}(A)\wedge\mathrm{Cr}(B)$.

性质 3　(1) $\forall A,B\in\mathcal{P}(U)$, 当 $\mathrm{Cr}(A)+\mathrm{Cr}(B)\leqslant 1$ 时, $\mathrm{Cr}(A\cup B)=\mathrm{Cr}(A)\vee\mathrm{Cr}(B)$; (2) $\forall A,B\in\mathcal{P}(U)$, 当 $\mathrm{Cr}(A)+\mathrm{Cr}(B)>1$ 时, $\mathrm{Cr}(A\cap B)=\mathrm{Cr}(A)\wedge\mathrm{Cr}(B)$.

性质 4　$\forall A,B\in\mathcal{P}(U)$, $\mathrm{Cr}(A\cup B)\leqslant\mathrm{Cr}(A)+\mathrm{Cr}(B)$.

可信性测度是可能性测度和必然性测度的算术平均, 具有自对偶性, 既不是下连续的, 也不是上连续的, 能够完全决定其对立事件发生的可信度, 是与概率论中的概率测度相对应的一种测度. 当该事件的可信性测度为 1 时, 事件必然发生, 反之, 当该事件的可信性测度为 0 时, 事件必不发生.

2.3 可能性截集

在实际生活中, 通常会出现人们对某一事件发生结果的可能性做出判断或预测的情况, 这时需要将可能性集合变成普通集合来考虑. 在可能性集合和普通集合相互转化中涉及的一个重要概念就是 λ-可能性截集.

2.3.1 可能性截集及其性质

定义 2.16 若 $\tilde{A}$ 为论域 U 上的可能性集合, 其中 $\lambda \in [0,1]$, 记

$$A_\lambda = \{x|x \in U, \pi_{\tilde{A}}(x) \geqslant \lambda\} \tag{2.23}$$

称 A_λ 为 $\tilde{A}$ 的一个 λ-截集 (或弱截集), λ 称为置信水平或阈值. 而称

$$A_{\bar{\lambda}} = \{x|x \in U, \mu_{\tilde{A}}(x) > \lambda\} \tag{2.24}$$

为 $\tilde{A}$ 的一个 λ-强截集 (或开截集). 记

$$\mathrm{supp}A = \{x|x \in U, \pi_{\tilde{A}}(x) > 0\} \tag{2.25}$$

$$\mathrm{ker}A = \{x|x \in U, \pi_{\tilde{A}}(x) = 1\} \tag{2.26}$$

则称 $\mathrm{supp}A$ 为 $\tilde{A}$ 的支集, $\mathrm{ker}A$ 为 $\tilde{A}$ 的核, 如图 2.5 所示, 称 $\mathrm{supp}A - \mathrm{ker}A$ 为 $\tilde{A}$ 的边界, 记作 $\mathrm{bon}A$, 即

$$\mathrm{bon}A = \{x|x \in U, \mu_{\tilde{A}}(x) > 0, 且\pi_{\tilde{A}}(x) \neq 1\} \tag{2.27}$$

若 $\mathrm{ker}A \neq \varnothing$, 则称 $\tilde{A}$ 为正规可能性集合, 否则称 $\tilde{A}$ 为非正规可能性集合.

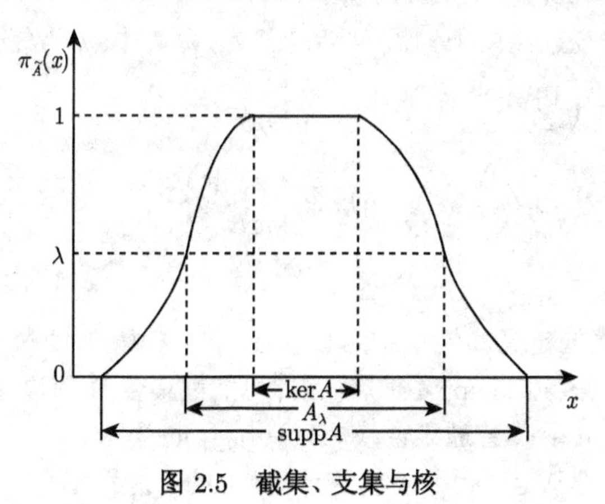

图 2.5 截集、支集与核

从图 2.5 中可以看出, A_λ, $A_{\bar{\lambda}}$, supp$A$ 和 ker$A$ 均为普通集合而不是可能性集合, 当置信水平 λ 取遍 [0,1], 可得到 U 中两个普通集合族 $\{A_\lambda\}_{\lambda\in[0,1]}$ 和 $\{A_{\bar{\lambda}}\}_{\bar{\lambda}\in[0,1]}$, 且 $\{A_\lambda\}_{\lambda\in[0,1]}$ 和 $\{A_{\bar{\lambda}}\}_{\bar{\lambda}\in[0,1]}$ 都是嵌套的截集族, 如图 2.6 所示.

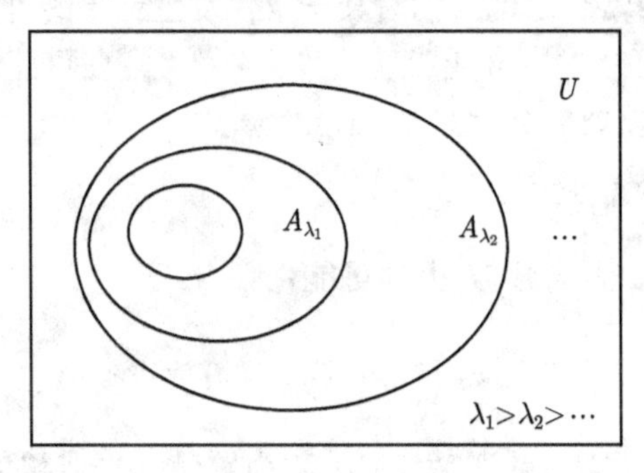

图 2.6　λ-截集族

可能性集合的 λ-截集与 λ-强截集具有以下性质:

性质 1　设 $\tilde{A}\in\mathcal{F}(U)$, 则

(1) $\forall\lambda\in[0,1]$, $A_{\bar{\lambda}}\subseteq A_\lambda$;

(2) $A_0=U$, $A_{\bar{1}}=\varnothing$;

(3) $\forall\lambda_1,\lambda_2\in[0,1]$ 且 $\lambda_1\leqslant\lambda_2$, $A_{\lambda_2}\subseteq A_{\lambda_1}$;

(4) $\forall\lambda_1,\lambda_2\in[0,1]$ 且 $\lambda_1\leqslant\lambda_2$, $A_{\bar{\lambda}_2}\subseteq A_{\bar{\lambda}_1}$,

其中, 第 (1) 条说明 λ-强截集是 λ-截集的子集.

性质 2　设 $\tilde{A},\tilde{B}\in\mathcal{F}(U)$, 则 $\forall\lambda\in[0,1]$, $A_\lambda=\bigcap\limits_{\alpha<\lambda}A_{\bar{\alpha}}$, $A_{\bar{\lambda}}=\bigcup\limits_{\alpha>\lambda}A_\alpha$.

性质 3　设 $\tilde{A},\tilde{B}\in\mathcal{F}(U)$, 则 $\forall\lambda\in[0,1]$,

(1) $(\tilde{A}\cup\tilde{B})_\lambda=A_\lambda\cup B_\lambda$, $(\tilde{A}\cap\tilde{B})_\lambda=A_\lambda\cap B_\lambda$;

(2) $(\tilde{A}\cup\tilde{B})_{\bar{\lambda}}=A_{\bar{\lambda}}\cup B_{\bar{\lambda}}$, $(\tilde{A}\cap\tilde{B})_{\bar{\lambda}}=A_{\bar{\lambda}}\cap B_{\bar{\lambda}}$.

性质 4　对于任意集族 $\{A_i|A_i\in\mathcal{P}(U),i\in I\}$, 其中, I 为任一指标集, 有

(1) $\bigcup\limits_{i\in I}(A_i)_\lambda\subseteq\left(\bigcup\limits_{i\in I}A_i\right)_\lambda$, $\bigcap\limits_{i\in I}(A_i)_\lambda=\left(\bigcap\limits_{i\in I}A_i\right)_\lambda$;

(2) $\bigcup\limits_{i\in I}(A_i)_{\bar{\lambda}}=\left(\bigcup\limits_{i\in I}A_i\right)_{\bar{\lambda}}$, $\bigcap\limits_{i\in I}(A_i)_{\bar{\lambda}}\supseteq\left(\bigcap\limits_{i\in I}A_i\right)_{\bar{\lambda}}$.

2.3.2　分解定理

从可能性截集的定义和性质中可以看出, 当 λ 从 1 下降趋于 0 时, A_λ 从 ker$A$(可能为空集) 逐渐向 supp$A$ 扩展, 因此可能性集合 $\tilde{A}$ 的边界在 ker$A$ 和 supp$A$ 之间移动, 并可将 $\tilde{A}$ 看作普通集合族 $\{A_\lambda\}_{\lambda\in[0,1]}$ 的总体.

定义 2.17　设 $\lambda\in[0,1]$, $\tilde{A}$ 是论域 U 上的可能性集合, $\tilde{A}\in\mathcal{F}(U)$, 则对于

$\forall x \in U$, λ 与 $\tilde{A}$ 的截积或数积 (记作 $\lambda\tilde{A}$) 定义为

$$\lambda\tilde{A}(x) = \lambda \wedge \pi_{\tilde{A}}(x) \tag{2.28}$$

其中,

$$\lambda \wedge \pi_{\tilde{A}}(x) = \begin{cases} \pi_{\tilde{A}}(x), & \lambda \geqslant \pi_{\tilde{A}}(x) \\ \lambda, & \lambda < \pi_{\tilde{A}}(x) \end{cases} \tag{2.29}$$

如图 2.7(a) 所示, 由此可见, $\lambda\tilde{A}$ 仍为 U 上的可能性集合.

当 A 为普通集合时, $\lambda A(x) = \lambda \wedge \chi_A(x) = \begin{cases} \lambda, & x \in A, \\ 0, & x \notin A, \end{cases}$ 此时, λA 仍为普通集合, 如图 2.7(b) 所示.

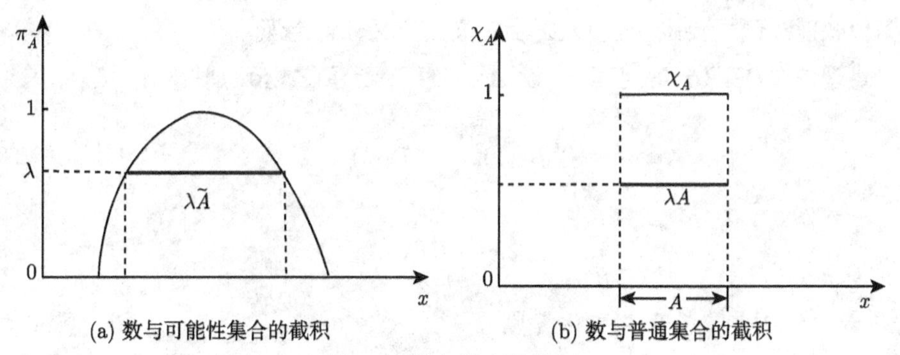

(a) 数与可能性集合的截积 (b) 数与普通集合的截积

图 2.7 数与集合的截积

定理 2.1 (分解定理 [14]) 设 $\lambda \in [0,1]$, $\tilde{A} \in \mathcal{F}(U)$, 则

$$\tilde{A} = \bigcup_{\lambda \in [0,1]} \lambda A_\lambda, \quad \tilde{A} = \bigcup_{\lambda \in [0,1]} \lambda A_{\bar{\lambda}}$$

图 2.8 中仅画出了几个 λA_λ 的并, 当 λ 取遍区间 [0,1] 上所有的值时, 无数个 λA_λ 所连成的上包络线就是可能性集合 $\tilde{A}$ 的隶属函数. 图 2.9 给出了分解定理的流程图.

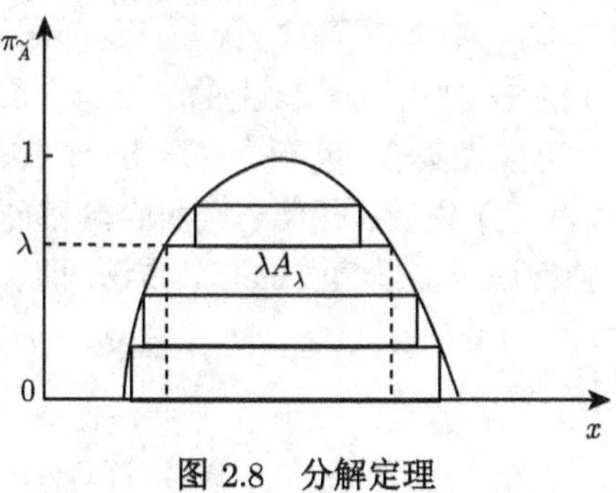

图 2.8 分解定理

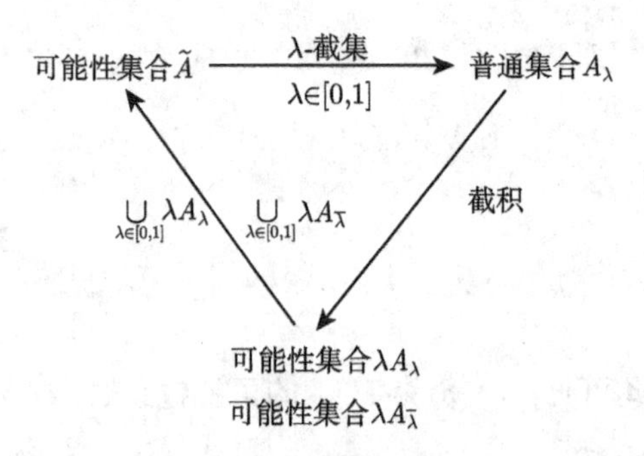

图 2.9　分解定理流程图

设 U 为论域, 若映射 $H:[0,1]\to\mathcal{P}(U)$ 是一种取值为集合的映射, 将此映射称为集值映射. 下面介绍在集值映射上定义的广义分解定理.

定理 2.2 (广义分解定理)　设 $\tilde{A}\in\mathcal{F}(U)$, 若存在集值映射

$$H:[0,1]\to\mathcal{P}(U) \tag{2.30}$$

$$\lambda\mapsto H(\lambda) \tag{2.31}$$

使得 $\forall\lambda\in[0,1]$, $A_{\bar{\lambda}}\subseteq H(\lambda)\subseteq A_\lambda$, 则

(1) $\tilde{A}=\bigcup\limits_{\lambda\in[0,1]}\lambda H(\lambda)$.

(2) $\lambda_1\leqslant\lambda_2\Rightarrow H(\lambda_2)\subseteq H(\lambda_1)$.

(3) $A_\lambda=\bigcap\limits_{\alpha<\lambda}H(\alpha),\lambda\in(0,1]$; $A_{\bar{\lambda}}=\bigcup\limits_{\alpha<\lambda}H(\alpha),\lambda\in[0,1)$.

该分解定理说明, 可能性集合 $\tilde{A}$ 不仅可以由可能性截集 A_λ 或 $A_{\bar{\lambda}}$ 确定, 而且还可由具有一般形式的集合族 $\{H(\lambda),\lambda\in[0,1]\}$ 来确定, $H(\lambda)$ 并不一定是 A_λ 或 $A_{\bar{\lambda}}$, 它可以介于两者之间. 在应用中, 可根据实际需要来定义 $H(\lambda)$ 的运算. 此外, 分解定理揭示了可能性集合 $\tilde{A}$ 和普通集合 A_λ 或 $A_{\bar{\lambda}}$ 的转化关系.

将满足上述条件 (2) 的 H 称为论域 U 上的一个集合套, U 上集合套的全体记为 $N(U)$. 集合套 H 不是可能性集合, 也不是普通集合, 只有当 λ 确定时, $H(\lambda)$ 才成为普通集合. 条件 (1) 和 (3) 说明：任何一个集合套都能拼成一个可能性集, 同时这两条性质提供了一种构造可能性集合的有效方法, 即

设 $H\in N(U)$, 则 $\tilde{A}=\bigcup\limits_{\lambda\in[0,1]}\lambda H(\lambda)\in\mathcal{F}(U)$, 且 $\forall x\in U$, 其可能性分布

$$\pi_{\tilde{A}}(x)=\vee\{\lambda\in[0,1]|x\in H(\lambda)\}$$

例 2.5　设 $U=\{x_1,x_2,x_3,x_4,x_5\}$, 给定 U 上一个集合套 H 如下:

$$\begin{aligned} \lambda=0: &\quad H(\lambda)=(1,1,1,1,1)\\ 0<\lambda<0.3: &\quad H(\lambda)=(0,1,1,1,1)\\ 0.3\leqslant\lambda\leqslant 0.6: &\quad H(\lambda)=(0,1,0,1,1)\\ 0.6<\lambda\leqslant 0.9: &\quad H(\lambda)=(0,1,0,1,0)\\ 0.9<\lambda\leqslant 1: &\quad H(\lambda)=(0,0,0,1,0) \end{aligned}$$

则有

$$\pi_{\tilde{A}}(x_1)=\vee\{\lambda\in[0,1]|x_1\in H(\lambda)\}=0$$

$$\pi_{\tilde{A}}(x_2)=\vee\{\lambda\in[0,1]|x_2\in H(\lambda)\}=\bigvee_{\lambda\in[0,0.9]}\lambda=0.9$$

$$\pi_{\tilde{A}}(x_3)=\vee\{\lambda\in[0,1]|x_3\in H(\lambda)\}=\bigvee_{\lambda\in[0,0.3]}\lambda=0.3$$

同理可得

$$\pi_{\tilde{A}}(x_4)=1,\quad \pi_{\tilde{A}}(x_5)=0.6$$

因此由集合套 H 所得到的可能性集合为

$$\tilde{A}=\frac{0}{x_1}+\frac{0.9}{x_2}+\frac{0.3}{x_3}+\frac{1}{x_4}+\frac{0.6}{x_5}$$

2.3.3　扩张原理

在实际应用中, 常常会遇到两个及多个论域的情况. 而扩张原理揭示了两个论域中研究对象之间的关系, 通过扩张原理将集值映射的概念推广到可能性集合中, 这对于研究和处理可能性信息间关系是十分重要的.

定义 2.18 (普通集合的扩张原理)　设 U,V 是两个论域, 给定 U 到 V 的映射

$$f:U\to V \tag{2.32}$$

$$x\mapsto y=f(x) \tag{2.33}$$

那么 f 可以诱导出两个集值映射, 分别为

$$f:\mathcal{P}(U)\to\mathcal{P}(V) \tag{2.34}$$

$$A\mapsto f(A)=\{y|\exists x\in A, y=f(x)\} \tag{2.35}$$

用特征函数表示, 有

$$\chi_{f(A)}(y)=\bigvee_{y=f(x)}\chi_A(x) \tag{2.36}$$

$$f^{-1}: \mathcal{P}(V) \to \mathcal{P}(U) \tag{2.37}$$

$$B \mapsto f^{-1}(B) = \{x | f(x) \in B\} \tag{2.38}$$

用特征函数表示, 有

$$\chi_{f^{-1}(B)}(x) = \chi_B(f(x)) \tag{2.39}$$

并称 $f(A)$ 是普通集合 A 在 f 下的象, 称 $f^{-1}(B)$ 是 B 在 f 下的原象. 值得说明的是, f^{-1} 并不是 f 的逆映射. 普通集合的扩张原理把两个论域中元素间的对应关系扩张到普通集合之间的对应关系.

将普通集合推广到可能性集合, 可得到可能性集合的扩张原理.

定义 2.19 (可能性集合的扩张原理)　设 U, V 是两个论域, 给定 U 到 V 的映射

$$f: U \to V \tag{2.40}$$

$$x \mapsto y = f(x) \tag{2.41}$$

那么 f 可以诱导出两个集值映射, 分别为

$$f: \mathcal{F}(U) \to \mathcal{F}(V) \tag{2.42}$$

$$\tilde{A} \mapsto f(\tilde{A}) \tag{2.43}$$

用隶属函数表示, 有

$$\tilde{A}(y) = \begin{cases} \bigvee\limits_{x \in f^{-1}(y)} \mu_{\tilde{A}}(x), & f^{-1}(y) \neq \varnothing \\ 0, & f^{-1}(y) = \varnothing \end{cases} \tag{2.44}$$

$$f^{-1}: \mathcal{F}(V) \to \mathcal{F}(U) \tag{2.45}$$

$$\tilde{B} \mapsto f^{-1}(\tilde{B}) \tag{2.46}$$

用隶属函数表示, 有

$$f^{-1}(\tilde{B})(x) = \mu_{\tilde{B}}(f(x)) \tag{2.47}$$

2.4　可能性分布的数字特征

可能性理论中有一些数字特征可用来描述和反映可能性信息的变化情况和特点, 如可能性分布的矩特征、不确定熵以及可能性分布的质心等. 其中矩特征反映了可能性信息的分布变化情况, 不确定熵描述了可能性集合的不确定性程度, 而可能性分布的质心反映了可能性信息在论域上集中的地方等等, 这些数字特征为可能性信息的处理和描述提供了有效手段.

2.4.1 可能性区间数及其运算性质

可能性分布的一些数字特征是在可能性区间数的基础上定义的, 在介绍数字特征之前, 先引入可能性区间数的概念.

定义 2.20 设 $\tilde{A}$ 是论域 U 上的可能性集合, $\forall x, y, z \in U$, 且 $x \leqslant z \leqslant y$, 若 $\pi_{\tilde{A}}$ 满足以下条件

$$\pi_{\tilde{A}}(z) \geqslant \min(\pi_{\tilde{A}}(x), \pi_{\tilde{A}}(y)) \tag{2.48}$$

则称可能性集 $\tilde{A}$ 为凸可能性集.

凸可能性集和非凸可能性集的图形见图 2.10, 从中可以看出, 凸可能性集的可能性分布函数呈单峰状, 且截集 A_λ 是一区间, 该区间可以是有限的, 也可以是无限的.

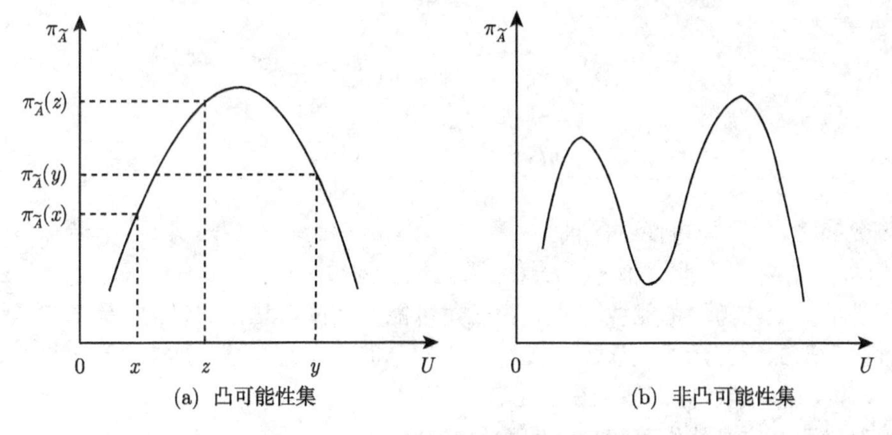

图 2.10 凸可能性集和非凸可能性集

若 $\tilde{A}$ 是实数域 R 上的正规凸可能性集, 对 $\forall\lambda \in [0,1]$, 可能性截集 $\tilde{A}_\lambda$ 均为闭区间, 则称 $\tilde{A}$ 为一个可能性区间数, 可能性区间数的全体为 $\tilde{R}$.

若 $\tilde{A} \in \tilde{R}$ 且 $\tilde{A}$ 为单点集, 即 $\tilde{A} = \{a\}$, 称 $\tilde{A}$ 为严格可能性区间数;

若 $\tilde{A} \in \tilde{R}$ 且 $\tilde{A}$ 的支集 supp$\tilde{A}$ 有界, 称 $\tilde{A}$ 为有限可能性区间数;

若 $\tilde{A} \in \tilde{R}$ 且 $\forall\lambda \in [0,1]$, 截集 $\tilde{A}_\lambda$ 有界, 称 $\tilde{A}$ 为有界可能性区间数;

若 $\tilde{A} \in \tilde{R}$ 且 $\tilde{A}$ 的支集 supp$\tilde{A}$ 包含的元素均为正实数, 称 $\tilde{A}$ 为正可能性区间数;

若 $\tilde{A} \in \tilde{R}$ 且 $\tilde{A}$ 的支集 supp$\tilde{A}$ 包含的元素均为负实数, 称 $\tilde{A}$ 为负可能性区间数.

$\forall x \in R$, 可能性区间数 $\tilde{A}$ 的可能性分布 $\pi_{\tilde{A}} = [a_1, a_2, a_3, a_4; \omega]_n$ 可表示成以下

形式：

$$\pi_{\tilde{A}}(x)=\begin{cases} g(x), & x\in[a_1,a_2) \\ \omega, & x\in[a_2,a_3) \\ h(x), & x\in[a_3,a_4] \\ 0, & \text{其他} \end{cases} \tag{2.49}$$

其中, a_1, a_2, a_3, a_4 为实数, 且 $a_1<a_2<a_3<a_4$; $g(x):[a_1,a_2]\to[0,\omega]$ 是连续并严格单调递增的, $h(x):[a_3,a_4]\to[0,\omega]$ 是连续并严格单调递减的, ω 为可能性区间数的高度.

当 $\omega=1$ 时, 则 $\tilde{A}$ 为正规可能性区间数; 当 $\omega<1$ 时, $\tilde{A}$ 为广义可能性区间数. 由于 $g(x)$ 和 $h(x)$ 是连续并且严格单调的, 所以它们的反函数存在且也是连续和严格单调的, 将它们的反函数记为 $g^{-1}(y)$ 和 $h^{-1}(y)$. 若形状函数 $g(x)$ 和 $h(x)$ 分别表示为

$$g(x)=\left(\frac{x-a_1}{a_2-a_1}\right)^n \tag{2.50}$$

$$h(x)=\left(\frac{a_4-x}{a_4-a_3}\right)^n \tag{2.51}$$

则该分布为 L-R 型可能性区间数, 其中 $n>0$. 在 $n=1$ 的情况下, 若 $\omega=1$, $\pi_{\tilde{A}}=[a_1,a_2,a_3,a_4]$, 此时称 $\pi_{\tilde{A}}$ 为梯形可能性区间数 [15]; 当 $a_2=a_3$ 时, $\pi_{\tilde{A}}$ 为三角可能性区间数. 梯形可能性区间数和三角可能性区间数均是线性的, 是 L-R 型可能性区间数的特殊形式. 当 $a_1=a_2=a_3=a_4$ 时, $\pi_{\tilde{A}}$ 退化成一实数. 当 $n\neq1$ 时, $\pi_{\tilde{A}}$ 为非线性可能性区间数 (图 2.11).

假设两个广义线性可能性区间数 $\pi_{\tilde{A}}=[a_1,a_2,a_3,a_4;\omega_1]$ 和 $\pi_{\tilde{B}}=[b_1,b_2,b_3,b_4;\omega_2]$, 由扩张原理可得下面的运算性质：

(1) 加法运算：

$$\begin{aligned}\pi_{\tilde{A}}\oplus\pi_{\tilde{B}}&=[a_1,a_2,a_3,a_4;\omega_1]\oplus[b_1,b_2,b_3,b_4;\omega_2]\\&=[a_1+b_1,a_2+b_2,a_3+b_3,a_4+b_4;\min(\omega_1,\omega_2)]\end{aligned}$$

(2) 减法运算：

$$\begin{aligned}\pi_{\tilde{A}}\simeq\pi_{\tilde{B}}&=[a_1,a_2,a_3,a_4;\omega_1]-[b_1,b_2,b_3,b_4;\omega_2]\\&=[a_1-b_1,a_2-b_2,a_3-b_3,a_4-b_4;\min(\omega_1,\omega_2)]\end{aligned}$$

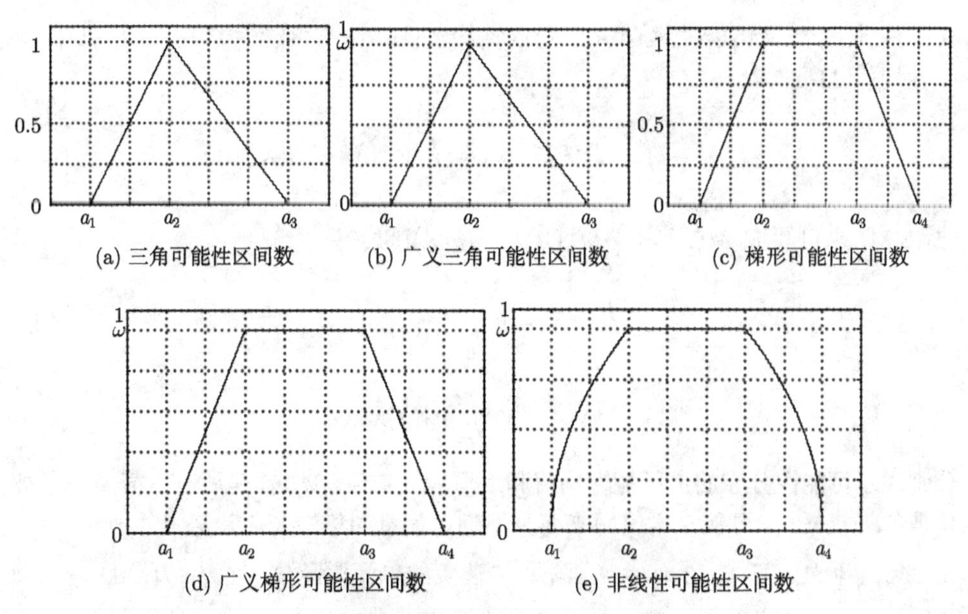

(a) 三角可能性区间数 (b) 广义三角可能性区间数 (c) 梯形可能性区间数

(d) 广义梯形可能性区间数 (e) 非线性可能性区间数

图 2.11 各种类型的可能性区间数

(3) 乘法运算:

$$\begin{aligned}\pi_{\tilde{A}} \otimes \pi_{\tilde{B}} &= [a_1, a_2, a_3, a_4; \omega_1] \otimes [b_1, b_2, b_3, b_4; \omega_2] \\ &= [a_1 \times b_1, a_2 \times b_2, a_3 \times b_3, a_4 \times b_4; \min(\omega_1, \omega_2)]\end{aligned}$$

(4) 除法运算:

$$\begin{aligned}\pi_{\tilde{A}} \tilde{\div} \pi_{\tilde{B}} &= [a_1, a_2, a_3, a_4; \omega_1] \div [b_1, b_2, b_3, b_4; \omega_2] \\ &= [a_1 \div b_4, a_2 \div b_3, a_3 \div b_2, a_4 \div b_1; \min(\omega_1, \omega_2)]\end{aligned}$$

其中, b_1, b_2, b_3, b_4 均不等于零.

2.4.2 矩

假设 $\tilde{A}$ 是可能性区间数, 其 λ-可能性截集为 $A_\lambda = [a_1(\lambda), a_2(\lambda)]$, U_λ 是关于 A_λ 的一个均匀概率分布函数, 则 U_λ 的期望和方差分别为

$$M(U_\lambda) = \frac{a_1(\lambda) + a_2(\lambda)}{2} \tag{2.52}$$

$$\delta(U_\lambda) = \frac{(a_2(\lambda) - a_1(\lambda))^2}{12} \tag{2.53}$$

在此基础上, 定义可能性集合 $\tilde{A}$ 的可能性均值 $M(\tilde{A})$ 与可能性方差 $\delta(\tilde{A})$. 其中, 可能性均值 $M(\tilde{A})$ 为

$$M(\tilde{A})=\int_0^1 M(U_\lambda)2\lambda\mathrm{d}\lambda=\int_0^1[a_1(\lambda)+a_2(\lambda)]\lambda\mathrm{d}\lambda \tag{2.54}$$

式 (2.54) 也可写成 $M(\tilde{A})=\dfrac{1}{2}[M_L(\tilde{A})+M_R(\tilde{A})]$, 其中

$$M_L(\tilde{A})=2\int_0^1 a_1(\lambda)\lambda\mathrm{d}\lambda \tag{2.55}$$

$$M_R(\tilde{A})=2\int_0^1 a_2(\lambda)\lambda\mathrm{d}\lambda \tag{2.56}$$

分别表示可能性分布的上可能性均值和下可能性均值. $M(\tilde{A})$ 是所有 λ-截集的算术均值的加权平均, 可能性均值用来衡量不确定信息的集中变化趋势 [16–18].

$\forall\lambda\in[0,1]$, 若 $f:[0,1]\to R$, 满足 f 非负的单调增函数, 且 $\int_0^1 f(\lambda)\mathrm{d}\lambda=1$, 则称 f 为加权函数, 它是衡量可能性区间数 $\tilde{A}$ 截集重要性的一个函数. 由此, 可得到可能性区间数 $\tilde{A}$ 的 f-加权可能性均值:

$$M_f(\tilde{A})=\int_0^1\frac{a_1(\lambda)+a_2(\lambda)}{2}f(\lambda)\mathrm{d}\lambda \tag{2.57}$$

特别地, 当 $f(\lambda)=2\lambda$ 时, $M_f(\tilde{A})=M(\tilde{A})$.

可能性区间数 $\tilde{A}$ 的可能性方差 $\delta(\tilde{A})$ 为

$$\delta(A)\int_0^1\delta(U_\lambda)2\lambda\mathrm{d}\lambda=\int_0^1\frac{1}{6}[a_2(\lambda)-a_1(\lambda)]^2\lambda\mathrm{d}\lambda \tag{2.58}$$

此外, Carlsson 和 Fuller 将可能性区间数 $\tilde{A}$ 的可能性方差 $\delta(\tilde{A})$ 定义为

$$\delta(A)=\int_0^1\frac{1}{2}[a_2(\lambda)-a_1(\lambda)]^2\lambda\mathrm{d}\lambda \tag{2.59}$$

可能性方差作为二阶矩特征, 是衡量可能性信息离散程度的一个指标 [19], 其中上可能性方差用来反映可能性截集左端点的离散程度, 并且在一定程度上反映了可能性分布上升部分的缓慢程度; 而下可能性方差用来反映可能性截集右端点的离散程度, 且在一定程度上反映了可能性分布下降部分的缓慢程度. 在此基础上, 引入新的特征参数: 可能性协方差、可能性变化率、可能性歪度及可能性峭度等.

可能性区间数 $\tilde{A},\tilde{B}$ 的可能性协方差 $\mathrm{Cov}(\tilde{A},\tilde{B})$ 定义为

$$\mathrm{Cov}(\tilde{A},\tilde{B})=\int_0^1\frac{1}{2}[a_2(\lambda)-a_1(\lambda)][b_2(\lambda)-b_1(\lambda)]\lambda\mathrm{d}\lambda \tag{2.60}$$

$\mathrm{Cov}(\tilde{A},\tilde{B})$ 反映了可能性区间数 $\tilde{A}$ 和 $\tilde{B}$ 之间的相关性程度, 其中, $[b_1(\lambda), b_2(\lambda)]$ 表示 $\tilde{B}$ 的 λ-可能性截集.

可能性区间数 $\tilde{A}$ 的可能性变化率 (变异系数)$p_1(\tilde{A})$ 定义为

$$p_1(\tilde{A}) = \frac{\sqrt{\delta(\tilde{A})}}{M(\tilde{A})} \tag{2.61}$$

其中, $\sqrt{\delta(\tilde{A})}$ 表示可能性分布的标准差.

可能性变化率是可能性标准差与其相对应的可能性均值之比, 是可能性分布离散程度的一个归一化指标. 该指标仅在可能性均值不为零时有意义, 一般适用于均值大于零的情况, 是一个无量纲量.

可能性区间数 $\tilde{A}$ 的可能性歪度 (偏度)$p_2(\tilde{A})$ 为

$$p_2(\tilde{A}) = \frac{(M(\tilde{A}))^3}{[\sqrt{\delta(\tilde{A})}]^3} \tag{2.62}$$

可能性歪度作为可能性分布的三阶原点矩特征, 表示不确定信息的偏斜程度 [20]. 若歪度 $p_2(\tilde{A}) = 0$, 说明测量数据均匀地分布在均值的两侧, 并不意味着其为均匀分布; $p_2(\tilde{A}) < 0$, 说明该可能性分布左侧的尾部比右侧的长, 绝大多数的值 (包括均值在内) 位于均值的右侧, 此时分布的主体集中在右侧; 若 $p_2(\tilde{A}) > 0$, 说明该可能性分布右侧的尾部比左侧的长, 绝大多数的值 (包括均值在内) 位于均值的左侧, 此时分布的主体集中在左侧.

可能性区间数 $\tilde{A}$ 的可能性峭度 (峰度)$p_3(\tilde{A})$ 为

$$p_3(\tilde{A}) = \frac{(M(\tilde{A}))^4}{(\delta(\tilde{A}))^2} \tag{2.63}$$

可能性峭度作为四阶矩特征, 用来衡量信息分布形状的陡缓程度, 同时反映了分布尾部的厚度. 当 $p_3(\tilde{A}) = 3$ 时, 表示正态分布; 当 $p_3(\tilde{A}) > 3$ 时为尖峰分布, 比正态分布更陡, 且信息的离散程度大. 当 $p_3(\tilde{A}) < 3$ 时为评定分布, 比正态分布平坦, 且不确定性信息相对比较集中 [21].

2.4.3 不确定熵

熵是热力学中的概念, 用来描述分子运动的不规则性; 信息熵是信息处理中的一个重要概念, 表示的是平均信息量. 在可能性理论中, 不确定熵用来表示信息的不确定性程度. 公式如下:

$$H(\tilde{A}) = -\sum p_i \pi_{\tilde{A}}(x_i) \log p_i, \quad \tilde{A} \in \mathcal{F}(U) \tag{2.64}$$

其中, p_i 是元素 x_i 出现的概率.

根据香农函数, 可能性理论中的不确定熵在有限论域和无限论域这两种情况下有不同的表达式:

$$H(\tilde{A})=\begin{cases}\dfrac{1}{n\ln 2}\displaystyle\sum_{i=1}^{n}|-\pi_{\tilde{A}}(x_i)\ln\pi_{\tilde{A}}(x_i)-(1-\pi_{\tilde{A}}(x_i))\ln(1-\pi_{\tilde{A}}(x_i))|, & \tilde{A}\text{是离散的}\\ \displaystyle\int_{-\infty}^{+\infty}[-\pi_{\tilde{A}}(x)\ln\pi_{\tilde{A}}(x)-(1-\pi_{\tilde{A}}(x))\ln(1-\pi_{\tilde{A}}(x))]\mathrm{d}x, & \tilde{A}\text{是连续的}\end{cases} \tag{2.65}$$

2.4.4 质心

在力学中, 物体的质心反映了它的质量分布情况. 在可能性理论中, 质心表示某一可能性分布的可能性测度的集中假想点, 即可能性分布的平均位置 [22].

当 U 为连续的有界实数域时, U 上可能性集合 $\tilde{A}$ 的可能性分布的质心为

$$G(\pi_{\tilde{A}})=\frac{\displaystyle\int_U\pi_{\tilde{A}}(x)x\mathrm{d}x}{\displaystyle\int_U\pi_{\tilde{A}}(x)\mathrm{d}x},\quad \text{其中}\int_U\pi_{\tilde{A}}(x)\mathrm{d}x\neq 0 \tag{2.66}$$

特别地, 当 $U=[a,b]$ 时, $G(\pi_{\tilde{A}})=\dfrac{\displaystyle\int_a^b\pi_{\tilde{A}}(x)x\mathrm{d}x}{\displaystyle\int_a^b\pi_{\tilde{A}}(x)\mathrm{d}x}$,其中 $\displaystyle\int_a^b\pi_{\tilde{A}}(x)\mathrm{d}x\neq 0$, 此时, 对于 $\forall\tilde{A}\in F[a,b]$, 有 $a\leqslant G(\pi_{\tilde{A}})\leqslant b$.

当 $U=\{x_1,x_2,\cdots,x_n\}\subset R$ 为离散论域时, 质心为

$$G(\pi_{\tilde{A}})=\frac{\displaystyle\sum_{i=1}^{n}\pi_{\tilde{A}}(x_i)x_i}{\displaystyle\sum_{i=1}^{n}\pi_{\tilde{A}}(x_i)} \tag{2.67}$$

其中, $\displaystyle\sum_{i=1}^{n}\pi_{\tilde{A}}(x_i)\neq 0$, 这里 R 为实数域. 特别地, 当可能性集合 $\tilde{A}$ 的可能性分布为 $[a,b]$ 上的凸函数时, 其质心一般在凸函数取极大值的点的左右. 当可能性分布 $\pi_{\tilde{A}}$ 确定时, 其质心位置也是确定的. 由此可见, 质心是可能性分布的一个固有属性.

2.5 本章小结

本章在不确定性信息处理中不确定性分布、不确定性集合以及不确定度概念的基础上, 给出了可能性分布及多元可能性分布的定义、可能性分布和隶属函数的

关系、可能性测度、必然性测度和可信性测度的概念及其性质, 深入讨论了可能性测度及必然性测度间的关系, 给出了可能性截集的相关知识, 同时对可能性分布的数字特征 (如矩特征、不确定熵和质心等) 进行了探讨, 为后续可能性分布的相似测度及合成研究奠定了基础.

参 考 文 献

[1] 周新宇, 杨风暴, 吉琳娜, 李香亭. 一种多传感器信息融合的可能性关联方法 [J]. 传感器与微系统, 2012, 31(4): 33-35.

[2] Zadeh L A. Fuzzy sets as a basis for a theory of possibility[J]. Fuzzy Sets and Systems, 1978, 1(1): 3-28.

[3] Dubois D, Prade H. Possibility Theory: An Approach to Computerized Processing of Uncertainty[M]. New York: Plenum Press, 1988.

[4] Dubois D, Prade H. When upper probabilities are possibility measures[J]. Fuzzy Sets and Systems, 1992, 49(5): 65-74.

[5] 吉琳娜, 杨风暴, 王肖霞, 周新宇. 基于库水位的坝体安全等级的可能性分析方法 [J]. 计算机工程与应用, 2013, 49(11): 224-227.

[6] 胡宝清. 模糊理论基础 [M]. 2 版. 武汉: 武汉大学出版社, 2010.

[7] 刘合香. 模糊数学理论及其应用 [M]. 北京: 科学出版社, 2012.

[8] Dubois D, Foulloy L, Mauris G, Prade H. Probability-possibility transformations, triangular fuzzy sets, and probabilistic inequalities[J]. Reliable Computing, 2004, 10: 237-297.

[9] Masson M, Denoeux T. Inferring a possibility distribution from empirical data[J]. Fuzzy Sets and Systems, 2006, 157(3): 247-254.

[10] Mauris G. Inferring a possibility distribution from very few measurements[J]. ASC, 2008, 48: 92-99.

[11] Klir G J. Fuzzy Sets: An Overview of Fundamentals, Applications and Personal Views[M]. Beijing: Beijing Normal University Press, 2000.

[12] Klir G J. Uncertainty and Information: Foundations of Generalized Information Theory[M]. New Jersey: John Wiley&Sons, 2006.

[13] 何俐萍. 基于可能性度量的机械系统可靠性分析与评价 [D]. 大连理工大学博士学位论文, 2010.

[14] 杨纶标, 高英仪. 模糊数学原理及应用 [M]. 4 版. 广州: 华南理工大学出版社, 2006.

[15] 王肖霞, 杨风暴, 吉琳娜, 等. 基于柔性相似度量和可能性歪度的尾矿坝风险评估方法 [J]. 上海交通大学学报, 2014, 48(10): 1440-1445.

[16] Carlsson C, Fuller R. On possibilistic mean value and variance of fuzzy numbers[J]. Fuzzy Sets and Systems, 2001, 122(2): 315-326.

[17] Sportt M. A theory of possibility distributions[J]. Fuzzy Sets and Systems, 1999, 102(2): 135-155.

[18] Dubois D, Lang J, Prade H. Possibilistic logic[M]//Handbook of Logic in Artificial Intelligence and Logic Programming: Nonmonotonic Reasoning and Uncertain Reasoning. New York: Oxford University Press, 1994, 3: 439-513.

[19] Wang X X, Yang F B, Wei H, Zhang L. A new ranking method based on TOPSIS and possibility theory for multi-attribute decision making problem[J]. OPTIK, 2015, 126(20): 4852-4860.

[20] Ji L N, Yang F B, Wang X X. Transformation of possibility distribution into mass function and method of ordered reliability decision[J]. Journal of Computational and Theoretical Nanoscience, 2016, 13(7): 4454-4460.

[21] Bhattacharyya R, Kar S, Majumber D D. Fuzzy mean-variance-skewness portfolio selection models by interval analysis[J]. Comput. Math. Appl., 2011, 61: 126-137.

[22] Wang Y M, Yang J B, Xu D L. On the centroids of fuzzy numbers [J]. Fuzzy Sets and Systems, 2006, 157: 919-926.

第 3 章　可能性分布的构造

实际工程应用中, 只有得到可能性分布, 才能有效处理可能性相关的问题, 因而, 可能性分布的构造是可能性理论中的基本内容. 构造可能性分布需要涉及其他的理论或概念, 这也是研究可能性和其他信息不确定性关系的途径. 同时, 只有构造了每个问题的可能性分布, 才具备分布合成的条件, 为复杂不确定性问题的解决奠定基础. 处理小样本问题是可能性理论的优势之一, 如何基于小样本构造可能性分布是关键环节, 虽然目前的办法还有许多需完善之处, 然而, 本章内容的重要性是不容置疑的.

3.1　概率分布到可能性分布的转化

Zadeh 认为, 事件发生的可能性程度可以通过事件发生的概率上界来表示 [1], 这样可将成熟的概率统计方法与可能性理论相结合, 以此把可能性分布的构造问题转换为概率到可能性之间的转化问题, 这种分布的转化一方面有助于对少量信息来源进行表达, 另一方面, 当对可能性的计算复杂度要远小于概率的计算复杂度时, 这样的转化就变得十分有意义 [2–4].

为了使丢失的信息尽可能少, 概率分布到可能性分布的转化应满足三个原则 [5–7], 具体如下：

(1) 一致性原则: 保持了概率分布和可能性分布在数值上的一致性, 即概率大的可能性必定大.

$$p(\tilde{A}) \leqslant \pi(\tilde{A}), \quad \forall \tilde{A} \subset U \tag{3.1}$$

其中, $\tilde{A}$ 为论域 U 上的模糊子集.

(2) 最优保持原则:

$$p(u_i) = p(u_j) \Rightarrow \pi(u_i) = \pi(u_j) \tag{3.2}$$

若考虑相对较弱的最优保持原则, 则可以选用下式

$$p(u_i) < p(u_j) \Rightarrow \pi(u_i) < \pi(u_j), \quad \forall u_i, u_j \in U \tag{3.3}$$

(3) 最大确定性原则:

为了减少转化过程中的信息丢失, $\pi(u)$ 所围成的面积应最小, 即

$$\min \int_{-\infty}^{+\infty} \pi(u)\mathrm{d}u \tag{3.4}$$

概率分布是描述随机变量所有可能取值及相应概率变化规律的函数, 随机变量是随机事件的数量表现, 其中按取值的不同, 可分为离散型随机变量和连续型随机变量, 相应地, 概率分布也分为离散型和连续型两种 [8]. 下面分别介绍离散条件和连续条件下的转化方法.

3.1.1 离散条件下的转化方法

假设论域为 $U = \{u_1, u_2, \cdots, u_n\}$, $p(u) = (p(u_1), p(u_2), \cdots, p(u_n))$ 表示概率分布, $\pi(u) = (\pi(u_1), \pi(u_2), \cdots, \pi(u_n))$ 表示可能性分布, 并满足如下假设:

(1) $p(u_i) \in [0,1]$, $\pi(u_i) \in [0,1]$, $i = 1, 2, \cdots, n$;

(2) $p(u_i) \geqslant p(u_{i+1})$, $i = 1, 2, \cdots, n$;

(3) $\pi(u_i) \geqslant \pi(u_{i+1})$, $i = 1, 2, \cdots, n$;

(4) $p(u_1) + p(u_2) + \cdots + p(u_n) = 1$;

(5) $\pi(u_1) = 1$.

针对离散情况下的概率分布, 转化为可能性分布的方法主要有比较转化、比例转化、线性转化等 [7].

(1) 比较转化法.

这是 Dubois 和 Prade 提出的一种转化方法, 即

$$\pi(u_i) = \sum_{j=1}^{n} \min(p(u_i), p(u_j)), \quad i = 1, 2, \cdots, n \tag{3.5}$$

$$p(u_i) = \sum_{k=1}^{n} \frac{1}{k}(\pi_i - \pi_{i+1}), \quad i = 1, 2, \cdots, n \tag{3.6}$$

其中, 式 (3.5) 表示论域上某一变量 u_i 的可能度是概率分布上所有不大于该变量概率的概率和.

(2) 比例转化法.

这是 Yager 提出的一种转化方法, 公式如下

$$\pi(u_i) = \frac{p(u_i)}{\max(p(u_1), p(u_2), \cdots, p(u_n))}, \quad i = 1, 2, \cdots, n \tag{3.7}$$

$$p(u_i) = \frac{\pi(u_i)}{\max(\pi(u_1), \pi(u_2), \cdots, \pi(u_n))}, \quad i = 1, 2, \cdots, n \tag{3.8}$$

其中, 式 (3.7) 表示论域上某一变量 u_i 的可能度是该变量概率值与概率分布峰值的比值.

(3) 线性转化法.

这是 Klir 基于信息不变的原则、基于三个假设 (标度假设、不确定性不变假设、一致性原则) 提出的转化方法 [5], 即

$$\begin{cases} \pi(u_i) = \alpha p(u_i) + \beta, \\ E(\pi(u_i)) = H(p(u_i)), \end{cases} \quad i = 1, 2, \cdots, n \tag{3.9}$$

其中, α, β 为线性变换系数; $H(p(u_i))$ 表示概率分布的香农熵; $E(\pi(u_i))$ 表示可能性分布的不确定性, 一般用最大确定性原则或最大不确定性原则来表示. 式 (3.9) 表示论域上某一变量 u_i 的可能度是该变量概率值的线性变换值.

3.1.2 连续条件下的转化方法

下面讨论论域 R 上的连续情况下概率分布到可能性分布的最佳转化. 在区间 $[a, b]$ 上, 如果一个连续概率分布密度函数 p 为单调函数, 且 p 在 $[a, u_0]$ 上为单调递增函数, 在 $[u_0, b]$ 上为单调递减函数, u_0 为单峰值点, 即

$$p(u_0) > p(u), \quad u \neq u_0 \tag{3.10}$$

则从概率分布到可能性分布的最优转化 [7]:

$$\pi_{\text{optional}}(u) = \pi_{\text{optional}}(f(u)) = \int_{-\infty}^{u} p(y)\text{d}y + \int_{f(u)}^{\infty} p(y)\text{d}y \tag{3.11}$$

式中的 $f(u)$ 定义为

$$f : [a, u_0] \to [u_0, b], \quad f(u) = \max(y | p(y) \geqslant p(u)) \tag{3.12}$$

与单峰连续的概率分布函数 p 类似, 可能性分布也有唯一的最大值位置点 u_0 以及支集范围 $[a, b]$, 且在最大值左侧区域 $[a, u_0]$ 为单调增函数, 在最大值右侧区域为单调减函数. 最佳转化需要的信息较为完整, 在实际工程中要实现上述最佳转化是很困难的, 在缺乏信息和精度要求不高的情况下, 作为一种近似, 可以采用一种简单的截性三角形转化来近似最佳转化, 这个转化在数据处理上较为简单, 且转化后的误差通常能满足需要, 当然也满足最优转化的三个原则. 转化形式如下:

$$
\pi(u)=\begin{cases}\varepsilon, & u_m \leqslant u \leqslant u_{\varepsilon_1}\\ 1-\dfrac{1-\varepsilon}{u_{\varepsilon_1}-u_0}(u-u_0), & u_{\varepsilon_1}<u\leqslant u_0\\ 1-\dfrac{1-\varepsilon}{u_{\varepsilon_2}-u_0}(u-u_0), & u_0<u\leqslant u_{\varepsilon_2}\\ \varepsilon, & u_{\varepsilon_2}<u\leqslant u_n\\ 0, & \text{其他}\end{cases} \tag{3.13}
$$

其中, u_0 是概率分布的 “中心” 值, u_m, u_n 是上下边界值, 可根据最大确定性原则来选择计算, ε 可通过 u_{ε_1}, u_{ε_2} 求出,

$$
\varepsilon=\pi(u_{\varepsilon_1})=\pi(u_{\varepsilon_2})=1-\int_{u_{\varepsilon_1}}^{u_{\varepsilon_2}}p(t)\mathrm{d}t \tag{3.14}
$$

对具有对称单峰形状的概率密度函数分布, 经过这样的变换后其形状如图 3.1 所示.

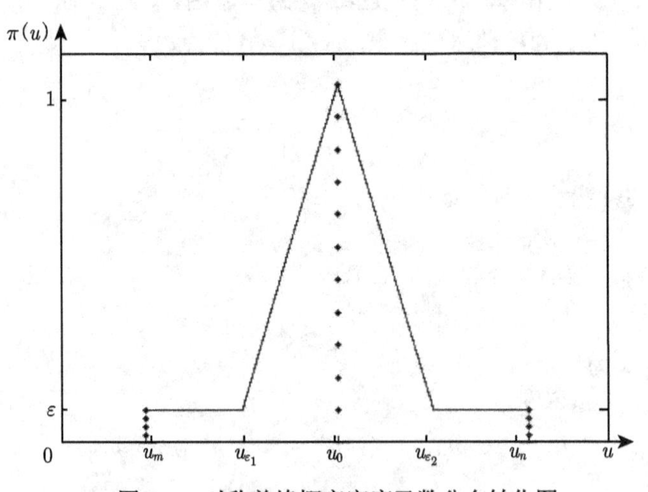

图 3.1　对称单峰概率密度函数分布转化图

对于常见的几种分布, 如均匀分布、指数分布、正态分布、三角分布等概率分布均可通过截性三角形可能性进行转化, 其概率密度函数与可能性分布函数之间参数对应关系, 如表 3.1 所示. 其中, u_0, σ 分别是各概率分布的均值和方差. 可以看出, 当概率分布的参数已知, 其对应的截性三角形转化的隶属函数参数也就唯一确定了, 概率分布函数的均值就是截性三角形转化可能性分布函数的 u_0.

表 3.1 概率密度函数与可能性分布函数之间参数对应关系

	u_m	u_n	u_{ε_1}	u_{ε_2}	ε
均匀分布	$u_0-1.73\sigma$	$u_0+1.73\sigma$	$u_0-1.73\sigma$	$u_0+1.73\sigma$	0
指数分布	$u_0-3.2\sigma$	$u_0+3.2\sigma$	$u_0-1.46\sigma$	$u_0+1.46\sigma$	0.13
正态分布	$u_0-2.58\sigma$	$u_0+2.58\sigma$	$u_0-1.54\sigma$	$u_0+1.54\sigma$	0.12
三角分布	$u_0-2.45\sigma$	$u_0+2.45\sigma$	$u_0-1.63\sigma$	$u_0+1.63\sigma$	0.11
一般分布	$u_0-3.2\sigma$	$u_0+3.2\sigma$	$u_0-1.73\sigma$	$u_0+1.73\sigma$	0.086

3.1.3 转化规律及其证明

根据概率到可能性转化的一致性原则, 针对不同的概率分布探讨相应的转化规律 [9], 并进行证明.

规律 3.1 若概率分布 $p(x)$ 是 $[a,b]$ 上单峰且连续的线性函数, 众数为 x_0, 如图 3.2(a) 所示, 则转化后的可能性分布 $\pi(x)$ 是凸函数, 且

$$\pi(x)=\begin{cases}\dfrac{p(x_0)(b-a)}{2(x_0-a)^2}(x-a)^2, & x\in[a,x_0]\\[2ex] \dfrac{p(x_0)(b-a)}{2(b-x_0)^2}(x-b)^2, & x\in(x_0,b]\end{cases}\tag{3.15}$$

证明 根据图 3.2(a) 可知

$$p_1(x)=\frac{p(x_0)}{x_0-a}(x-a),\quad p_1^{-1}(\lambda)=\frac{x_0-a}{p(x_0)}\lambda+a\tag{3.16}$$

$$p_2(x)=\frac{p(x_0)}{b-x_0}(b-x),\quad p_2^{-1}(\lambda)=b-\frac{b-x_0}{p(x_0)}\lambda\tag{3.17}$$

对于 $\forall\lambda\in[0,p(x_0)]$, 根据一致性原则可得

$$\begin{aligned}\pi(p_1^{-1}(\lambda))=\pi(p_2^{-1}(\lambda))&=\int_a^{p_1^{-1}(\lambda)}p(x)\mathrm{d}x+\int_{p_2^{-1}(\lambda)}^{b}p(x)\mathrm{d}x\\&=S_1+S_2=\frac{\lambda^2}{2p(x_0)}(b-a)\end{aligned}\tag{3.18}$$

当 $x\in[a,x_0]$ 时, 设 $\lambda=p_1(x)$, 根据式 (3.17) 可得

$$\pi(x)=\frac{p(x_0)(b-a)}{2(x_0-a)^2}(x-a)^2$$

由于 $(x-a)^2$ 在 $[a,x_0]$ 上单调递增且为凸函数, $\dfrac{p(x_0)(b-a)}{2(x_0-a)^2}>0$, 故 $\pi(x)$ 在 $[a,x_0]$ 上是凸的; 同理, 当 $x\in(x_0,b]$ 时, 设 $\lambda=p_2(x)$, 则有

$$\pi(x)=\frac{p(x_0)(b-a)}{2(b-x_0)^2}(x-b)^2$$

由于$(x-b)^2$ 在 $(x_0,b]$ 上为单调递减的凸函数, 且 $\dfrac{p(x_0)(b-a)}{2(b-x_0)^2}>0$, 故 $\pi(x)$ 在 $(x_0,b]$ 上是凸的, 综上所述, $\pi(x)$ 在 $[a,b]$ 上为凸函数, 且

$$\pi(x)=\begin{cases}\dfrac{p(x_0)(b-a)}{2(x_0-a)^2}(x-a)^2, & x\in[a,x_0]\\ \dfrac{p(x_0)(b-a)}{2(b-x_0)^2}(x-b)^2, & x\in(x_0,b]\end{cases}$$

图形表示如图 3.2(b) 所示.

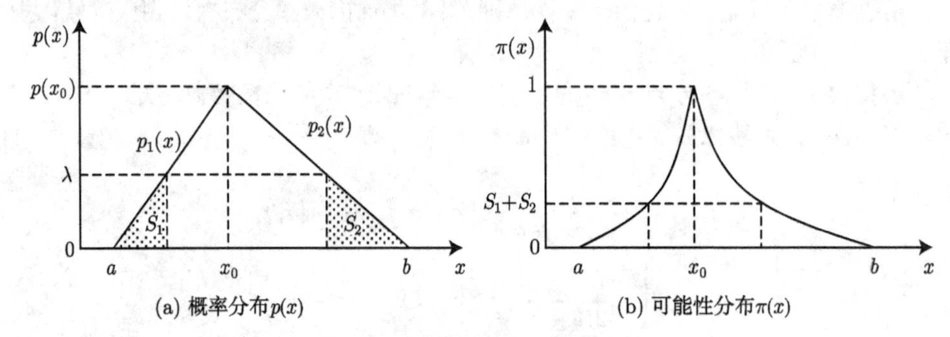

(a) 概率分布$p(x)$　　(b) 可能性分布$\pi(x)$

图 3.2　概率分布和可能性分布

规律 3.2　若概率分布 $p(x)$ 是区间 $[a,b]$ 上单峰、分段且连续的线性函数, 如图 3.3(a) 所示, 则转化后的可能性分布 $\pi(x)$ 是分段凸的, 且当 $x\in[a,c]$ 时,

$$\pi(x)=\frac{p(c)(b-a)}{2(c-a)^2}(x-a)^2$$

证明　以 $x\in[c,p_2^{-1}(p(d))]$ 为例, 根据图 3.3(a) 的概率分布可知

$$p_2^{-1}(\lambda)=\frac{x_0-c}{p(x_0)-p(c)}(\lambda-p(c))+c \tag{3.19}$$

$$p_4^{-1}(\lambda)=b-\frac{b-d}{p(d)}\lambda \tag{3.20}$$

根据一致性原理, 可得

$$\begin{aligned}\pi(p_2^{-1}(\lambda))=\pi(p_4^{-1}(\lambda))&=\int_a^{p_2^{-1}(\lambda)}p(x)\mathrm{d}x+\int_{p_4^{-1}(\lambda)}^b p(x)\mathrm{d}x\\&=S_1+S_2+S_3+S_4+S_5+S_6\\&=\frac{b-d}{2p(d)}\lambda^2+\frac{p_2^{-1}(p(d))-c}{2}\lambda+\frac{(p_2^{-1}(p(d))-a)p(c)}{2}\end{aligned} \tag{3.21}$$

设 $\lambda = p_2(x)$, 则有

$$\pi(x) = A_1(x-c)^2 + B_1(x-c) + C_1 \tag{3.22}$$

其中

$$A_1 = \frac{b-d}{2p(d)} \cdot \frac{p(x_0)-p(c)}{x_0-c} \tag{3.23}$$

$$B_1 = \frac{p(x_0)-p(c)}{x_0-c}\left[\frac{b-d}{2p(d)} + \frac{p_2^{-1}(p(d))-c}{2}\right] \tag{3.24}$$

$$C_1 = \frac{b-d}{2p(d)}p(c)^2 + \frac{2p_2^{-1}(p(d))-c-a}{2}p(c) \tag{3.25}$$

由于 $(x-c)^2$ 在 $[c, p_2^{-1}(p(d))]$ 上单调递增且为凸函数, $A_1 > 0$, 故 $\pi(x)$ 在 $[c, p_2^{-1}(p(d))]$ 上是凸的. 同理可证 $\pi(x)$ 在其他区间 $[a,c]$, $[p_2^{-1}(p(d)), x_0]$, $[x_0, d]$, $[d, p_4^{-1}(p(c))]$ 以及 $[p_4^{-1}(p(c)), b]$ 上也为凸函数, 图形如 3.3(b) 所示.

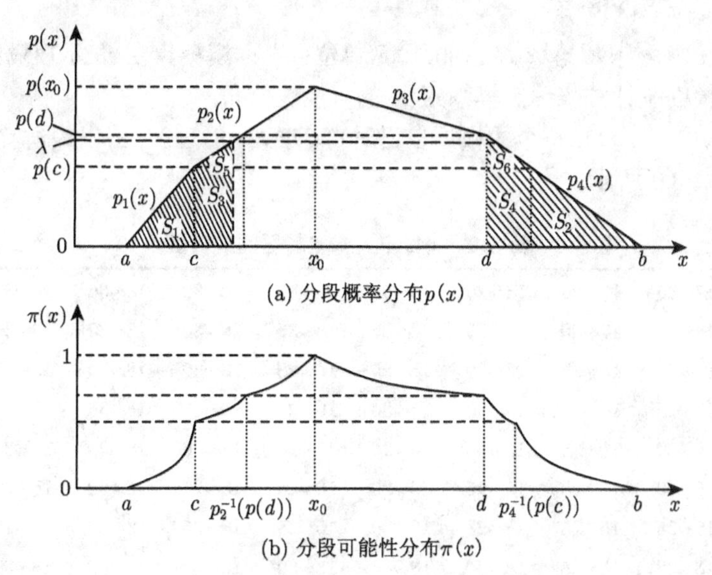

(a) 分段概率分布 $p(x)$

(b) 分段可能性分布 $\pi(x)$

图 3.3 分段概率分布和分段可能性分布

在实际应用中遇到此类概率分布, 可以利用该规律得到相应的可能性分布.

3.2 基于模糊数学的可能性分布构造

根据可能性假设: $\tilde{A} \in \mathcal{F}(U)$, 则命题 "$X$ 是 $\tilde{A}$" 诱导出模糊集 $\tilde{A}$ 的一个可能性分布函数 π_X. 因此, 在数值上可能性分布函数与隶属函数是相等的, 即

$$\pi_X(X=u) = \mu_{\tilde{A}}(u) \tag{3.26}$$

其中, X 为模糊变量.

下面利用模糊数学中构造隶属函数的思想来构造可能性分布, 包括模糊统计法、二元对比排序法、集值统计法、模糊函数构造法等 [10,11].

3.2.1　模糊统计法

用模糊统计法构造模糊集的可能性分布时, 需要涉及的实际背景能够提供充足的主观信息, 因此模糊统计法的应用范围十分有限.

设做 n 次试验, 计算 u_0 对模糊集 $\tilde{A}$ 的隶属频率 $=\dfrac{u_0 \in A' \text{的次数}}{n}$.

随着 n 的增大, 隶属频率会呈现出某种稳定性, 称频率所稳定的值为 u_0 对于模糊集 $\tilde{A}$ 的可能度 $\pi_{\tilde{A}}(u_0)$, 从而

$$\pi_{\tilde{A}}(u_0) = \lim_{n \to +\infty} \frac{u_0 \in A' \text{的次数}}{n} \tag{3.27}$$

下面通过实例说明.

例 3.1　取年龄论域 $U = [0, 100]$(单位: 岁). 模糊集 $\tilde{A}$ 表示模糊概念 “青年人”, 试用模糊统计法来确定模糊集 $\tilde{A}$ 的可能性分布.

选取 129 人, 要求每个人根据自己对 “青年人” 的理解, 给出最适宜的年限, 具体数据如表 3.2 所示.

表 3.2　“青年人” 年龄区间统计表

18~25	17~36	17~28	18~25	16~35	14~25	18~30	18~35	18~35	16~25
15~30	18~35	17~30	18~25	14~25	18~35	20~30	18~30	16~30	20~35
18~30	18~30	15~25	18~30	15~25	16~28	16~30	18~30	16~30	18~35
18~25	18~25	16~28	18~30	16~30	16~28	18~35	18~35	17~27	16~28
15~28	16~30	19~28	15~30	15~26	17~25	15~36	18~30	17~30	18~35
15~28	18~30	15~25	15~25	18~30	16~24	15~25	16~32	15~27	18~35
16~35	15~25	15~25	18~28	16~30	15~28	18~35	18~30	17~28	18~35
16~25	18~28	16~28	18~30	18~35	18~30	18~30	17~30	18~30	18~35
16~30	18~35	17~25	15~30	18~25	17~30	14~25	18~26	18~28	18~35
18~28	18~30	18~25	16~35	17~29	18~25	17~30	16~28	18~30	16~28
15~30	15~35	18~30	20~30	20~30	16~25	17~30	15~30	18~30	16~30
18~28	18~35	16~30	15~30	18~35	18~35	18~30	17~30	18~35	17~30
15~25	18~35	15~30	15~25	15~30	18~30	17~25	18~29	18~28	

为了作出 $\tilde{A}$ 的可能性分布函数 $\pi_{\tilde{A}}(u)$, 可以采用如下步骤:

步骤 1　因为最小数据是 14, 最大数据是 36, 于是以 13.5 岁为起点, 36.5 岁为终点, 以 1 为长度分组, 每组以中值为代表计算隶属频率, 如表 3.3 所示.

表 3.3 “青年人”的隶属频率表

分组序号	分组	频率	相对频率
1	13.5~14.5	2	0.0155
2	14.5~15.5	27	0.2093
3	15.5~16.5	51	0.3953
4	16.5~17.5	67	0.5194
5	17.5~18.5	124	0.9612
6	18.5~19.5	125	0.9690
7	19.5~20.5	129	1.0000
8	20.5~21.5	129	1.0000
9	21.5~22.5	129	1.0000
10	22.5~23.5	129	1.0000
11	23.5~24.5	129	1.0000
12	24.5~25.5	128	0.9922
13	25.5~26.5	103	0.7984
14	26.5~27.5	101	0.7829
15	27.5~28.5	99	0.7674
16	28.5~29.5	80	0.6202
17	29.5~30.5	77	0.5969
18	30.5~31.5	27	0.2093
19	31.5~32.5	27	0.2093
20	32.5~33.5	26	0.2016
21	33.5~34.5	26	0.2016
22	34.5~35.5	26	0.2016
23	35.5~36.5	1	0.0078

步骤 2 根据表 3.3 可以得出直方图如图 3.4 所示.

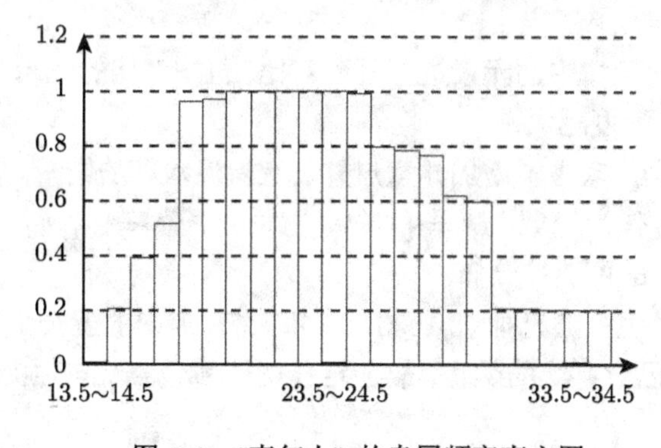

图 3.4 “青年人”的隶属频率直方图

步骤 3　以年龄为横坐标, 相对频率为纵坐标, 再连续地描绘出图形便可以得出 $\pi_{\tilde{A}}(u)$ 的曲线, 如图 3.5 所示.

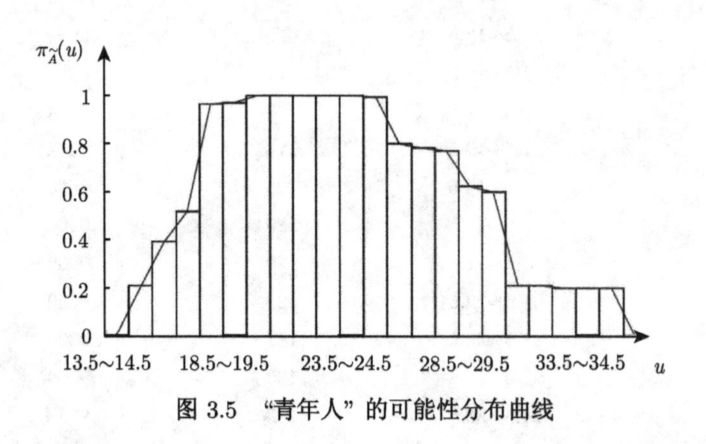

图 3.5　“青年人” 的可能性分布曲线

由图 3.5 可看出, $\pi_{\tilde{A}}(27) \approx 0.8$, 这表明 27 岁对于 $\tilde{A}$ 的可能度约是 0.8.

用同样的方法在另外两个单位做试验, 所得结果即 “青年人” 的可能性分布函数曲线形状大致相同.

3.2.2　二元对比排序法

在做模糊统计时, 人们习惯于两两比较 (二元对比), 二元对比确定顺序, 由该顺序便可确定可能性分布函数的大致形状. 利用二元对比排序法构造可能性分布的应用场合相对多一些, 尤其是在可靠性分配、可靠性预计等要进行单元、系统之间相对权衡的场合下能够较好地发挥作用. 二元对比排序法有择优比较法、绝对比较法、相对比较法、优先关系定序法和对比平均法等, 下面介绍常用的择优比较法和绝对比较法.

1. 择优比较法

择优比较法是对论域中的元素进行两两对比, 再按对比的优越总分从大到小排序, 优越总分越大可能度越大.

例 3.2　某生产厂家为了增加儿童户外真空保温水杯的销量, 现调查颜色与销量间的关系, 将颜色作为论域: U = {红, 橙, 黄, 绿, 蓝}=$\{u_1, u_2, u_3, u_4, u_5\}$, 假设 $\tilde{A}$ =“畅销”, 计算 $\tilde{A}$ 的可能性分布.

为此, 从中小学生中随机抽取 1000 人, 每人将 U 中的五个颜色两两对比, 择优指定一种作为自己最喜欢的颜色, 故选定任两个颜色需比较 1000 次, 所得结果如表 3.4 所示.

表 3.4 择优结果表

	u_1	u_2	u_3	u_4	u_5	$\sum$
u_1		517	525	545	661	2248
u_2	483		841	477	576	2377
u_3	475	159		534	614	1782
u_4	455	523	466		643	2087
u_5	339	424	386	357		1506
合计						10000

表 3.4 中, 比较红与橙 (u_1 与 u_2) 两种颜色共 1000 次, 其中认为红比橙颜色畅销的有 517 次, 认为橙比红颜色畅销的有 483 次, 五个颜色两两对比总次数为

$$1000\mathrm{C}_5^2 = \frac{1000 \times 5 \times 4}{2} = 10000(\text{次})$$

于是

$$\pi_{\tilde{A}}(u_1) = \frac{2248}{10000} = 0.2248$$

$$\pi_{\tilde{A}}(u_2) = \frac{2377}{10000} = 0.2377$$

$$\pi_{\tilde{A}}(u_3) = \frac{1782}{10000} = 0.1782$$

$$\pi_{\tilde{A}}(u_4) = \frac{2087}{10000} = 0.2087$$

$$\pi_{\tilde{A}}(u_5) = \frac{1506}{10000} = 0.1506$$

则 $\tilde{A}$ 的可能性分布为

$$\pi_{\tilde{A}} = \frac{0.2248}{u_1} + \frac{0.2377}{u_2} + \frac{0.1782}{u_3} + \frac{0.2087}{u_4} + \frac{0.1506}{u_5}$$

易见儿童户外真空保温水杯用橙色最畅销.

下面讨论更一般的情况:

设 $U = \{u_1, u_2, \cdots, u_m\}$ 为有限论域, $\tilde{A} \in F\{(U)$, 待求 $\pi_{\tilde{A}}(u_i)$, $i = 1, 2, \cdots, m$.

设 $P = \{p_1, p_2, \cdots, p_n\}$ 为被调查对象集. 对任意一对 (u_s, u_k), $1 \leqslant s < k \leqslant m$, $\forall p_j \in P$, 假设

$$\pi(u_i, p_j) = \begin{cases} 1, & p_j \text{ 认为 } u_i \in \tilde{A} \\ 0, & p_j \text{ 认为 } u_i \notin \tilde{A} \end{cases} \tag{3.28}$$

$$\pi(u_s, p_j) + \pi(u_k, p_j) = 1$$

若

$$\pi(u_s, p_j) = 1, \quad \pi(u_k, p_j) = 0$$

则记为

$$f_{u_k}(u_s,p_j)=1,\quad f_{u_s}(u_k,p_j)=0$$

择优比较法具体过程如下:

步骤 1　确定论域中各元素两两对比的顺序及对比总次数, 一般共需比较 C_m^2 次 (其中, C_m^2 为 m 个元素中任取 2 个的组合数), 每一次比较可得一个两两对比表 (表 3.5).

表 3.5　p_j 的两两对比表

	u_1	u_2	u_3	$\cdots$	u_m	$\sum$
u_1		$\sum_{j=1}^n f_{u_2}(u_1,p_j)$	$\sum_{j=1}^n f_{u_3}(u_1,p_j)$	$\cdots$	$\sum_{j=1}^n f_{u_m}(u_1,p_j)$	
u_2	$\sum_{j=1}^n f_{u_1}(u_2,p_j)$		$\sum_{j=1}^n f_{u_3}(u_2,p_j)$	$\cdots$	$\sum_{j=1}^n f_{u_m}(u_2,p_j)$	
u_3	$\sum_{j=1}^n f_{u_1}(u_3,p_j)$	$\sum_{j=1}^n f_{u_2}(u_3,p_j)$		$\cdots$	$\sum_{j=1}^n f_{u_m}(u_3,p_j)$	
$\vdots$	$\vdots$	$\vdots$	$\vdots$		$\vdots$	$\vdots$
u_m	$\sum_{j=1}^n f_{u_1}(u_m,p_j)$	$\sum_{j=1}^n f_{u_2}(u_m,p_j)$	$\sum_{j=1}^n f_{u_3}(u_m,p_j)$	$\cdots$		

表 3.5 中,

$$\sum_{j=1}^n f_{u_s}(u_k,p_j)+\sum_{j=1}^n f_{u_k}(u_s,p_j)=n,\quad s\neq k \tag{3.29}$$

步骤 2　将 n 个人 $\{p_1,p_2,\cdots,p_n\}$ 的对比结果综合起来就得到一个总表, 如表 3.6 所示.

表 3.6　n 个人两两比较总表

	u_1	u_2	u_3	$\cdots$	u_m
u_1		1	0	$\cdots$	0
u_2	0		1	$\cdots$	1
u_3	1	0		$\cdots$	0
$\vdots$	$\vdots$	$\vdots$	$\vdots$		$\vdots$
u_m	1	0	1	$\cdots$	

步骤 3　可能度 $\pi_{\tilde{A}}(u_i)(i=1,2,\cdots,m)$ 可以按下式计算

$$\pi_{\tilde{A}}(u_i)=\frac{\sum\limits_{k=1,k\neq i}^m\left(\sum\limits_{j=1}^n f_{u_k}(u_i,p_j)\right)}{n\mathrm{C}_m^2},\quad i=1,2,\cdots,m \tag{3.30}$$

其中

$$\mathrm{C}_m^2 = \frac{m(m-1)}{2}$$

易见

$$\sum_{i=1}^{m} \pi_{\tilde{A}}(u_i) = 1$$

2. 绝对比较法

择优比较法中, 在进行两两对比时, 都有前提:

$$\pi(u_i, p_j) = \begin{cases} 1, & p_j \text{ 认为 } u_i \in \tilde{A} \\ 0, & p_j \text{ 认为 } u_i \notin \tilde{A} \end{cases} \tag{3.31}$$

允许 $\pi(u_s, p_j)$ 与 $\pi(u_k, p_j)$ 在 $[0,1]$ 区间中取值, 且 $\pi(u_s, p_j) + \pi(u_k, p_j) = 1$, 特别在某一类问题中可不采用全面的两两比较, 而只作出与某一选定的 u_r 的各个比较值, 即部分的两两比较.

设 $U = \{u_1, u_2, \cdots, u_m\}$ 为有限论域, $\tilde{A} \in F(U)$, 待求 $\pi_{\tilde{A}}(u_i), i = 1, 2, \cdots, m$.

步骤 1 确定 $r \in \{1, 2, \cdots, m\}$, 使得

$$\pi_{\tilde{A}}(u_r) = \max\{\pi_{\tilde{A}}(u_1), \pi_{\tilde{A}}(u_2), \cdots, \pi_{\tilde{A}}(u_m)\} \tag{3.32}$$

则 u_r 属于 $\tilde{A}$ 的可能度最大.

步骤 2 两两比较每个调查者 $p_j (j = 1, 2, \cdots, n)$, 得比较值

$$f_{u_r}(u_i, p_j), \quad i = 1, 2, \cdots, m$$

其表示 p_j 对比 u_r, 认为 u_i 属于 $\tilde{A}$ 的程度.

步骤 3 综合 n 个调查者两两比较的结果, 得

$$a_i = \frac{1}{n} \sum_{j=1}^{n} f_{u_r}(u_i, p_j), \quad i = 1, 2, \cdots, m \tag{3.33}$$

步骤 4 通过归一化计算可能度

$$\pi_{\tilde{A}}(u_i) = \frac{a_i}{\sum_{j=1}^{m} a_j}, \quad i = 1, 2, \cdots, m \tag{3.34}$$

例 3.3 对某大型设备需停产检修的 “状态诊断”. 设论域 U 中模糊集为 $\tilde{A}$, 其包含该设备需停产检修的全部故障因子 $u_i (i = 1, 2, \cdots, 10)$, 它们分别代表 “过高的温升”“有噪声”“速度降低”“有震动” 等每一个故障隐患, 试确定模糊集 $\tilde{A}$ 的可能性分布.

现选取了 10 名评议者: $P=\{p_1,p_2,\cdots,p_{10}\}$, 假设 u_1 为停产检修的主要指标, 并打上最高分 10 分, 即 $f_{u_1}(u_1,p_j)=10, j=1,2,\cdots,10$, 令

$$f_{u_1}(u_2,p_1)=9,\quad f_{u_1}(u_3,p_1)=6,\quad f_{u_1}(u_4,p_1)=4$$
$$f_{u_1}(u_2,p_2)=8,\quad f_{u_1}(u_3,p_2)=7,\quad f_{u_1}(u_4,p_2)=4$$
$$f_{u_1}(u_2,p_3)=8,\quad f_{u_1}(u_3,p_3)=7,\quad f_{u_1}(u_4,p_3)=4$$
$$f_{u_1}(u_2,p_4)=8,\quad f_{u_1}(u_3,p_4)=5,\quad f_{u_1}(u_4,p_4)=5$$
$$f_{u_1}(u_2,p_5)=8,\quad f_{u_1}(u_3,p_5)=5,\quad f_{u_1}(u_4,p_5)=5$$
$$f_{u_1}(u_2,p_6)=8,\quad f_{u_1}(u_3,p_6)=5,\quad f_{u_1}(u_4,p_6)=4$$
$$f_{u_1}(u_2,p_7)=9,\quad f_{u_1}(u_3,p_7)=5,\quad f_{u_1}(u_4,p_7)=5$$
$$f_{u_1}(u_2,p_8)=9,\quad f_{u_1}(u_3,p_8)=5,\quad f_{u_1}(u_4,p_8)=4$$
$$f_{u_1}(u_2,p_9)=9,\quad f_{u_1}(u_3,p_9)=6,\quad f_{u_1}(u_4,p_9)=4$$
$$f_{u_1}(u_2,p_{10})=9,\quad f_{u_1}(u_3,p_{10})=6,\quad f_{u_1}(u_4,p_{10})=4$$

计算它们的平均数, 可得

$$a_1=\frac{1}{10}\sum_{j=1}^{10}f_{u_1}(u_1,p_j)=10$$
$$a_2=\frac{1}{10}\sum_{j=1}^{10}f_{u_1}(u_2,p_j)=8.5$$
$$a_3=\frac{1}{10}\sum_{j=1}^{10}f_{u_1}(u_3,p_j)=5.7$$
$$a_4=\frac{1}{10}\sum_{j=1}^{10}f_{u_1}(u_4,p_j)=4.3 \tag{3.35}$$

将 a_1,a_2,a_3,a_4 归一化, 得到

$$\pi_{\tilde{A}}(u_1)=\frac{a_1}{\sum_{i=1}^{4}a_i}=\frac{10}{10+8.5+5.7+4.3}\approx 0.35 \tag{3.36}$$

同理

$$\pi_{\tilde{A}}(u_2)\approx 0.30,\quad \pi_{\tilde{A}}(u_3)=0.20,\quad \pi_{\tilde{A}}(u_4)\approx 0.15$$

由此得到

$$\pi_{\tilde{A}}=\frac{0.35}{u_1}+\frac{0.30}{u_2}+\frac{0.20}{u_3}+\frac{0.15}{u_4} \tag{3.37}$$

3.2.3 集值统计法

例 3.4 设论域 $U=\{u_1,u_2,u_3,u_4\}$, $\tilde{A}\in F(x)$ 是待确定的模糊集, $P=\{p_1,p_2,p_3,p_4,p_5\}$ 为参与确定模糊集的人员集合 [11], 欲求 u_i 属于模糊集 $\tilde{A}$ 的可能度 $\pi_{\tilde{A}}(u_i)(i=1,2,3,4)$.

选定一个初始值 $k:1\leqslant k\leqslant 4$, 随后 $p_j(j=1,2,3,4,5)$ 按下列步骤完成统计试验, 不妨取 $k=1$.

步骤 1 在 U 中选取 p_1 认为优先属于 $\tilde{A}$ 的 $k=1$ 个元素, 得 U 的子集 $U_1^{(1)}=\{u_2\}\subseteq U$.

步骤 2 在 U 中选取 p_1 认为优先属于 $\tilde{A}$ 的 $2k=2$ 个元素, 得 U 的子集

$$U_2^{(1)}=\{u_2,u_1\}\supseteq U_1^{(1)}$$

理由是第一次认为优先的元素, 第二次便认为更优先, 故第二次也一定要选中. 如此继续下去, 得 $U_3^{(1)}=\{u_2,u_1,u_4\}\subseteq U$, $U_4^{(1)}=\{u_2,u_1,u_4,u_3\}\subseteq U$, 且 $U_1^{(1)}\subseteq U_2^{(1)}\subseteq U_3^{(1)}\subseteq U_4^{(1)}$. p_1 的结果及其简化形式见表 3.7 和表 3.8.

表 3.7 p_1 的结果

$p_1:k=1$	u_2			
$2k=2$	u_2	u_1		
$3k=3$	u_2	u_1	u_4	
$4k=4$	u_2	u_1	u_4	u_3

表 3.8 p_1 结果的简化形式

p_1	u_2	u_1	u_4	u_3
	4	3	2	1

同理可得到 p_2,p_3,p_4,p_5 的结果, 见表 3.9.

表 3.9 p_2, p_3, p_4 和 p_5 的结果

p_2	u_2	u_4	u_1	u_3
	4	3	2	1
p_3	u_1	u_2	u_4	u_3
	4	3	2	1
p_4	u_2	u_1	u_3	u_4
	4	3	2	1
p_5	u_2	u_3	u_1	u_4
	4	3	2	1

计算 u_1, u_2, u_3, u_4 的覆盖频率

$$m(u_1) = \frac{14}{4 \times 5} = \frac{7}{10}, \quad m(u_2) = \frac{19}{20}, \quad m(u_3) = \frac{8}{20} = \frac{2}{5}, \quad m(u_4) = \frac{9}{20}$$

再将 $m(u_i)(i = 1, 2, 3, 4)$ 归一化便得 $\pi_{\tilde{A}}(u_i)(i = 1, 2, 3, 4)$,

$$\pi_{\tilde{A}}(u_1) = \frac{m(u_1)}{\sum_{i=1}^{4} m(u_i)} = \frac{7}{25} = 0.28$$

$$\pi_{\tilde{A}}(u_2) = \frac{19}{50} = 0.38, \quad \pi_{\tilde{A}}(u_3) = \frac{4}{25} = 0.16, \quad \pi_{\tilde{A}}(u_4) = \frac{9}{50} = 0.18$$

因此

$$\pi_{\tilde{A}} = \frac{0.28}{u_1} + \frac{0.38}{u_2} + \frac{0.16}{u_3} + \frac{0.18}{u_4} \tag{3.38}$$

推广到一般, 可以总结出集值统计法构造可能性分布的步骤如下:

设论域 $U = \{u_1, u_2, \cdots, u_q\}$.

步骤 1　在 U 中选取 p_j 认为优先属于 $\tilde{A}$ 的 k 个元素, 得 U 的子集

$$U_1^{(j)} = \{u_{i_1}^{(j)}, u_{i_2}^{(j)}, \cdots, u_{i_k}^{(j)}\} \subseteq U \tag{3.39}$$

步骤 2　在 U 中选取 p_j 认为优先属于 $\tilde{A}$ 的 $2k$ 个元素, 得 U 的子集

$$U_2^{(j)} = \{u_{i_1}^{(j)}, u_{i_2}^{(j)}, \cdots, u_{i_k}^{(j)}, u_{i_{k+1}}^{(j)}, \cdots, u_{i_{2k}}^{(j)}\} \supseteq U_1^{(j)} \tag{3.40}$$

步骤 3　在 U 中选取 p_j 认为优先属于 $\tilde{A}$ 的 tk 个元素, 得 U 的子集

$$U_t^{(j)} = \{u_{i_1}^{(j)}, \cdots, u_{i_{tk}}^{(j)}\} \supseteq U_{t-1}^{(j)} \tag{3.41}$$

若自然数 t 满足 $q = tk + v, 1 \leqslant v \leqslant k$, 则迭代过程终止于第 $t+1$ 步; 第 $t+1$ 步取 $U_{t+1}^{(j)} = U$, 计算 u_i 的覆盖频率

$$m(u_i) = \frac{1}{n(t+1)} \sum_{s=1}^{t+1} \sum_{j=1}^{n} \chi_{U_s^{(j)}}(u_i), \quad i = 1, 2, \cdots, q \tag{3.42}$$

其中, $\chi_{U_s^{(j)}}$ 为集合 $U_s^{(j)}$ 的特征函数, 再将诸 $m(u_i)$ 归一化即可得到可能度

$$\pi_{\tilde{A}}(u_i)=\frac{m(u_i)}{\sum_{j=1}^{q}m(u_j)},\quad i=1,2,\cdots,q \tag{3.43}$$

3.2.4 模糊函数构造法

由于可能性分布函数极大地依赖于实际应用的背景, 与所研究的实际问题的自然属性密切相关, 所以可能性分布函数具有多样性. 尽管如此, 通过分析这些人类长期积累起来的丰富的领域知识以及大量的定性信息, 可知可能性分布函数的构造仍然是有规律可循的. 常见模糊函数与可能性分布是表达形式基本相同的, 只不过两者表示的意义不同. 可能性分布的模糊函数构造法适用于变量与状态间关系已确立的情况, 即根据问题的性质套用现成的某些形式的模糊函数, 然后根据测量数据并借助于其他的数学方法, 确定分布中的参数.

常用的模糊函数有矩形、梯形、Γ-分布、正态分布、柯西分布、岭型分布、k 次抛物线型分布、Z 型分布、S 型分布等函数, 每一种函数又分为偏小型、中间型、偏大型三种形式 [11].

下面介绍可能性分布确定的一般步骤 [12]:

步骤 1 分析问题背景, 进行抽象总结, 确定模糊集合的论域.

步骤 2 确定可能性分布的类型.

选取规则为: 一般描述 “× × × 以下” “小于 × × ×” 等向下侧重的模糊概念时, 选择偏小型分布, 如 Z 型分布; 若描述 “× × × 以上”“大于 × × ×” 等向上侧重的模糊概念时, 多选择偏大型, 如 S 型分布; 若模糊概念集中于局部区域, 则选择中间型, 如正态分布.

步骤 3 确定可能度为 1 和 0 的论域元素.

对于正规模糊集, 可能度为 1 的论域元素集合被称为 “主值区间”. 在函数形式上, 主值区间的大小将直接影响可能性分布函数曲线的顶部形状. 若肯定某一点可能度必定为 1 且优越显著, 选择顶部尖锐的可能性分布函数 (正态、柯西型); 若只能肯定一段区间可能度必定为 1 且优越显著, 则选择顶部平坦的可能性分布函数 (梯形、岭型等).

步骤 4 确定最模糊 (可能度为 0.5) 的点.

如果论域中某部分元素越无法肯定属于模糊集合的可能度, 它们的不确定性取值越接近于 0.5, 其中 0.5 是最模糊点. 若可能度为 0 和 1 的临界点和最模糊点三点成线性排列, 则选择梯形等形式的可能性分布函数; 若可能度为 0 和 1 的临界点和最模糊点成非线性排列, 则选择正态、岭型、柯西型等形式的可能性分布.

步骤 5　确定分布的对称性.

主值区间两侧的不确定性一致或不加区分时, 选择对称型分布 (正态、对称梯形等) 的可能性分布函数; 主值区间两侧的不确定性不一致时. 选择非对称型分布 (非对称梯形等) 的可能性分布函数.

步骤 6　确定过渡带宽度及形式.

一般地, 如果论域元素属于模糊集合的可能度随着论域元素的变化成均匀线性规律, 则选择线性过渡带 (典型分布为三角分布和梯形分布); 如果在可能度为 1 的临界论域元素附近, 越靠近该元素则可能度随着论域元素的变化越剧烈, 那么就选择下凹过渡带 (典型分布为 Γ-分布); 反之, 如果变化平缓, 就选择上凸过渡带 (典型分布为岭型、Z 型、S 型分布). 若不确定性大, 过渡带要宽; 若不确定性小, 过渡带要窄.

步骤 7　综合上述分析结论, 最终确定可能性分布, 并估计分布参数.

下面利用实例说明.

例 3.5　"文盲" 是一个模糊概念, 按规定: 识字 500 以下者为文盲, 识字 1000 以上者为非文盲, 设论域 $U = R$(实数集), 试建立模糊集 $\tilde{A}$="文盲" 的可能性分布.

对于确定的论域, 文盲为 "识字 500 以下者", 因此, 可能性分布函数的整体结构应选择偏下型.

对于文盲, 按规定, 识字应为 500 以下者, 所以论域中小于 500 的元素对 "文盲" 的可能度应为 1, 即主值区间为 [0, 500]; 另一方面, "非文盲" 的规定要求是 "识字 1000 以上者", 所以在区间 $[1000, +\infty)$ 中取值的论域元素对 "文盲" 模糊集的可能度为 0. 至此, 确定了可能度为 0 和 1 的元素区间, 临界论域元素为 500, 1000.

由规定, 区间 [500, 1000] 可确定为过渡带, 且识字为 750 者为最模糊点 (可能度为 0.5), 易知可能度为 0 和 1 的临界点与最模糊点 (可能度为 0.5 的点) 三点成线性排列, 故过渡带应是线性的.

通过计算可得分布的相关参数为 $a = 500, b = 1000$, 最终可能性分布函数曲线可见图 3.6, 其解析表达式为

$$\pi_{\tilde{A}}(u) = \begin{cases} 1, & u \leqslant 500 \\ \dfrac{1000 - u}{500}, & 500 < u \leqslant 1000 \\ 0, & u > 1000 \end{cases} \tag{3.44}$$

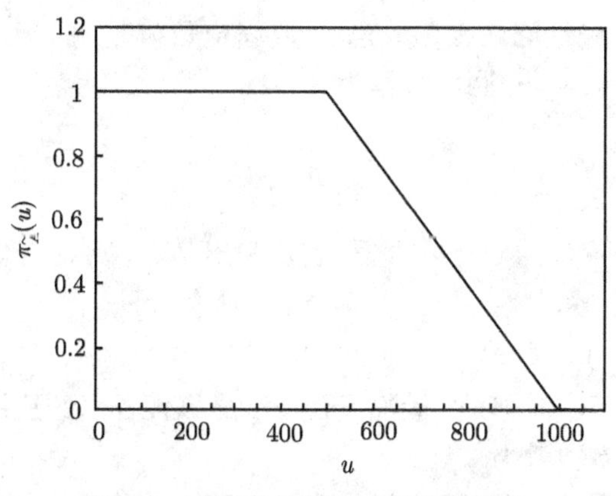

图 3.6 文盲的可能性分布函数曲线

3.3 利用线性回归构造可能性分布

在对客观世界认识的过程中, 探究变量间的数量关系成为必然要求. 一般地, 变量间的关系有两类: 一类是函数关系, 即变量间在数量上表现为确定性的相互依存关系; 另一类是相关关系, 即变量间在数量上表现为不确定性的相互依存关系. 回归分析是分析变量间相关关系的一种统计方法, 它就是建立变量间相关关系的具体的数学表达形式.

实际问题中, 由于许多可能性分布规律符合线性回归模型, 且可能性分布一般描述一个自变量与因变量的对应关系, 故可基于一元线性回归构造可能性分布 [13]. 由于一元线性回归模型比多元线性回归模型更容易建立, 且计算复杂度低, 在实际问题中更具普适性, 因此若多个自变量同时影响因变量时, 可将多元转化为一元来考虑. 然而, 并非所有变量之间的关系都是线性的, 若问题中观测值的散点图大致呈某一曲线, 又存在某种变换可将该曲线转化成直线, 就可以选择该变换将具有约束条件的非线性回归问题转化成线性回归问题 [14], 从而利用线性回归的一些结果来解决这一问题.

3.3.1 线性回归模型

在一元线性回归分析中, 通常考虑两个变量: 一个是自变量 x, 另一个是因变量 y, 对给定的 x 值, y 值不能事先确定, 故 y 是随机变量, 具有不确定性.

假设 y 与 x 有如下的相关关系:

$$y = a + bx + \varepsilon \tag{3.45}$$

式中 a, b 为常数, ε 是一个随机变量且服从正态分布 $N(0, \sigma^2)$, 即 $\varepsilon \sim N(0, \sigma^2)$,

式 (3.45) 称为一元线性回归模型. 当 x 取固定数值时, $y \sim N(a+bx, \sigma^2)$, y 的数学期望为 $E(y)=a+bx$, 回归方程为

$$\tilde{y}=a+bx \tag{3.46}$$

称此方程为 y 关于 x 的回归直线方程, 它反映出 $E(y)$ 随 x 变化的规律.

下面介绍估计未知参数 a, b, σ^2 的最小二乘估计法.

(1) a 和 b 的最小二乘估计.

最小二乘法的基本原则是: 最优拟合直线应该使各点到直线的距离和最小, 也可表述为距离的平方和最小.

所谓 a 和 b 的最小二乘估计, 就是选择 a 和 b 的估计值 $\hat{a}$ 和 $\hat{b}$, 使得模型残差平方和 $Q(\hat{a},\hat{b})=\sum\limits_{i=1}^{n}(y_i-\hat{a}-\hat{b}x_i)^2$ 最小, 即

$$\min Q(\hat{a},\hat{b})=\sum_{i=1}^{n}(y_i-\hat{a}-\hat{b}x_i)^2 \tag{3.47}$$

由此估计参数的方法称为最小二乘方法, 所得的参数估计称为最小二乘估计.

由于式 (3.47) 是一个关于 $\hat{a}$ 和 $\hat{b}$ 二次函数的极值问题, 所以其充要条件为 $\hat{a}$ 和 $\hat{b}$ 满足正规方程组

$$\begin{cases} \dfrac{\partial Q}{\partial \hat{a}}=-2\sum\limits_{i=1}^{n}(y_i-\hat{a}-\hat{b}x_i)=0 \\ \dfrac{\partial Q}{\partial \hat{b}}=-2\sum\limits_{i=1}^{n}(y_i-\hat{a}-\hat{b}x_i)x_i=0 \end{cases} \tag{3.48}$$

整理后, 正规方程组为

$$\begin{cases} n\hat{a}+\left(\sum\limits_{i=1}^{n}x_i\right)\hat{b}=\sum\limits_{i=1}^{n}y_i \\ \left(\sum\limits_{i=1}^{n}x_i\right)\hat{a}+\left(\sum\limits_{i=1}^{n}x_i^2\right)\hat{b}=\sum\limits_{i=1}^{n}x_iy_i \end{cases} \tag{3.49}$$

此方程存在唯一解, 由此可解得 a 和 b 的最小二乘估计 $\hat{a}$ 和 $\hat{b}$:

$$\hat{b}=\frac{S_{xy}}{S_{xx}} \tag{3.50}$$

$$\hat{a}=\bar{y}-\hat{b}\bar{x} \tag{3.51}$$

其中

$$\bar{x}=\frac{1}{n}\sum_{i=1}^{n}x_i,\quad \bar{y}=\frac{1}{n}\sum_{i=1}^{n}y_i$$

$$\begin{aligned}S_{xx}&=\sum_{i=1}^{n}(x_i-\bar{x})^2=\sum_{i=1}^{n}x_i^2-\frac{1}{n}\left(\sum_{i=1}^{n}x_i\right)^2\\ S_{yy}&=\sum_{i=1}^{n}(y_i-\bar{y})^2=\sum_{i=1}^{n}y_i^2-\frac{1}{n}\left(\sum_{i=1}^{n}y_i\right)^2\\ S_{xy}&=\sum_{i=1}^{n}(x_i-\bar{x})(y_i-\bar{y})=\sum_{i=1}^{n}x_iy_i-\frac{1}{n}\left(\sum_{i=1}^{n}x_i\right)\left(\sum_{i=1}^{n}y_i\right)\end{aligned}\tag{3.52}$$

把 $\hat{a},\hat{b}$ 代入 $\tilde{y}=a+bx$, 并把 $\tilde{y}$ 换成它的估计量 $\hat{y}$, 得到 $\hat{y}=\hat{a}+\hat{b}x$, 称此方程为 y 对 x 的经验回归直线方程, 此式可以作为回归直线的估计.

(2) σ^2 的估计.

$$\begin{aligned}Q(\hat{a},\hat{b})&=\sum_{i=1}^{n}(y_i-\hat{a}-\hat{b}x_i)^2=\sum_{i=1}^{n}[y_i-\bar{y}-\hat{b}(x_i-\bar{x})]^2\\ &=\sum_{i=1}^{n}(y_i-\bar{y})^2-2\hat{b}\sum_{i=1}^{n}(x_i-\bar{x})(y_i-\bar{y})+(\hat{b})^2\sum_{i=1}^{n}(x_i-\bar{x})^2\\ &=S_{yy}-2\hat{b}S_{xy}+(\hat{b})^2S_{xx}\end{aligned}\tag{3.53}$$

由于 $\hat{b}=\dfrac{S_{xy}}{S_{xx}}$, 得 $Q(\hat{a},\hat{b})=S_{yy}-\hat{b}S_{xy}$, 残差平方和 $Q(\hat{a},\hat{b})$ 的相应统计量仍记为 $Q(\hat{a},\hat{b})$, 可以证明残差平方和 $Q(\hat{a},\hat{b})$ 服从分布 $\dfrac{Q(\hat{a},\hat{b})}{\sigma^2}\sim\chi^2(n-2)$, 于是 $E\left(\dfrac{Q(\hat{a},\hat{b})}{\sigma^2}\right)=n-2$, 即知 $E\left(\dfrac{Q(\hat{a},\hat{b})}{n-2}\right)=\sigma^2$.

这样就得到了 σ^2 的无偏估计量 [14]:

$$\hat{\sigma}^2=\frac{Q(\hat{a},\hat{b})}{n-2}=\frac{1}{n-2}(S_{yy}-\hat{b}S_{xy})\tag{3.54}$$

3.3.2 回归效果的显著性检验

前面的讨论中, 假设 y 关于 x 的回归为 x 的线性函数, 然而, 在实际应用中还需通过假设检验来验证回归方程所描述变量之间关系的合理性, 也可用统计方法对回归方程进行检验. 常用的有 t 检验法、F 检验法和 r 检验法, 而且这三种检验的结果是完全一致的 [15]. 实际的显著性检验中, 任取一种即可.

(1) t 检验.

需要检验假设

$$H_0 : b = 0; \quad H_1 : b \neq 0 \tag{3.55}$$

有

$$\hat{b} \sim N\left(b, \frac{\sigma^2}{S_{xx}}\right) \tag{3.56}$$

又知

$$\frac{(n-2)\sigma^2}{\sigma^2} = \frac{Q(\hat{a}, \hat{b})}{\sigma^2} \sim \chi^2(n-2) \tag{3.57}$$

$\hat{b}$ 与 $Q(\hat{a}, \hat{b})$ 独立. 故有检验统计量

$$T = \frac{\dfrac{\hat{b} - b}{\sqrt{\sigma^2 / S_{xx}}}}{\sqrt{\dfrac{\dfrac{(n-2)\hat{\sigma}^2}{\sigma^2}}{n-2}}} \sim t(n-2) \tag{3.58}$$

即

$$\frac{\hat{b} - b}{\hat{\sigma}} \sqrt{S_{xx}} \sim t(n-2)$$

且这里

$$\hat{\sigma} = \sqrt{\hat{\sigma}^2}$$

当 H_0 为真时, $b = 0$, 此时

$$t = \frac{\hat{b}}{\hat{\sigma}} \sqrt{S_{xx}} \sim t(n-2) \tag{3.59}$$

对于给定的显著性水平 α, H_0 的拒绝域为

$$|t| = \frac{\left|\hat{b}\right|}{\hat{\sigma}} \sqrt{S_{xx}} \geqslant t_{\frac{\alpha}{2}}(n-2) \tag{3.60}$$

当假设 $H_0 : b = 0$ 被拒绝时, 认为回归效果是显著的; 反之, 就认为回归效果不显著.

(2) r 检验.

由于变量 x 与变量 y 的线性关系是一元线性回归模型讨论的, 因此回归方程的显著性也可用变量 x 与变量 y 的相关系数来检验.

设 $(x_1, y_1), (x_2, y_2), (x_3, y_3), \cdots, (x_n, y_n)$ 是 (x, y) 的 n 组样本观测值, 称

$$r = \frac{\sum\limits_{i=1}^{n} (x_i - \bar{x})(y_i - \bar{y})}{\sqrt{\sum\limits_{i=1}^{n} (x_i - \bar{x})^2 \sum\limits_{i=1}^{n} (y_i - \bar{y})^2}} \hat{=} \frac{S_{xy}}{\sqrt{S_{xx} S_{yy}}} \tag{3.61}$$

为 x 与 y 的相关系数, 其中, S_{xy}, S_{xx}, S_{yy} 与前面定义相同; r 是表示 x 与 y 线性关系密切程度的量, $|r| \leqslant 1$.

对于给定的显著性水平 α, 有相关系数的临界值表 [15], 可用其检验 x 与 y 之间的线性相关关系, 此检验法称为 r 检验法, 检验法则为:

当 $|r| \geqslant r_\alpha$, 拒绝 $H_0 : \beta_1 = 0$, 认为线性回归效果显著;

当 $|r| < r_\alpha$, 接受 $H_0 : \beta_1 = 0$, 认为线性回归效果不显著.

3.3.3　构造步骤

在实际问题中, 有许多回归模型中的自变量和因变量的关系并非是线性的, 但因变量或因变量的转化形式与某些未知参数的关系却是线性的, 可通过适当的变量代换, 将非线性模型转化为一元线性回归模型. 几种常见的非线性模型及其线性化方法如表 3.10 所示.

表 3.10　几种常见的非线性模型及其线性化方法

非线性模型类型	非线性模型表达式	转化后的一元线性回归模型表达式
指数模型	$y = \alpha e^{\beta x}(\alpha > 0)$	$y' = \beta_0 + \beta x \ (y' = \ln y, \beta_0 = \ln \alpha)$
幂函数模型	$y = \alpha x^{\beta}(\alpha > 0, x > 0)$	$y' = \beta_0 + \beta x' \ (y' = \ln y, \beta_0 = \ln \alpha, x' = \ln x)$
双曲线模型	$y = \dfrac{x}{\alpha x + \beta}$	$y' = \alpha + \beta x' \left(y' = \dfrac{1}{y}, x' = \dfrac{1}{x}\right)$
对数模型	$y = \alpha + \beta \ln x$	$y = \alpha + \beta x'(x' = \ln x)$
S 型曲线模型	$y = \dfrac{1}{\alpha + \beta e^{-x}}$	$y' = \alpha + \beta x' \left(y' = \dfrac{1}{y}, x' = e^{-x}\right)$

基于一元线性回归的可能性分布构造过程如下:

步骤 1　根据试验或统计数据画出散点图.

步骤 2　根据散点图中散点的分布特点, 从表 3.10 几种模型中选出最佳模型.

步骤 3　利用最小二乘法估计最佳模型中的未知参数, 进而求出回归方程.

步骤 4　利用上面提到的检验法对回归方程中的参数进行回归效果的显著性检验.

步骤 5　将回归方程转化为可能性分布函数.

下面举例说明基于一元线性回归的可能性分布构造方法.

例 3.6　设论域 X=[0,100], 在 X 上定义一个 "年老" 模糊集 $\tilde{A}$, 由于人们对 "年老" 的理解不一样, 选不同层次的人进行问卷调查. 在说明 "年老" 的含义后, 请他们填调查表. 统计结果显示: 小于 50 岁不是年老, 大于 70 岁人们才会认为是 "年老", 而区间 [51,70] 则是年龄的一个过渡期, 人们认为 "年老" 的可能性程度如表 3.11 所示, 试求 "年老" 的可能性分布函数.

表 3.11　年龄 [51, 70] 岁属于 "年老" 的可能性程度

年龄 x/岁	51	52	53	54	55	56	57	58	59	60
年老的可能程度 y	0.06	0.10	0.14	0.21	0.25	0.29	0.35	0.41	0.44	0.51
年龄 x/岁	61	62	63	64	65	66	67	68	69	70
年老的可能程度 y	0.55	0.61	0.64	0.71	0.74	0.81	0.85	0.90	0.96	1.00

由表 3.11 所给的数据, 可在二维直角坐标系中绘画出一个散点图, 如图 3.7 所示.

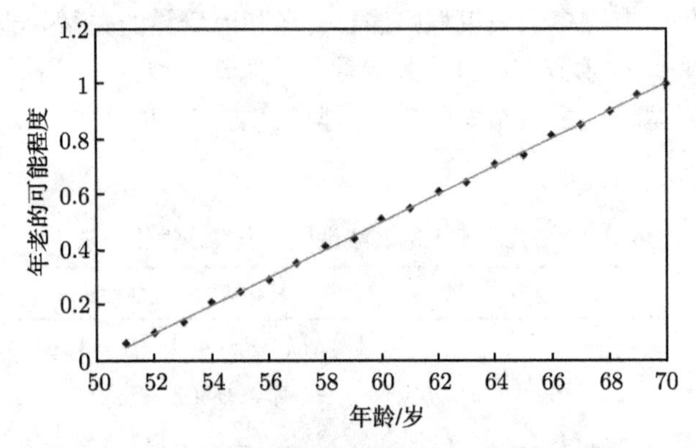

图 3.7　年龄 [51, 70] 岁属于 "年老" 的可能性程度散点图

由散点图可以看出, 数据观测点大致分布在一条直线附近, 并围绕直线上下波动, 具有不确定性, 这表明 y 与 x 之间存在一种线性关系. 为此, 可设

$$y = a + bx + \varepsilon, \quad \varepsilon \sim N(0, \sigma^2)$$

根据观测数据, 可得

$$n = 20, \quad \sum_{i=1}^{n} x_i = 1210, \quad \sum_{i=1}^{n} y_i = 10.5300$$

$$\sum_{i=1}^{n} x_i^2 = 73870, \quad \sum_{i=1}^{n} y_i^2 = 7.2607, \quad \sum_{i=1}^{n} x_i y_i = 671.8200$$

$$\bar{x} = \frac{1}{n}\sum_{i=1}^{n} x_i = 60.5000, \quad \bar{y} = \frac{1}{n}\sum_{i=1}^{n} y_i = 0.5275$$

代入式 (3.50) 和 (3.51), 得

$$\begin{cases} \hat{a} = -2.5045 \\ \hat{b} = 0.0501 \end{cases}$$

由此可建立 y 对 x 的线性回归方程 $\hat{y} = -2.5045 + 0.0501x$. 实际上, 所谓线性

回归方程, 就是一条在最小二乘意义下拟合这些观测数据的最优直线. 图 3.7 给出了原始数据的散点所拟合的直线.

下面用 t 检验法检验上例中的回归效果是否显著 (取 $\alpha = 0.05$).

检验假设

$$H_0 : b = 0; \quad H_1 : b \neq 0$$

检验统计量为

$$T = \frac{\hat{b}}{\hat{\sigma}}\sqrt{S_{xx}} \sim t(n-2)$$

拒绝域为

$$|t| \geqslant t_{\frac{\alpha}{2}}(n-2) = t_{0.025}(18) = 2.1009$$

这里

$$t = \frac{\hat{b}}{\hat{\sigma}}\sqrt{S_{xx}} = \frac{\hat{b}}{\sqrt{\dfrac{S_{xx}S_{yy} - S_{xy}^2}{(n-2)S_{xx}}}}\sqrt{S_{xx}} = 94.0401$$

所以拒绝 $H_0 : b = 0$, 接受 $H_1 : b \neq 0$, 即认为回归效果是显著的.

从而 “年老” 的可能性分布函数为

$$\pi_A(x) \approx \begin{cases} 0, & x \leqslant 50 \\ -2.5243 + 0.0504x, & 50 < x < 70 \\ 1, & x \geqslant 70 \end{cases}$$

其中, x 表示年龄且为自然数.

以上讨论了一元线性回归的问题, 在实际中常会遇到更为复杂的回归问题, 在某些情况下, 可通过适当的变量变换, 将它化成一元线性回归处理, 下面举例说明.

例 3.7 可化为一元线性回归构造可能性分布.

设论域 $U = \{$打火机$\}$, 试用模糊统计试验建立 $A =$ “优质打火机” 的可能性分布函数. 由于全国各地工厂的生产规模、生产水平和技术高低不同, 人们对模糊概念 “优质” 的理解不同. 一般认为打火机打火 500 次就算质量好了. 选取 150 人了解认为打火机打火多少次质量就算好, 调查表见表 3.12.

表 3.12 150 人对于 “优质打火机” 含义的统计

打火/次	100	150	200	250	300	350	400	450	500	550	600	650	700	750	800
累计人数	2	20	45	68	80	93	99	111	117	119	130	133	142	144	150
累计频率	$\frac{1}{75}$	$\frac{2}{15}$	$\frac{3}{10}$	$\frac{34}{75}$	$\frac{8}{15}$	$\frac{31}{50}$	$\frac{33}{50}$	$\frac{37}{50}$	$\frac{39}{50}$	$\frac{119}{150}$	$\frac{13}{15}$	$\frac{133}{150}$	$\frac{71}{75}$	$\frac{48}{50}$	1

按表 3.12 的累计频率可以作出 A(优质打火机) 的可能性分布函数的散点图, 如图 3.8 所示.

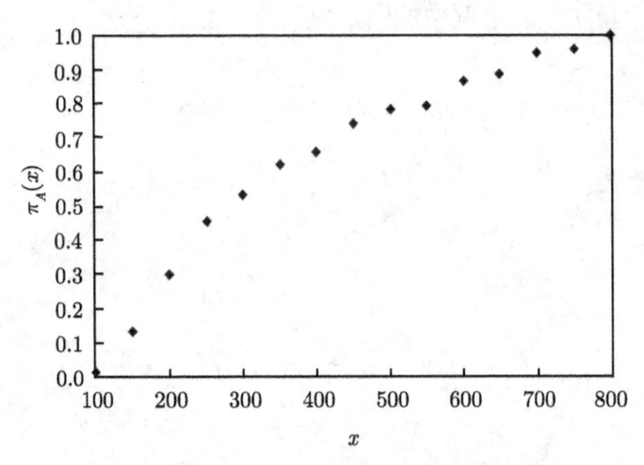

图 3.8 “优质打火机” 的可能性分布散点图

由图 3.8 可以看出, $\pi_A(x)$ 随 x 的变化呈现对数规律, 因此选择

$$\pi_A(x) = a + b\ln x \quad (b > 0)$$

令 $z = \pi_A(x)$, $t = \ln x$, 则有

$$z = a + bt$$

按表 3.12 给出的数据, 计算得到表 3.13.

表 3.13　对数模型变换后的对应值

t	ln100	ln150	ln200	ln250	ln300	ln350	ln400	ln450	ln500
z	$\frac{1}{75}$	$\frac{2}{15}$	$\frac{3}{10}$	$\frac{34}{75}$	$\frac{8}{15}$	$\frac{31}{50}$	$\frac{33}{50}$	$\frac{37}{50}$	$\frac{39}{50}$
t	ln550	ln600	ln650	ln700	ln750	ln800			
z	$\frac{119}{150}$	$\frac{13}{15}$	$\frac{133}{150}$	$\frac{71}{75}$	$\frac{48}{50}$	1			

由表 3.12 通过计算可得

$$\hat{b} = \frac{S_{tz}}{S_{tt}} = 0.4890$$

$$\hat{a} = \bar{z} - \hat{b}\bar{t} = -2.2672$$

因此线性回归方程为 $\hat{z} = \hat{a} + \hat{b}t = -2.2672 + 0.4890t$.

下面在显著性水平 $\alpha = 0.05$ 下检验假设

$$H_0 : b = 0; \quad H_1 : b \neq 0$$

采用 r 检验法进行检验, 现在 n=15, $n-2=13$, 查相关系数临界值表 [15], 可得 c=0.514, 观测值

$$r = \frac{S_{tz}}{\sqrt{S_{tt}S_{zz}}} = 0.9975$$

$|r| = 0.9975 > 0.514$, 所以拒绝 $H_0 : b = 0$, 即认为 z 关于 t 的线性回归效果是显著的.

将 $z = \pi_A(x)$, $t = \ln x$ 代入 $\hat{z} = -2.2672+0.4890t$ 中, 得到

$$\pi_A(x) \approx -2.2672 + 0.4890 \ln x \quad (100 \leqslant x \leqslant 800)$$

把这条曲线画在图 3.9 中, 可见基本上反映了 $\pi_A(x)$ 与 x 之间的变化规律.

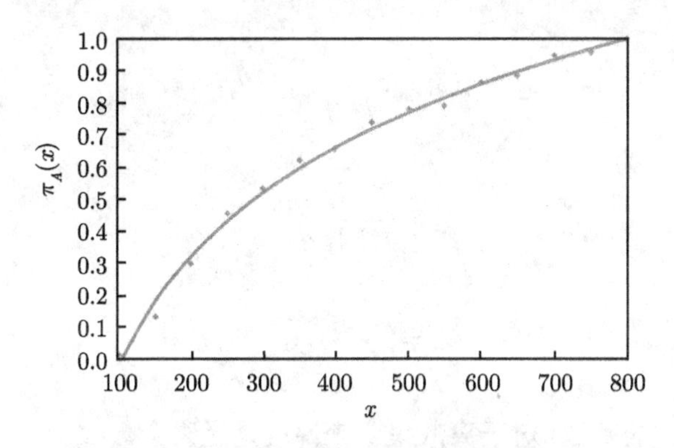

图 3.9 "优质打火机" 的可能性分布函数

3.4 基于可能性均值的可能性分布构造

对于某些大型、昂贵、复杂设备系统或结构来说, 要得到大量重复性试验数据或完备的统计数据进行统计分析, 由于条件限制, 往往是非常困难、甚至是不可行的. 利用试验方法能够得到一定数量数据, 虽然进行常规的统计分析数据并不充分, 但是利用它们便可进行可能性分布的估计.

下面利用可能性均值对不完备数据所包含的不确定程度的中心值进行度量, 进而构造基于经验数据的不确定变量的可能性分布.

3.4.1 构造步骤

根据不确定性区间数可能性均值的含义和计算方法可知, 可能性均值 $\bar{M}(\tilde{R})$ 实质上是对 $\tilde{R}$ 的所有 λ-集的区间边界进行凸组合的结果. 在无法获得充足的统计数据的情况下, 以模糊数的规范表达思想 [16-18] 为指导, 将可能性均值 $\bar{M}(\tilde{R})$ 看作从全局意义上度量不完备数据所包含的不确定性程度的中心值的手段, 构造基于经验数据的不确定变量的可能性分布函数. 这样可得可能性分布函数的又一种构造方法.

针对包含 n 个测量值的数组 $\{u_1, u_2, \cdots, u_n\}$, 假定其可能性分布函数为某一类型 L-R 模糊数, 在样本数据不足条件下, 建造可能性分布的步骤如下：

步骤 1 求出测量值的算术均值 $\bar{u}$, 考虑 $m_- = m_+ = m_0$, 指定可能性分布的模态值 m_0(对应于可能度 1) 对应均值 $\bar{u}$, 且 $\bar{u} = \sum_{i=1}^{n} u_i$.

步骤 2 计算测量值分布的 λ-截集 $[\pi(u_i)]^\lambda$.

步骤 3 以均值 $\bar{u}$ 为界, 可以将这组数据分为两个子组

$$\begin{aligned} G_1 &= \{u_i | u_i < \bar{u}, i = 1, 2, \cdots, n\} \\ G_2 &= \{u_i | u_i \geqslant \bar{u}, i = 1, 2, \cdots, n\} \end{aligned} \tag{3.62}$$

求出各子组的均值为

$$\bar{u}_l = \frac{1}{|G_1|} \sum_{u_i \in G_1} u_i \tag{3.63}$$

$$\bar{u}_h = \frac{1}{|G_2|} \sum_{u_i \in G_2} u_i \tag{3.64}$$

其中, $|\cdot|$ 代表集合的基数, 对于离散集合来说就是元素个数.

步骤 4 求出测量值分布的边界可能性均值 $M_-(\pi(u_i))$ 和 $M_+(\pi(u_i))$, 进而得到区间可能性均值 $M(\pi(u_i))$ 和清晰可能性均值 $\bar{M}(\pi(u_i))$, 采用区间 $[M_-(\pi(u_i)), M_+(\pi(u_i))]$ 作为度量实数域上的这组测量值分布均值区间 $[\bar{u}_l, \bar{u}_h]$ 的一种尺度, 服从

$$M_-(\pi(u_i)) = \bar{u} - 2\alpha \int_0^1 \lambda L^{-1}(\lambda) \mathrm{d}\lambda = \bar{u}_l \tag{3.65}$$

$$M_+(\pi(u_i)) = \bar{u} + 2\beta \int_0^1 \lambda R^{-1}(\lambda) \mathrm{d}\lambda = \bar{u}_h \tag{3.66}$$

步骤 5 根据式 (3.65) 和式 (3.66), 求出这组测量值可能性分布的参数 α, β.

步骤 6 根据所得参数构造测量值的可能性分布.

3.4.2 可能性分布的函数类型

根据可选的 L-R 型模糊数的不同类型, 可以构造出不同形状的 L-R 型可能性分布. 如三角可能性分布为

$$\pi(u)=\begin{cases}0, & u\leqslant\bar{u}-\alpha\\ 1-\dfrac{\bar{u}-u}{\alpha}, & \bar{u}-\alpha<u<\bar{u}\\ 1, & u=\bar{u}\\ 1-\dfrac{u-\bar{u}}{\beta}, & \bar{u}<u<\bar{u}+\beta\\ 0, & u\geqslant\bar{u}+\beta\end{cases}\tag{3.67}$$

由式 (3.65) 和式 (3.66) 可得 $\alpha=3(\bar{u}-\bar{u}_l)$, $\beta=3(\bar{u}_h-\bar{u})$.

同理, 还可以构造高斯可能性分布为

$$\pi(u)=\begin{cases}\exp\left[-\left(\dfrac{\bar{u}-u}{\alpha}\right)^2\right], & u<\bar{u}\\ 1, & u=\bar{u}\\ \exp\left[-\left(\dfrac{u-\bar{u}}{\beta}\right)^2\right], & u>\bar{u}\end{cases}\tag{3.68}$$

其中, $\alpha=1.60(\bar{u}-\bar{u}_l), \beta=1.60(\bar{u}_h-\bar{u})$.

3.5 基于小样本数据的可能性分布

随着设备和系统的日趋大型化、动态化和复杂化, 有时人们获取的有效数据量很少, 而这些数据不足以获得有效的分布来解决实际工程问题. 因此, 如何有效处理少量数据是解决复杂系统风险评估或可靠性分析的重要环节, 也是目前迫切需要解决的问题.

3.5.1 小样本数据

样本是从总体中抽取出来的用来代表全及总体的一部分单位构成的集合体 [19]. 在部分工程实践中, 样本的大小以容量的大小来衡量, 样本容量小于 30 的样本一般被称为小样本, 相反则称为大样本. 小样本与大样本的明显区别在于 [20]: 大样本统计量的分布服从或接近于正态分布, 人们可以借助于正态分布的性质去推断总体参数; 而小样本统计量的分布则往往与正态分布毫无关系, 因此必须借助于其他分布的性质去推断其总体参数.

随着设备和系统的日趋大型化、动态化和复杂化, 小样本问题显得尤为突出, 使得原有用于处理大样本问题的方法已不再适用. 因此, 如何解决小样本数据存在的问题是解决复杂系统风险评估或可靠性分析的重要环节, 也是目前迫切需要解决的问题.

长期以来, 人们一直在寻求解决小样本问题的方法, 主要包括以下几种:

(1) Bayes 法.

Bayes 法是一种半经验的方法, 需要事先假设一个 "验前分布"(或先验分布), 进而根据该分布和样本信息得出 "验后分布"(或后验分布), 从而根据后验分布进行复杂系统的相关估计 [21].

假设 θ 是总体分布 $p(x|\theta)$ 中的参数, 从总体随机抽取 $X=(X_1, X_2, \cdots, X_n)$, 根据 θ 的先验信息获得某先验分布 $\pi(\theta)$, 用 Bayes 公式获得后验分布 $\pi(\theta|x)$. 作为 θ 的估计可选用后验分布 $\pi(\theta|x)$ 的某个位置特征量, 如众数、中位数或期望值等.

该类方法的优点是不需要大量的样本就可获得较好的概率估计值, 原因在于其利用的是后验分布. 但缺点是一旦先验分布的确定不合理, 将直接影响后续的后验分布和相关估计. 因此, 在利用 Bayes 方法时先验分布的确定是一个关键问题. 不同形式的先验分布, 将引起不同的统计分析后果. 此外, 在验前信息极少或没有任何验前信息的情况下, 如何利用 Bayes 方法来确定先验分布也是一个亟待解决的问题.

(2) Bootstrap 法.

Bootstrap 方法是非参数统计中一种重要的估计统计量方差进而进行区间估计的统计方法 [22], 又称自助法, 是由美国的 Efron 教授在 1977 年提出的一种模仿未知分布的方法, 即把样本当成总体模拟从总体抽样的过程, 相当于一个再抽样 [23]. 其核心思想和基本过程如下:

(i) 采用重抽样技术从原始样本中抽取一定数量 (一般由自己给定) 的样本, 此过程允许重复抽样.

(ii) 根据抽出的样本计算给定的统计量 T.

(iii) 重复上述步骤 N 次 (一般大于 1000), 得到 N 个统计量 T.

(iv) 计算上述 N 个统计量 T 的样本方差, 得到统计量的方差.

Bootstrap 作为现代统计学中的一种常见方法, 在处理小样本数据时取得了较好效果. 另外, 该方法也可通过方差估计来构造置信区间等, 使得其应用范围进一步扩大.

(3) 蒙特卡罗法.

蒙特卡罗 (Monte Carlo, MC) 法是由物理学家 von Neumann 1946 年在研究模拟中子连锁反应时提出来的, 并将其称为蒙特卡罗方法. 具体过程如下:

(i) 建立一个概率模型或随机过程, 使它的参数等于问题的解;

(ii) 通过对模型或过程的观察或抽样试验来计算所求参数的统计特征;

(iii) 给出所求解的近似值.

近年来随着计算机迅速发展, 蒙特卡罗方法已经成为计算数学的一个重要分支, 在越来越多的领域中得到了广泛的应用.

该方法具有简单、收敛速度慢、适用性强的特点, 可用于解决复杂的随机性问题, 且不需要对数学模型进行简化处理和条件假设.

3.5.2 构造原理及方法

由于恶劣环境、测量条件等某些特殊因素的影响, 人们往往只能获取少量的数据. 而对这些小样本数据进行处理时, 常常由于数据量太少, 不足以提供数据的基本概率分布信息. 因此, 在描述小样本数据时, 利用传统的概率论方法显得无能为力.

对于实际测量值来说, 它们都只能作为其可能出现的真实值之一, 即可能存在的值. 因此, 利用小样本数据构造可能性分布显得尤为重要.

为了尽可能少的丢失信息, 并获得可能性分布, 可从两个方面入手: 一是将可能性分布与置信区间相联系; 二是利用单峰的概率密度函数来建立可能性分布. 因此, 要构造小样本数据的可能性分布, 需利用 3.1.2 节中介绍的转化方法.

然而, 对于小样本数据来说, 很难获得其概率密度函数, 所以常常利用潜在的单峰概率密度函数来代替概率密度函数 [24–27], 具体方法如下.

假设 $p(x)$ 为一个潜在的单峰概率密度函数, 其模态值, 即最大值所对应的坐标为 M, 在 M 的左边 $p(x)$ 为非减的, 在 M 的右边 $p(x)$ 为非增的. 因此, 对于大于 M 的值来说, 当 $x_3 \geqslant x_2 \geqslant x_1$ 时

$$\frac{\int_{x_2}^{x_3} p(x)\mathrm{d}x}{x_3 - x_2} \leqslant \frac{\int_{x_1}^{x_3} p(x)\mathrm{d}x}{x_3 - x_1} \tag{3.69}$$

对于小于 M 的值来说, 当 $x_3 \geqslant x_2 \geqslant x_1$ 时

$$\frac{\int_{x_1}^{x_2} p(x)\mathrm{d}x}{x_2 - x_1} \leqslant \frac{\int_{x_1}^{x_3} p(x)\mathrm{d}x}{x_3 - x_1} \tag{3.70}$$

下面分别以三种不同的潜在概率密度函数为例来进行说明:

(1) 有界概率密度函数.

设支撑集为 $[M-a, M+b]$, 区间概率为 P_r, 则

$$\forall t \in [0,1], \quad P_r[X - ta \leqslant M \leqslant X + tb] \geqslant t \tag{3.71}$$

证明　因为

$$P_r[X - ta \leqslant M \leqslant X + tb] = P_r[-ta \leqslant X - M \leqslant tb] = 1 - \int_{-a}^{-ta} p(x)\mathrm{d}x - \int_{tb}^{b} p(x)\mathrm{d}x$$

在 M 左边, 令 $x_1 = -a, x_2 = -ta, x_3 = 0$, 则利用式 (3.70) 可得

$$\frac{\int_{-a}^{-ta} p(x)\mathrm{d}x}{a(1-t)} \leqslant \frac{\int_{-a_1}^{0} p(x)\mathrm{d}x}{a}$$

$$\int_{-a}^{-ta} p(x)\mathrm{d}x \leqslant (1-t)\int_{-a_1}^{0} p(x)\mathrm{d}x$$

同理, 在 M 右边, 令 $x_1 = 0, x_2 = tb, x_3 = b$ 得

$$\frac{\int_{tb}^{b} p(x)\mathrm{d}x}{b(1-t)} \leqslant \frac{\int_{0}^{b} p(x)\mathrm{d}x}{b}$$

$$\int_{tb}^{b} p(x)\mathrm{d}x \leqslant (1-t)\int_{0}^{b} p(x)\mathrm{d}x$$

则

$$\int_{-a}^{-ta} p(x)\mathrm{d}x + \int_{tb}^{b} p(x)\mathrm{d}x \leqslant (1-t)\int_{-a_1}^{0} p(x)\mathrm{d}x + (1-t)\int_{0}^{b} p(x)\mathrm{d}x = 1-t$$

因此,

$$\forall t \in [0,1], \quad P_r[X - ta \leqslant M \leqslant X + tb] \geqslant 1 - (1-t) = t$$

由式 (3.69) 可得可能性分布为

$$\forall x \in [M-a, M], \quad \pi(x) \leqslant 1 - t = 1 + \frac{x-M}{a} = \frac{a+x-M}{a} \tag{3.72}$$

$$\forall x \in (M, M+b], \quad \pi(x) \leqslant 1 - t = 1 - \frac{x-M}{b} = \frac{b-x+M}{b} \tag{3.73}$$

即

$$\pi(x) \leqslant \begin{cases} \dfrac{a+x-M}{a}, & x \in [M-a, M] \\ \dfrac{b-x+M}{b}, & x \in (M, M+b] \end{cases} \tag{3.74}$$

(2) 无界概率密度函数.

当 $M \approx 0$ 时, 信任区间应包含零点, 因此必须满足 $t \geqslant 1$, 这时

$$P_r[X - t|X| < M \leqslant X + t|X|] \geqslant 1 - \frac{2}{1+t} \tag{3.75}$$

证明 因为

$$P_r[X-t|X|<M\leqslant X+t|X|]=P_r[-t|X|<X-M\leqslant t|X|]$$

$$=P_r\left[\frac{M}{1-t}<X\leqslant\frac{M}{1+t}\right]$$

当 $M\geqslant 0$ 时,

$$\begin{aligned}P_r\left[\frac{M}{1-t}-M<X-M\leqslant\frac{M}{1+t}-M\right]&=P_r\left[\frac{-tM}{t-1}<X-M\leqslant\frac{-tM}{1+t}\right]\\&=F\left(M\frac{-t}{t+1}\right)-F\left(M\frac{-t}{t-1}\right)\end{aligned}$$

同理可得, 当 $M<0$ 时,

$$P_r\left[\frac{M}{1-t}-M<X-M\leqslant\frac{M}{1+t}-M\right]=F\left(M\frac{-t}{t+1}\right)-F\left(M\frac{-t}{t-1}\right)$$

在 M 左边时, 令 $x_1=\dfrac{-tM}{t-1}, x_2=\dfrac{-tM}{t+1}, x_3=M$, 则利用式 (3.69) 可得

$$\frac{\displaystyle\int_{x_2}^{x_3}p(x)\mathrm{d}x}{x_3-x_2}\leqslant\frac{\displaystyle\int_{x_1}^{x_3}p(x)\mathrm{d}x}{x_3-x_1}$$

$$\frac{\displaystyle\int_{\frac{-tM}{t+1}}^{M}p(x)\mathrm{d}x}{M+\dfrac{tM}{t+1}}=\frac{\displaystyle\int_{\frac{-tM}{t+1}}^{M}p(x)\mathrm{d}x}{\dfrac{2tM+M}{t+1}}\leqslant\frac{\displaystyle\int_{\frac{-tM}{t+1}}^{M}p(x)\mathrm{d}x}{\dfrac{2tM-M}{t-1}}$$

$$\frac{\displaystyle\int_{\frac{-tM}{t+1}}^{M}p(x)\mathrm{d}x}{\dfrac{2t+1}{t+1}}\leqslant\frac{\displaystyle\int_{\frac{-tM}{t+1}}^{M}p(x)\mathrm{d}x}{\dfrac{2t-1}{t-1}}$$

同理, 在 M 右边时, 令 $x_1=\dfrac{-tM}{t+1}, x_2=\dfrac{-tM}{t-1}, x_3=M$ 得

$$\frac{\displaystyle\int_{x_1}^{x_2}p(x)\mathrm{d}x}{x_2-x_1}\leqslant\frac{\displaystyle\int_{x_1}^{x_3}p(x)\mathrm{d}x}{x_3-x_1}$$

$$\frac{\displaystyle\int_{\frac{-tM}{t+1}}^{\frac{-tM}{t-1}}p(x)\mathrm{d}x}{\dfrac{-tM}{t-1}+\dfrac{tM}{t+1}}\leqslant\frac{\displaystyle\int_{\frac{-tM}{t+1}}^{M}p(x)\mathrm{d}x}{M+\dfrac{tM}{t+1}}$$

且 $M \geqslant 0$ 时, 有 $F\left(M\dfrac{-t}{t+1}\right) - F\left(M\dfrac{-t}{t-1}\right) \leqslant \dfrac{2}{t+1}$ 成立; $M \leqslant 0$ 时, 有 $F\left(M\dfrac{-t}{t+1}\right) - F\left(M\dfrac{-t}{t-1}\right) \leqslant \dfrac{2}{t+1}$ 成立.

因此, $F[|X| - M \leqslant t\,|X|] \leqslant \dfrac{2}{t+1}$, 则

$$P_r[X - t\,|X| \leqslant M \leqslant X + t\,|X|] \geqslant 1 - \frac{2}{1+t}$$

(3) 对称型概率密度函数.

对于对称型概率密度函数, 与第 (2) 种情况类似.

当 $t \geqslant 1$ 时,

$$P_r[X - t\,|X| \leqslant M \leqslant X + t\,|X|] \geqslant 1 - \frac{1}{1+t} \tag{3.76}$$

特别地, 当概率密度函数为高斯分布时, 有下式成立

当 $t \geqslant 0.484$ 时,

$$P_r[X - t\,|X| \leqslant M \leqslant X + t\,|X|] \geqslant 1 - \frac{0.484}{t-1} \tag{3.77}$$

下面举例说明.

例 3.8　若只有一个测量值 x_0 时, 可将该值作为潜在概率密度函数 $p(x)$ 的模态值 M.

当 $p(x)$ 非对称时, 则由式 (3.75) 可得可能性分布为

$$\pi(x_0 - tx_0) = \pi(x_0 + tx_0) = \frac{2}{t+1} \quad (t \geqslant 1)$$

当 $p(x)$ 非对称时, 由式 (3.76) 可得可能性分布为

$$\pi(x_0 - tx_0) = \pi(x_0 + tx_0) = \frac{1}{t+1} \quad (t \geqslant 1)$$

当 $p(x)$ 为高斯分布时, 由式 (3.77) 可得可能性分布为

$$\pi(x_0 - tx_0) = \pi(x_0 + tx_0) = \frac{0.484}{t+1} \quad (t \geqslant 0.484)$$

例 3.9　若只有两个测量值 x_1 和 x_2 时, 将模态值 M 的置信区间设为

$$\frac{x_1+x_2}{2} - t\frac{|x_1-x_2|}{2} \leqslant M \leqslant \frac{x_1+x_2}{2} + t\frac{|x_1-x_2|}{2}$$

则对于对称无界概率密度函数来说, 可得

$$P_r\left[\frac{x_1+x_2}{2} - \frac{t}{2}\,|x_1+x_2| \leqslant M \leqslant \frac{x_1+x_2}{2} + \frac{t}{2}\,|x_1+x_2|\right] \geqslant 1 - \frac{1}{1+t}$$

3.6 本章小结

本章详细讨论了几种可能性分布的构造方法, 具体包括:

①离散情况和连续情况下的概率分布到可能性分布的转化方法; ②基于模糊数学的可能性分布构造方法, 并列举了模糊统计法、二元对比排序法、集值统计法、模糊函数构造法, 归纳了各种方法的构造步骤, 并举例说明; ③利用线性回归构造可能性分布的方法; ④基于可能性均值的可能性分布构造方法; ⑤基于小样本的可能性分布构造方法.

上述方法不仅为不确定性信息的描述和表征提供有效手段, 同时为可能性分布合成研究奠定基础.

参 考 文 献

[1] Zadeh L A. Fuzzy sets as a basis for a theory of possibility[J]. Fuzzy Sets and Systems, 1978, 1(1): 3-28.

[2] Klir G J. Uncertainty and Information: Foundations of Generalized Information Theory[M]. New Jersey: John Wiley&Sons,2006.

[3] Zadeh L A. A note on modal logic and possibility theory[J]. Information Science, 2014, 279: 908-913.

[4] de Cooman G. Possibility theory. Part I: the measure-and integral-theoretic groundwork; Part II: conditional possibility; Part III: possibilistic independence[J]. International Journal of Systems, 1997, 25(4): 291-371.

[5] Klir G J, Parviz B. Probability-possiblility transformations: A comparison[J]. International Journal of General Systems, 1992, 21: 291-310.

[6] Dubois D, Foulloy L, Mauris G, Prade H. Probability-possibility transformations, triangular fuzzy sets, and probabilistic inequalities[J]. Reliable Computing, 2004, 10: 237-297.

[7] 李国平. 可能性分布的构造方法及应用研究 [D]. 中北大学硕士学位论文, 2016.

[8] Masson M, Denoeux T. Inferring a possibility distribution from empirical data[J]. Fuzzy Sets and Systems, 2006, 157(3): 247-254.

[9] 吉琳娜. 可能性分布合成理论及其工程应用研究 [D]. 中北大学博士学位论文, 2015.

[10] 佟欣. 基于可能性理论的模糊可靠性设计 [D]. 大连理工大学硕士学位论文, 2005.

[11] 谢季坚, 刘承平. 模糊数学方法及其应用 [M]. 4 版. 武汉：华中科技大学出版社, 2014: 30-32.

[12] 王浩, 庄钊文. 模糊可靠性分析中的隶属函数确定 [J]. 电子产品可靠性与环境试验, 2000, 4: 2-8.

[13] 李国平, 杨风暴, 吉琳娜, 王肖霞. 基于一元线性回归的可能性分布构造方法研究 [J]. 中北大学学报 (自然科学版), 2014, 35(5): 520-524.

[14] 盛骤, 谢式千, 潘承毅. 概率论与数理统计 [M]. 4 版. 北京: 高等教育出版社, 2008: 250-251.

[15] 赵颖. 应用数理统计 [M]. 北京: 北京理工大学出版社, 2008.

[16] Delgado M, Vila M A, Voxman W. On a canonical representation of fuzzy numbers[J]. Fuzzy Sets and Systems, 1998, 93(1): 125-135.

[17] Fuller R, Majlender P.On weighted possibilistic mean and variance of fuzzy numbers[J]. Fuzzy Sets and Systems, 2003, 136(3): 363-374.

[18] Jamison K D, Lodwick W A. The construction of consistent possibility and necessity measures[J]. Fuzzy Sets and Systems, 2002,132: 1-10.

[19] 高镇同. 疲劳应用统计学 [M]. 北京: 国防工业出版社, 1986.

[20] 石长伟, 刘志明. 小样本评估方法 [J]. 质量与可靠性, 2006, 06: 24-26.

[21] 吴喜之. 现代贝叶斯统计学 [M]. 北京: 中国统计出版社, 2000.

[22] 邹艳. Bootstrap 方法改进研究及应用 [D]. 中国地质大学 (武汉) 硕士学位论文, 2010.

[23] Efron B. The Jackknife, the Bootstrap and Other Resampling Plans[M]. Philadelphia: John Wiley & Sons, 1982.

[24] Mauris G, Lasserre V, Foulloy L. Fuzzy modeling of measurement data acquired from physical sensors[J]. IEEE Transactions on Instrumentation and Measurement, 2000, 49(6): 1201-1205.

[25] Masson M, Denoeux T. Inferring a possibility distribution from empirical data[J]. Fuzzy Sets and Systems. 2006, 157(3): 247-254.

[26] Mauris G. Inferring a possibility distribution from very few measurements[J]. ASC, 2008, 48: 92-99.

[27] Dubois D, Prade H. Possibility theory and data fusion in poorly informed environments[J]. Control Engineering Practice, 1994, 2(5): 811-823.

第 4 章　可能性分布的相似测度

相似普遍存在于自然和社会现象之中. 任何两个事物都有共同的一面, 也有独特的一面, 对于特定事物与多个事物间的相似, 需要建立合理的相似性度量方法来判断. 对于不确定性问题, 相似性度量的目的就是利用比较对象的共同信息和特有信息, 通过一定的度量手段来计算对象间的相似程度.

可能性分布的相似测度是在研究多个可能性分布的贴近度、包含度、距离测度或几何特征的基础上, 根据分布间的特点构造相应的相似性度量方法, 以衡量多个分布间的相似程度.

4.1　相 似 测 度

贴近度、包含度、距离测度及相似测度作为可能性集合的几个重要度量, 都是衡量可能性集合之间关系密切程度的指标. 其中, 相似测度和贴近度是描述可能性集合之间相似程度的量, 包含度表示一个可能性集合包含在另一个可能性集合中的程度, 距离测度反映了可能性集合之间的差异程度, 其中可能性集的相似测度可以通过贴近度、包含度和距离测度得到. 下面具体介绍一下这些测度及其性质.

4.1.1　距离测度

定义 4.1(距离测度 [1])　设映射 $d: F(U)\times F(U)\to[0,1]$, 若 $\forall \tilde{A},\tilde{B},\tilde{C}\in F(U)$, d 满足以下条件:

(1) 对称性: $d(\tilde{A},\tilde{B})=d(\tilde{B},\tilde{A})$;

(2) 有界性: $0\leqslant d(\tilde{A},\tilde{B})\leqslant 1$, $d(\tilde{A},\tilde{A})=0$;

(3) 三角不等式: 当 $\tilde{A}\subseteq\tilde{B}\subseteq\tilde{C}$ 时, $d(\tilde{A},\tilde{C})\geqslant d(\tilde{A},\tilde{B})\vee d(\tilde{B},\tilde{C})$,

则称 d 为距离测度, 称由 U 和 d 构成的序对 (U,d) 为距离空间 (或度量空间).

设 (U,d) 为距离空间, 在 $F(U)$ 上定义二元函数如下:

$$d_H: F(U)\times F(U)\to[0,1] \tag{4.1}$$

$$d_H(\tilde{A},\tilde{B})=\left(\bigvee_{x\in\tilde{A}}\bigwedge_{y\in\tilde{B}} d(x,y)\right)\vee\left(\bigvee_{y\in\tilde{B}}\bigwedge_{x\in\tilde{A}} d(x,y)\right) \tag{4.2}$$

其中, $\tilde{A},\tilde{B}\in F(U)$, 且 d_H 满足距离测度的三条基本性质, 则称 $d_H(\tilde{A},\tilde{B})$ 为模糊集合 $\tilde{A}$ 和 $\tilde{B}$ 的 Hausdorff 距离.

下面给出几种常用的距离测度, 如表 4.1 所示.

表 4.1　几种常用的距离测度

距离测度	具体公式	
	U 为离散论域　$U=\{x_1,x_2,\cdots,x_n\}$	U 为连续论域　$U=[a,b]$
Chebyshev 距离	$d_1\left(\tilde{A},\tilde{B}\right)=\max\limits_{1\leqslant i\leqslant n}\left\vert\,\pi_{\tilde{A}}(x_i)-\pi_{\tilde{B}}\left(x_i\right)\right\vert$	
Hamming 距离	$d_2\left(\tilde{A},\tilde{B}\right)=\dfrac{1}{n}\sum\limits_{i=1}^{n}\left\vert\,\pi_{\tilde{A}}\left(x_i\right)-\pi_{\tilde{B}}\left(x_i\right)\right\vert$	$d_2\left(\tilde{A},\tilde{B}\right)=\dfrac{1}{b-a}\int_a^b\left\vert\,\pi_{\tilde{A}}\left(x\right)-\pi_{\tilde{B}}\left(x\right)\right\vert\mathrm{d}x$
Euclid 距离	$d_3\left(\tilde{A},\tilde{B}\right)=\left(\dfrac{1}{n}\sum\limits_{i=1}^{n}\left(\pi_{\tilde{A}}\left(x_i\right)-\pi_{\tilde{B}}\left(x_i\right)\right)^2\right)^{1/2}$	$d_3\left(\tilde{A},\tilde{B}\right)=\left(\dfrac{1}{b-a}\int_a^b\left(\pi_{\tilde{A}}\left(x\right)-\pi_{\tilde{B}}\left(x\right)\right)^2\mathrm{d}x\right)^{1/2}$
Minkowski 距离	$d_4\left(\tilde{A},\tilde{B}\right)=\left(\dfrac{1}{n}\sum\limits_{i=1}^{n}\left\vert\,\pi_{\tilde{A}}\left(x_i\right)-\pi_{\tilde{B}}\left(x_i\right)\right\vert^p\right)^{1/p}$	$d_4\left(\tilde{A},\tilde{B}\right)=\left(\dfrac{1}{b-a}\int_a^b\left\vert\,\pi_{\tilde{A}}\left(x\right)-\pi_{\tilde{B}}\left(x\right)\right\vert^p\mathrm{d}x\right)^{1/p}$
Lambert 距离	$d_5\left(\tilde{A},\tilde{B}\right)=\dfrac{1}{n}\sum\limits_{i=1}^{n}\dfrac{\left\vert\,\pi_{\tilde{A}}\left(x_i\right)-\pi_{\tilde{B}}\left(x_i\right)\right\vert}{\pi_{\tilde{A}}\left(x_i\right)+\pi_{\tilde{B}}\left(x_i\right)}$	$d_5\left(\tilde{A},\tilde{B}\right)=\dfrac{1}{b-a}\int_a^b\dfrac{\left\vert\,\pi_{\tilde{A}}\left(x\right)-\pi_{\tilde{B}}\left(x\right)\right\vert}{\pi_{\tilde{A}}\left(x\right)+\pi_{\tilde{B}}\left(x\right)}\mathrm{d}x$
模糊绝对和差距离	$d_6\left(\tilde{A},\tilde{B}\right)=\dfrac{\sum\limits_{i=1}^{n}\left\vert\,\pi_{\tilde{A}}\left(x_i\right)-\pi_{\tilde{B}}\left(x_i\right)\right\vert}{\sum\limits_{i=1}^{n}\left(\pi_{\tilde{A}}\left(x_i\right)+\pi_{\tilde{B}}\left(x_i\right)\right)}$	$d_6\left(\tilde{A},\tilde{B}\right)=\dfrac{\int_a^b\left\vert\,\pi_{\tilde{A}}\left(x\right)-\pi_{\tilde{B}}\left(x\right)\right\vert\mathrm{d}x}{\int_a^b\left(\pi_{\tilde{A}}\left(x\right)+\pi_{\tilde{B}}\left(x\right)\right)\mathrm{d}x}$

一般来说, 若两个可能性分布间的距离越大, 则相似测度越小, 反之若两可能性分布间的距离越小, 则相似测度越大. 通过建立距离测度和相似测度的关系, 利用距离测度即可得到相似测度.

对于 $\forall\tilde{A},\tilde{B}\in F(U)$, 假设其可能性分布分别为 $\pi_{\tilde{A}}(x)$ 和 $\pi_{\tilde{B}}(x)$, 且距离测度 $0\leqslant d(\tilde{A},\tilde{B})\leqslant 1$, 相似测度 $0\leqslant S(\tilde{A},\tilde{B})\leqslant 1$, 构造相似测度关于距离测度的递减函数 $S(\tilde{A},\tilde{B})=f(d(\tilde{A},\tilde{B}))$, 则有

$$f(1)\leqslant f(d(\tilde{A},\tilde{B}))\leqslant f(0) \tag{4.3}$$

将式 (4.3) 转化可得到

$$0\leqslant \frac{f(d(\tilde{A},\tilde{B}))-f(1)}{f(0)-f(1)}\leqslant 1 \tag{4.4}$$

进而可得到相似测度 $S(\tilde{A},\tilde{B})=\dfrac{f(d(\tilde{A},\tilde{B}))-f(1)}{f(0)-f(1)}$.

如果选择一个适当的 f 函数, 根据表 4.1 中 Chebyshev 距离、Hamming 距离、Euclid 距离、Minkowski 距离、Lambert 距离及模糊绝对和差距离等, 便可得到相应的相似测度. 几种构造函数如表 4.2 所示.

表 4.2 相似测度的构造函数

函数类型	相似测度
线性函数	$S(\tilde{A},\tilde{B})=1-d(\tilde{A},\tilde{B})$
指数函数	$S(\tilde{A},\tilde{B})=\dfrac{e^{-d(\tilde{A},\tilde{B})}-e^{-1}}{1-e^{-1}}$
比例函数	$S(\tilde{A},\tilde{B})=\dfrac{1-d(\tilde{A},\tilde{B})}{1+d(\tilde{A},\tilde{B})}$

4.1.2 贴近度

定义 4.2(贴近度 [2]) 设映射 $N:F(U)\times F(U)\to[0,1]$, 若对任意的 $\tilde{A},\tilde{B},\tilde{C}\in F(U)$, N 满足以下条件:

(1) 对称性: $N(\tilde{A},\tilde{B})=N(\tilde{B},\tilde{A})$;

(2) 有界性: $0\leqslant N(\tilde{A},\tilde{B})\leqslant 1$, $N(\tilde{A},\tilde{A})=0$, $N(U,\varnothing)=0$;

(3) 三角不等式: 当 $\tilde{A}\subseteq\tilde{B}\subseteq\tilde{C}$ 时, $N(\tilde{A},\tilde{C})\leqslant N(\tilde{A},\tilde{B})\wedge N(\tilde{B},\tilde{C})$,

则称 N 为 $F(U)$ 上的贴近度函数, $N(\tilde{A},\tilde{B})$ 为 $\tilde{A}$ 和 $\tilde{B}$ 的贴近度.

根据贴近度的定义可知, 相似测度和贴近度都是衡量可能性集合之间相似程度的指标, 有 $N(\tilde{A},\tilde{B})=S(\tilde{A},\tilde{B})$. 除了表 4.2 中的 3 种贴近度的表示形式之外, 贴近度还有其他的形式, 如表 4.3 所示.

表 4.3　贴近度表达形式

<table>
<tr><th rowspan="2">贴近度</th><th colspan="2">具体表达式</th></tr>
<tr><th>U 为离散论域　$U=\{x_1,x_2,\cdots,x_n\}$</th><th>U 为连续论域　$U=[a,b]$</th></tr>
<tr><td>最大最小贴近度</td><td>$N(\tilde{A},\tilde{B})=\dfrac{\sum\limits_{i=1}^{n}(\pi_{\tilde{A}}(x_i)\wedge\pi_{\tilde{B}}(x_i))}{\sum\limits_{i=1}^{n}(\pi_{\tilde{A}}(x_i)\vee\pi_{\tilde{B}}(x_i))}$</td><td>$N(\tilde{A},\tilde{B})=\dfrac{\int_a^b(\pi_{\tilde{A}}(x)\wedge\pi_{\tilde{B}}(x))\mathrm{d}x}{\int_a^b(\pi_{\tilde{A}}(x)\vee\pi_{\tilde{B}}(x))\mathrm{d}x}$</td></tr>
<tr><td>算术平均最小贴近度</td><td>$N(\tilde{A},\tilde{B})=\dfrac{\sum\limits_{i=1}^{n}(\pi_{\tilde{A}}(x_i)\wedge\pi_{\tilde{B}}(x_i))}{\frac{1}{2}\sum\limits_{i=1}^{n}(\pi_{\tilde{A}}(x_i)+\pi_{\tilde{B}}(x_i))}$</td><td>$N(\tilde{A},\tilde{B})=\dfrac{\int_a^b(\pi_{\tilde{A}}(x)\wedge\pi_{\tilde{B}}(x))\mathrm{d}x}{\frac{1}{2}\int_a^b(\pi_{\tilde{A}}(x)+\pi_{\tilde{B}}(x))\mathrm{d}x}$</td></tr>
<tr><td>几何平均最小贴近度</td><td>$N(\tilde{A},\tilde{B})=\dfrac{\sum\limits_{i=1}^{n}(\pi_{\tilde{A}}(x_i)\wedge\pi_{\tilde{B}}(x_i))}{\sum\limits_{i=1}^{n}\sqrt{\pi_{\tilde{A}}(x_i)\pi_{\tilde{B}}(x_i)}}$</td><td>$N(\tilde{A},\tilde{B})=\dfrac{\int_a^b(\pi_{\tilde{A}}(x)\wedge\pi_{\tilde{B}}(x))\mathrm{d}x}{\int_a^b\sqrt{\pi_{\tilde{A}}(x)\ \pi_{\tilde{B}}(x)}\mathrm{d}x}$</td></tr>
<tr><td>Hausdorff 贴近度</td><td colspan="2">$N\left(\tilde{A},\tilde{B}\right)=1-\dfrac{d_H\left(\tilde{A},\tilde{B}\right)}{1+d_H\left(\tilde{A},\tilde{B}\right)}$</td></tr>
</table>

此外, 贴近度还有一种重要的表示形式——格贴近度. 在介绍格贴近度之前, 先引入内积与外积的概念.

定义 4.3　设 U 为论域, $\tilde{A},\tilde{B}\in F(U)$, 称 $\tilde{A}\oplus\tilde{B}=\bigvee\limits_{x\in U}(\tilde{A}(x)\wedge\tilde{B}(x))$ 为 $\tilde{A}$ 和 $\tilde{B}$ 的内积; 称 $\tilde{A}\otimes\tilde{B}=\bigwedge\limits_{x\in U}(\tilde{A}(x)\vee\tilde{B}(x))$ 为 $\tilde{A}$ 和 $\tilde{B}$ 的外积.

设 $\tilde{A}\in F(U)$, 令 $h(\tilde{A})=\bigvee\limits_{x\in U}\tilde{A}(x)$, $l(\tilde{A})=\bigwedge\limits_{x\in U}\tilde{A}(x)$, $h(\tilde{A})$ 和 $l(\tilde{A})$ 分别为可能性集合 $\tilde{A}$ 的峰值和谷值.

根据内积和外积的定义, 有 $\tilde{A}\oplus\tilde{A}=\bigvee\limits_{\tilde{B}\in F(U)}\tilde{A}\oplus\tilde{B}$, $\tilde{A}\otimes\tilde{A}=\bigwedge\limits_{\tilde{B}\in F(U)}\tilde{A}\otimes\tilde{B}$, 若可能性集合 $\tilde{A}$ 固定时, 当 $\tilde{B}$ 取遍 U 上所有可能性子集时, $\tilde{A}\oplus\tilde{B}$ 总是不大于 $\tilde{A}$ 的峰值, 且 $h(\tilde{A})=\tilde{A}\oplus\tilde{A}$, 而 $\tilde{A}\otimes\tilde{B}$ 总是不小于 $\tilde{A}$ 的谷值, 且 $l(\tilde{A})=\tilde{A}\otimes\tilde{A}$. 因此, 当 $\tilde{A}$ 和 $\tilde{B}$ 接近时, $\tilde{A}\oplus\tilde{B}$ 较大, $\tilde{A}\otimes\tilde{B}$ 较小. 换句话说, 如果 $\tilde{A}\oplus\tilde{B}$ 较大且 $\tilde{A}\otimes\tilde{B}$ 较小同时成立, 则 $\tilde{A}$ 和 $\tilde{B}$ 较接近, 并称 $\langle\tilde{A},\tilde{B}\rangle=(\tilde{A}\oplus\tilde{B})\wedge(\tilde{A}\otimes\tilde{B})$ 为 $\tilde{A}$ 和 $\tilde{B}$ 的格贴近度. 格贴近度计算简便, 适用于表示相同类型的可能性集的贴近度, 且格贴近度具有以下性质:

性质 1　$0\leqslant\langle\tilde{A},\tilde{B}\rangle\leqslant 1$;

性质 2　$\langle\tilde{A},\tilde{B}\rangle=\langle\tilde{B},\tilde{A}\rangle$;

性质 3　$\langle\tilde{A},\tilde{A}\rangle=h(\tilde{A})\wedge(1-l(\tilde{A}))$;

性质 4　若 $\tilde{A}\subseteq\tilde{B}\subseteq\tilde{C}$, 则 $\langle\tilde{A},\tilde{C}\rangle\leqslant\langle\tilde{A},\tilde{B}\rangle\wedge\langle\tilde{A},\tilde{C}\rangle$.

4.1.3 包含度

包含度反映了一个可能性集合包含在另一个可能性集合中的程度, 也是衡量相似性的一个指标 [3].

定义 4.4 设映射 $c: F(U) \times F(U) \to [0,1]$, 若对任意的 $\tilde{A}, \tilde{B}, \tilde{C} \in F(U)$, c 满足以下条件:

(1) $0 \leqslant c(\tilde{A}, \tilde{B}) \leqslant 1$, $c(\tilde{A}, \tilde{A}) = 0$;

(2) $c(\tilde{A}, \tilde{B}) = 1$, 当且仅当 $\tilde{A} \subseteq \tilde{B}$;

(3) 当 $\tilde{A} \subseteq \tilde{B} \subseteq \tilde{C}$ 时, $c(\tilde{C}, \tilde{A}) \leqslant c(\tilde{B}, \tilde{A})$,

称 c 为 $F(U)$ 上的包含度, 其中, 若 A 和 B 都为普通集合, 当 $A \subseteq B$ 时, 有 $c(A, B) = 1$, 称 c 为弱包含度; 若对于任意 $\tilde{C} \in F(U)$, $\tilde{A} \subseteq \tilde{B}$, 有 $c(\tilde{C}, \tilde{A}) \leqslant c(\tilde{C}, \tilde{B})$, 称 c 为强包含度.

设 $F^*(U)$ 表示 U 上正规可能性集的全体, 在 $F^*(U)$ 上定义

$$\Pi(\tilde{A}, \tilde{B}) = \sup_x (\tilde{A}(x) \wedge \tilde{B}(x)) \tag{4.5}$$

$$N(\tilde{A}, \tilde{B}) = \inf_x (\tilde{A}^{\mathrm{C}}(x) \vee \tilde{B}(x)) \tag{4.6}$$

则可能性测度 Π 为强包含度, 必然性测度 N 为弱包含度.

设 $F^*(U)$ 表示 U 上正规可能性集的全体, 在 $F^*(U)$ 上定义

$$M(\tilde{A}, \tilde{B}) = \begin{cases} \Pi(\tilde{A}, \tilde{B}), & N(\tilde{A}, \tilde{B}) > 0.5 \\ (N(\tilde{A}, \tilde{B}) + 0.5) \cdot \Pi(\tilde{A}, \tilde{B}), & N(\tilde{A}, \tilde{B}) \leqslant 0.5 \end{cases} \tag{4.7}$$

则 M 是 $F^*(U)$ 上的包含度.

4.2 线性可能性分布的相似测度

在一些实际问题中, 不确定性信息的可能性分布通常用可能性区间数来表示, 而且提高可能性区间数相似测度的可靠性是进行风险评估的前提和保障. 近年来, 越来越多的学者根据可能性区间数的几何距离、面积、周长、高度以及质心来计算可能性区间数间的相似测度.

4.2.1 质心法

质心理论在处理去模糊化问题、可能性区间数排序以及风险分析等方面具有广泛应用, 近年来在国内外得到了推广使用. 一些学者在质心的传统定义上进行了修改和改进, 下面进行具体介绍.

(1) 梯形分布的质心计算方法 [4]：假设梯形可能性区间数 $\tilde{A}$ 的可能性分布 $\pi_{\tilde{A}} = [a_1, a_2, a_3, a_4]$, 具体公式为

$$\pi_{\tilde{A}}(x) = \begin{cases} \pi_{\tilde{A}}^L(x), & x \in [a_1, a_2) \\ 1, & x \in [a_2, a_3) \\ \pi_{\tilde{A}}^R(x), & x \in [a_3, a_4) \\ 0, & \text{其他} \end{cases} \tag{4.8}$$

其中, $\pi_{\tilde{A}}^L(x) = \dfrac{x - a_1}{a_2 - a_1}$, $\pi_{\tilde{A}}^R(x) = \dfrac{x - a_4}{a_3 - a_4}$, 则梯形可能性区间数 $\tilde{A}$ 的质心为

$$x_{\tilde{A}}^* = \frac{\displaystyle\int_{a_1}^{a_2} (x\pi_{\tilde{A}}^L(x))\mathrm{d}x + \int_{a_2}^{a_3} x\mathrm{d}x + \int_{a_3}^{a_4} (x\pi_{\tilde{A}}^R(x))\mathrm{d}x}{\displaystyle\int_{a_1}^{a_2} \pi_{\tilde{A}}^L(x)\mathrm{d}x + \int_{a_2}^{a_3} 1\mathrm{d}x + \int_{a_3}^{a_4} \pi_{\tilde{A}}^R(x)\mathrm{d}x} \tag{4.9}$$

(2) 广义梯形分布的质心计算方法 [5]：假设广义梯形可能性区间数 $\tilde{A}$ 的可能性分布 $\pi_{\tilde{A}} = [a_1, a_2, a_3, a_4; \omega]$, 具体公式为

$$\pi_{\tilde{A}}(x) = \begin{cases} \pi_{\tilde{A}}^L(x), & x \in [a_1, a_2) \\ \omega, & x \in [a_2, a_3) \\ \pi_{\tilde{A}}^R(x), & x \in [a_3, a_4) \\ 0, & \text{其他} \end{cases} \tag{4.10}$$

其中, $\pi_{\tilde{A}}^L(x) : [a_1, a_2] \to [0, \omega]$ 是连续并严格单调递增的; $\pi_{\tilde{A}}^R(x) : [a_3, a_4] \to [0, \omega]$ 是连续并严格单调递减的. 由于 $\pi_{\tilde{A}}^L(x)$ 和 $\pi_{\tilde{A}}^R(x)$ 是连续并且严格单调的, 所以它们的反函数存在且也是连续和严格单调的, 将它们的反函数记为 $\pi_{\tilde{A}}^{-1L}(y)$ 和 $\pi_{\tilde{A}}^{-1R}(y)$, 则广义梯形可能性区间数 $\tilde{A}$ 的质心点坐标为

$$x_{\tilde{A}}^* = \frac{\displaystyle\int_{a_1}^{a_2} (x\pi_{\tilde{A}}^L(x))\mathrm{d}x + \int_{a_2}^{a_3} x\omega\mathrm{d}x + \int_{a_3}^{a_4} (x\pi_{\tilde{A}}^R(x))\mathrm{d}x}{\displaystyle\int_{a_1}^{a_2} \pi_{\tilde{A}}^L(x)\mathrm{d}x + \int_{a_2}^{a_3} \omega\mathrm{d}x + \int_{a_3}^{a_4} \pi_{\tilde{A}}^R(x)\mathrm{d}x} \tag{4.11}$$

$$y_{\tilde{A}}^* = \frac{\displaystyle\int_0^{\omega} (y\pi_{\tilde{A}}^{-1L}(y))\mathrm{d}y + \int_0^{\omega} (y\pi_{\tilde{A}}^{-1R}(y))\mathrm{d}y}{\displaystyle\int_0^{\omega} \pi_{\tilde{A}}^{-1L}(y)\mathrm{d}y + \int_0^{\omega} \pi_{\tilde{A}}^{-1R}(y)\mathrm{d}y} \tag{4.12}$$

根据质心的定义, 上述两种方法只能计算正规梯形可能性区间数以及广义梯形可能性区间数的质心, 但存在以下问题: 计算复杂度高且耗时; 无法计算一些特殊线性分布的质心, 当计算实数质心时, 其分母为零, 此时质心计算公式是无意义的.

(3) 基于中间曲线的分布质心计算方法 [6]: 设广义线性可能性区间数 $\tilde{A}$ 的支集 $\text{supp}A = A_0$, $\tilde{A}$ 的核为 $\ker A = A_\omega$, 对于 $\forall\lambda \in [0,\omega]$, $\tilde{A}$ 的 λ-可能性截集 A_λ 的中点为 $m(A_\lambda) = \dfrac{\inf(A_\lambda) + \sup(A_\lambda)}{2}$, 根据广义线性可能性区间数的支集、核以及截集, 给出中间曲线的定义.

定义 4.5 设 $\tilde{A}$ 为广义线性可能性区间数, A_λ 为 $\tilde{A}$ 的 λ-可能性截集, $\forall\alpha \in (0,\omega]$, 定义

$$\xi_{\tilde{A}}(x) = \begin{cases} \alpha, & x = m(A_\alpha) \\ 0, & \text{其他} \end{cases} \tag{4.13}$$

称 $\xi_{\tilde{A}}(x)$ 为 $\tilde{A}$ 的中间曲线.

特别地, 若广义可能性区间数为一个广义梯形可能性区间数, 则中间曲线为一条直线.

设广义梯形可能性区间数 $\tilde{A}$ 的可能性分布 $\pi_{\tilde{A}} = [a_1, a_2, a_3, a_4; \omega]$, 如图 4.1 所示.

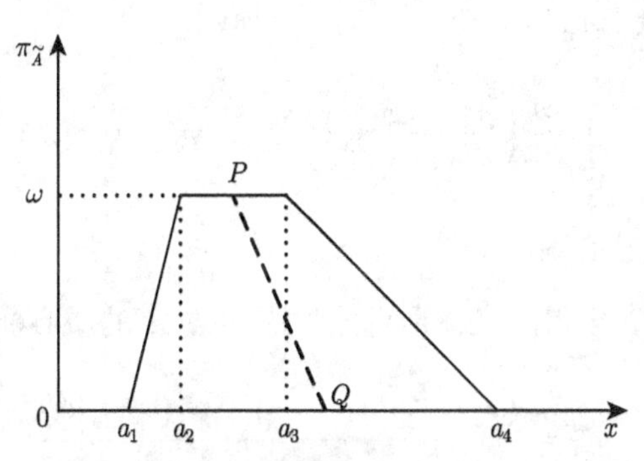

图 4.1 广义梯形可能性区间数及其中间曲线

其中, 直线 PQ 为广义梯形可能性区间数的中间曲线, 点 P, Q 分别为广义梯形可能性区间数上底和下底的中点, 设其坐标分别为 (x_1, y_1) 和 (x_2, y_2), 其中

$$x_1 = \frac{a_2 + a_3}{2}, \quad y_1 = \omega \tag{4.14}$$

$$x_2 = \frac{a_1 + a_4}{2}, \quad y_2 = 0 \tag{4.15}$$

那么中间曲线的表达式为

$$\frac{y - y_1}{x - x_1} = \frac{y_2 - y_1}{x_2 - x_1} \tag{4.16}$$

如图 4.2 所示, 直线 MN, PQ 和 EF 分别为广义三角可能性区间数、广义梯形可能性区间数和广义矩形可能性区间数的中间曲线, 广义三角可能性区间数质心的纵坐标 $y^* = \frac{\omega}{3}$, 广义矩形可能性区间数质心的纵坐标 $y^* = \frac{\omega}{2}$, 广义梯形可能性区间数质心的纵坐标 y^* 介于两者之间, 即 $\frac{\omega}{3} < y^* < \frac{\omega}{2}$.

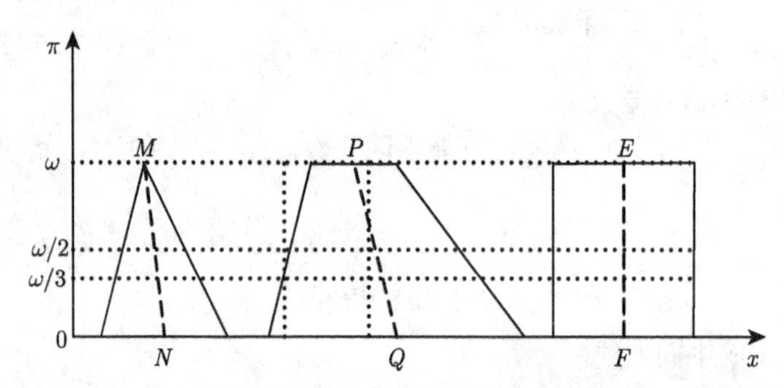

图 4.2 广义三角可能性区间数、梯形可能性区间数和矩形可能性区间数的中间曲线

由于广义梯形可能性区间数 $\tilde{A}$ 的质心在中间曲线上, 所以根据中间曲线的表达式以及纵坐标 y^* 的值, 可以求出质心的横坐标 x^*. 文献 [6] 求解广义梯形可能性区间数质心的公式具体如下:

$$y^*_{\tilde{A}} = \begin{cases} \dfrac{\omega}{6}\left(\dfrac{a_3 - a_2}{a_4 - a_1} + 2\right), & a_1 \neq a_4, 0 < \omega \leqslant 1 \\ \dfrac{\omega}{2}, & a_1 = a_4, 0 < \omega \leqslant 1 \end{cases} \tag{4.17}$$

根据式 (4.14)~(4.17), 可得广义梯形可能性区间数 $\tilde{A}$ 的质心横坐标

$$x^*_{\tilde{A}} = \frac{(\omega - y^*_{\tilde{A}})(a_1 + a_4) + y^*_{\tilde{A}}(a_2 + a_3)}{2\omega} \tag{4.18}$$

4.2.2 线性可能性分布的相似测度计算方法

(1) 基于横坐标距离的相似测度法 [7]: 假设有两个正规梯形分布分别为 $\pi_{\tilde{A}} = [a_1, a_2, a_3, a_4]$ 和 $\pi_{\tilde{B}} = [b_1, b_2, b_3, b_4]$, 则 $\tilde{A}$ 和 $\tilde{B}$ 的相似测度 $S_1(\pi_{\tilde{A}}, \pi_{\tilde{B}})$ 为

$$S_1(\pi_{\tilde{A}}, \pi_{\tilde{B}}) = 1 - \frac{\sum_{i=1}^{4} |a_i - b_i|}{4} \tag{4.19}$$

易知 $S(\pi_{\tilde{A}}, \pi_{\tilde{B}}) \in [0, 1]$, 且当 $S_1(\pi_{\tilde{A}}, \pi_{\tilde{B}})$ 的值越大时, $\tilde{A}$ 和 $\tilde{B}$ 的相似测度越大.

若 $\tilde{A}$ 和 $\tilde{B}$ 为两个正规三角分布 $\pi_{\tilde{A}}=[a_1,a_2,a_3]$ 和 $\pi_{\tilde{B}}=[b_1,b_2,b_3]$, 则 $\tilde{A}$ 和 $\tilde{B}$ 的相似测度为

$$S_1(\pi_{\tilde{A}},\pi_{\tilde{B}})=1-\frac{\sum_{i=1}^{3}|a_i-b_i|}{3} \tag{4.20}$$

由式 (4.19) 和式 (4.20) 可以看出, 该方法仅仅考虑了两个分布横坐标之间的差异, 但未考虑纵坐标的差异以及分布的高度、形状等因素的影响. 例如, $\tilde{A}$, $\tilde{B}$ 的可能性分布分别为 $\pi_{\tilde{A}}=[0.2,0.3,0.4,0.5;1]$ 和 $\pi_{\tilde{B}}=[0.2,0.3,0.4,0.5;0.8]$, 则根据该方法可得 $S(\pi_{\tilde{A}},\pi_{\tilde{B}})=1$, 由于分布 $\tilde{A}$ 和 $\tilde{B}$ 具有不同的高度, 因此其相似测度计算结果不可能为 1.

(2) 基于范数距离的相似测度计算法 [8]: 假设两个正规梯形分布 $\pi_{\tilde{A}}=[a_1,a_2,a_3,a_4]$ 和 $\pi_{\tilde{B}}=[b_1,b_2,b_3,b_4]$, 则 $\tilde{A}$ 和 $\tilde{B}$ 的相似测度 $S_2(\pi_{\tilde{A}},\pi_{\tilde{B}})$ 为

$$S_2(\pi_{\tilde{A}},\pi_{\tilde{B}})=1-\frac{\|\pi_{\tilde{A}}-\pi_{\tilde{B}}\|_p}{\|U\|}\times 4^{-\frac{1}{p}} \tag{4.21}$$

其中, $\|\pi_{\tilde{A}}-\pi_{\tilde{B}}\|_p=\left[\sum_{i=1}^{4}(|a_i-b_i|)^p\right]^{\frac{1}{p}}$, $\|U\|=\max U-\min U$, U 表示论域, p 为正整数.

该方法也只考虑了分布间的范数距离, 未考虑其他因素的影响, 而且该方法无法计算一些特殊分布的相似测度. 例如, 当分布 $\tilde{A}$, $\tilde{B}$ 均为实数, 即可能性分布为 $\pi_{\tilde{A}}=\pi_{\tilde{B}}=[0.6,0.6,0.6,0.6;1]$, $\tilde{A}$ 和 $\tilde{B}$ 的相似测度就无法计算.

(3) 基于梯级平均综合距离的相似测度计算法 [9]: 假设有两个正规梯形分布 $\pi_{\tilde{A}}=[a_1,a_2,a_3,a_4]$ 和 $\pi_{\tilde{B}}=[b_1,b_2,b_3,b_4]$, 则 $\tilde{A}$ 和 $\tilde{B}$ 的相似测度 $S_3(\pi_{\tilde{A}},\pi_{\tilde{B}})$ 为

$$S_3(\pi_{\tilde{A}},\pi_{\tilde{B}})=\frac{1}{1+d(\pi_{\tilde{A}},\pi_{\tilde{B}})} \tag{4.22}$$

其中, $d(\pi_{\tilde{A}},\pi_{\tilde{B}})=|p(\pi_{\tilde{A}})-p(\pi_{\tilde{B}})|$, $p(\pi_{\tilde{A}})$ 和 $p(\pi_{\tilde{B}})$ 分别为 $\tilde{A}$ 和 $\tilde{B}$ 的梯级平均综合表示, 且有 $p(\pi_{\tilde{A}})=\dfrac{a_1+2a_2+2a_3+a_4}{6}$, $p(\pi_{\tilde{B}})=\dfrac{b_1+2b_2+2b_3+b_4}{6}$.

若有正规三角分布 $\pi_{\tilde{A}}=[a_1,a_2,a_3]$ 和 $\pi_{\tilde{B}}=[b_1,b_2,b_3]$, 此时 $p(\pi_{\tilde{A}})=\dfrac{a_1+4a_2+a_3}{6}$, $p(\pi_{\tilde{B}})=\dfrac{b_1+4b_2+b_3}{6}$. 该方法与上述两种分布相似测度计算方法的性质相同, 仅仅考虑了分布间横坐标的差异, 但当计算两个横坐标相同, 高度不同的分布时, 其相似测度为 1, 这是不合理的.

(4) 基于单质心的相似测度计算法 [6]: 假设有两个广义梯形分布分别为 $\pi_{\tilde{A}}=$

$[a_1, a_2, a_3, a_4; \omega_1]$ 和 $\pi_{\tilde{B}} = [b_1, b_2, b_3, b_4; \omega_2]$, 则 $\tilde{A}$ 和 $\tilde{B}$ 的相似测度 $S_4(\pi_{\tilde{A}}, \pi_{\tilde{B}})$ 为

$$S_4(\pi_{\tilde{A}}, \pi_{\tilde{B}}) = \left(1 - \frac{\sum_{i=1}^{4}|a_i - b_i|}{4}\right) \times (1 - |x^*_{\tilde{A}} - x^*_{\tilde{B}}|)^{f(l_{\tilde{A}}, l_{\tilde{B}})} \times \frac{\min(y^*_{\tilde{A}}, y^*_{\tilde{B}})}{\max(y^*_{\tilde{A}}, y^*_{\tilde{B}})} \tag{4.23}$$

其中, $f(l_{\tilde{A}}, l_{\tilde{B}}) = \begin{cases} 1, & 0 < \dfrac{l_{\tilde{A}} + l_{\tilde{B}}}{2} \leqslant 1, \\ 0, & \dfrac{l_{\tilde{A}} + l_{\tilde{B}}}{2} = 0, \end{cases}$ 且 $l_{\tilde{A}} = a_4 - a_1$, $l_{\tilde{B}} = b_4 - b_1$.

与前几种方法相比, 文献 [6] 提出的相似测度计算法具有明显优势, 但该方法单独考虑质心的横坐标与纵坐标, 且无法计算高度为零的分布的相似测度. 例如, $\tilde{A}$ 的可能性分布分别为 $\pi_{\tilde{A}} = [0.1, 0.2, 0.3, 0.4; 0]$, $\tilde{B}$ 的可能性分布为 $\pi_{\tilde{B}} = [0.1, 0.2, 0.3, 0.4; 0.01]$, 利用该方法就无法计算分布 $\tilde{A}$ 和 $\tilde{B}$ 的相似测度.

(5) 基于周长和高度的相似测度计算法 [10]: 假设有两个标准广义梯形分布分别为 $\pi_{\tilde{A}} = [a_1, a_2, a_3, a_4; \omega_1]$ 和 $\pi_{\tilde{B}} = [b_1, b_2, b_3, b_4; \omega_2]$, 则 $\tilde{A}$ 和 $\tilde{B}$ 的相似测度 $S_5(\pi_{\tilde{A}}, \pi_{\tilde{B}})$ 为

$$S_5(\pi_{\tilde{A}}, \pi_{\tilde{B}}) = \left(1 - \frac{\sum_{i=1}^{4}|a_i - b_i|}{4}\right) \times \frac{\min(P(\pi_{\tilde{A}}), P(\pi_{\tilde{B}})) + \min(\omega_1, \omega_2)}{\max(P(\pi_{\tilde{A}}), P(\pi_{\tilde{B}})) + \max(\omega_1, \omega_2)} \tag{4.24}$$

其中, $P(\pi_{\tilde{A}})$ 和 $P(\pi_{\tilde{B}})$ 分别表示 $\pi_{\tilde{A}}$ 和 $\pi_{\tilde{B}}$ 的周长, 且

$$P(\pi_{\tilde{A}}) = \sqrt{(a_1 - a_2)^2 + \omega_1^2} + \sqrt{(a_3 - a_4)^2 + \omega_1^2} + (a_3 - a_2) + (a_4 - a_1) \tag{4.25}$$

$$P(\pi_{\tilde{B}}) = \sqrt{(b_1 - b_2)^2 + \omega_2^2} + \sqrt{(b_3 - b_4)^2 + \omega_2^2} + (b_3 - b_2) + (b_4 - b_1) \tag{4.26}$$

该方法考虑了分布的几何距离、周长和高度等多个特征, 但是该方法无法计算一些特殊分布的相似测度.

(6) 基于周长、高度和面积的相似测度计算法 [11]: 假设有两个标准广义梯形分布分别为 $\pi_{\tilde{A}} = [a_1, a_2, a_3, a_4; \omega_1]$ 和 $\pi_{\tilde{B}} = [b_1, b_2, b_3, b_4; \omega_2]$, 则 $\tilde{A}$ 和 $\tilde{B}$ 的相似测度 $S_6(\pi_{\tilde{A}}, \pi_{\tilde{B}})$ 为

$$S_6(\pi_{\tilde{A}}, \pi_{\tilde{B}}) = \left(1 - \frac{\sum_{i=1}^{4}|a_i - b_i|}{4}\right) \times \frac{\min(P(\pi_{\tilde{A}}), P(\pi_{\tilde{B}}))}{\max(P(\pi_{\tilde{A}}), P(\pi_{\tilde{B}}))}$$

$$\times \frac{\min(A(\pi_{\tilde{A}}), A(\pi_{\tilde{B}})) + \min(\omega_1, \omega_2)}{\max(A(\pi_{\tilde{A}}), A(\pi_{\tilde{B}})) + \max(\omega_1, \omega_2)} \tag{4.27}$$

其中, $A(\pi_{\tilde{A}})$ 和 $A(\pi_{\tilde{B}})$ 分别表示 $\pi_{\tilde{A}}$ 和 $\pi_{\tilde{B}}$ 的周长, 且

$$A(\pi_{\tilde{A}}) = \frac{1}{2}\omega_1(a_3 - a_2 + a_4 - a_1) \tag{4.28}$$

$$A(\pi_{\tilde{B}}) = \frac{1}{2}\omega_2(b_3 - b_2 + b_4 - b_1) \tag{4.29}$$

4.3 非线性可能性分布的相似测度

前面方法只能处理线性可能性分布的相似测度, 对于非线性分布无法处理 [12–15]. 下面讨论非线性可能性分布的相似测度计算方法.

4.3.1 非线性可能性分布的相似测度及其性质

在工程中, 一些信息的特征参数需用非线性可能性分布来表示, 本节结合分布的几何距离、质心点距离、周长、高度和面积等特征, 提出了一种非线性可能性分布的相似测度计算方法, 并对其具有的一些性质加以证明.

假设两个可能性分布 $\pi_A = [a_1, a_2, a_3, a_4; \omega_1]_{n_1}$ 和 $\pi_B = [b_1, b_2, b_3, b_4; \omega_2]_{n_2}$, 且形状函数分别为 $g_1(x), h_1(x)$ 和 $g_2(x), h_2(x)$, 其中 $0 < \omega_1 \leqslant 1$, $0 < \omega_2 \leqslant 1$, $n_1 > 0$, $n_2 > 0$, 由于几何距离和质心点距离都与可能性分布的相似测度成反比, 则将 π_A 和 π_B 的相似测度定义为

$$S(\pi_A, \pi_B) = \begin{cases} \sqrt{(1-d_1)\times(1-d_2)} \times \dfrac{\min(P(\pi_A), P(\pi_B)) + \min(\omega_1, \omega_2)}{\max(P(\pi_A), P(\pi_B)) + \max(\omega_1, \omega_2)} \\ \times e^{\frac{\min(A(\pi_A), A(\pi_B))}{\max(A(\pi_A), A(\pi_B))} - 1}, & \max(A(\pi_A), A(\pi_B)) \neq 0 \\ \sqrt{(1-d_1)\times(1-d_2)} \\ \times \dfrac{\min(P(\pi_A), P(\pi_B)) + \min(\omega_1, \omega_2)}{\max(P(\pi_A), P(\pi_B)) + \max(\omega_1, \omega_2)}, & \max(A(\pi_A), A(\pi_B)) = 0 \end{cases} \tag{4.30}$$

其中, d_1 表示 π_A 和 π_B 的几何距离, $d_1 = \dfrac{\sum_{i=1}^{4} |a_i - b_i|}{4}$; d_2 表示 π_A 和 π_B 质心点之间的距离. 设 (x_A^*, y_A^*) 和 (x_B^*, y_B^*) 分别表示 π_A 和 π_B 的质心点坐标, 则

$$x_A^* = \frac{\displaystyle\int_{a_1}^{a_2} x g_1(x)\mathrm{d}x + \int_{a_2}^{a_3} x\omega_1 \mathrm{d}x + \int_{a_3}^{a_4} x h_1(x)\mathrm{d}x}{\displaystyle\int_{a_1}^{a_2} g_1(x)\mathrm{d}x + \int_{a_2}^{a_3} \omega_1 \mathrm{d}x + \int_{a_3}^{a_4} h_1(x)\mathrm{d}x} \tag{4.31}$$

$$y_A^* = \begin{cases} \dfrac{\displaystyle\int_0^{\omega_1} y(h_1^{-1}(y) - g_1^{-1}(y))\mathrm{d}y}{\displaystyle\int_0^{\omega_1} (h_1^{-1}(y) - g_1^{-1}(y))\mathrm{d}y}, & a_1 \neq a_4 \\ \dfrac{\omega}{2}, & a_1 = a_4 \end{cases} \tag{4.32}$$

同理可得, π_B 的质心点 (x_B^*, y_B^*), 且有 $d_2 = \sqrt{(x_A^* - x_B^*)^2 + (y_A^* - y_B^*)^2}$; $P(\pi_A)$ 和 $P(\pi_B)$ 分别表示 π_A 和 π_B 的周长, 则

$$P(\pi_A) = \int_{a_1}^{a_2} \sqrt{1 + (g_1'(x))^2}\mathrm{d}x + \int_{a_3}^{a_4} \sqrt{1 + (h_1'(x))^2}\mathrm{d}x + (a_3 - a_2) + (a_4 - a_1) \tag{4.33}$$

$$P(\pi_B) = \int_{b_1}^{b_2} \sqrt{1 + (g_2'(x))^2}\mathrm{d}x + \int_{b_3}^{b_4} \sqrt{1 + (h_2'(x))^2}\mathrm{d}x + (b_3 - b_2) + (b_4 - b_1) \tag{4.34}$$

$A(\pi_A)$ 和 $A(\pi_B)$ 分别表示 π_A 和 π_B 的面积, 且有

$$A(\pi_A) = \int_{a_1}^{a_2} g_1(x)\mathrm{d}x + \int_{a_2}^{a_3} \omega_1 \mathrm{d}x + \int_{a_3}^{a_4} h_1(x)\mathrm{d}x \tag{4.35}$$

$$A(\pi_B) = \int_{b_1}^{b_2} g_2(x)\mathrm{d}x + \int_{b_2}^{b_3} \omega_2 \mathrm{d}x + \int_{b_3}^{b_4} h_2(x)\mathrm{d}x \tag{4.36}$$

性质 1　$S(\pi_A, \pi_B) \in [0, 1]$.

证明　因为 $\min(P(\pi_A), P(\pi_B)) \leqslant \max(P(\pi_A), P(\pi_B))$, $\min(A(\pi_A), A(\pi_B)) \leqslant \max(A(\pi_A), A(\pi_B))$ 且 $0 \leqslant d_1 \leqslant 1, 0 \leqslant d_2 \leqslant 1$, 所以有 $S(\pi_A, \pi_B) \in [0, 1]$.

性质 2　$S(\pi_A, \pi_B) = 1$ 当且仅当 $\pi_A = \pi_B$.

证明　(1) 必要性：若 $S(\pi_A, \pi_B) = 1$, 说明式 (4.30) 中各项都为 1, 即有 $d_1 = 0$, $d_2 = 0$, $\min(P(\pi_A), P(\pi_B)) = \max(P(\pi_A), P(\pi_B))$, $\min(A(\pi_A), A(\pi_B)) = \max(A(\pi_A), A(\pi_B))$, 这意味着 π_A 和 π_B 的形状完全一致, 所以 $\pi_A = \pi_B$.

(2) 充分性: 若 $\pi_A = \pi_B$, 那么 π_A 和 π_B 的横坐标、质心、周长以及面积均相等, 所以有 $S(\pi_A, \pi_B) = 1$.

性质 3　$S(\pi_A, \pi_B) = S(\pi_B, \pi_A)$.

证明　因为

$$d_1 = \frac{\sum_{i=1}^{4} |a_i - b_i|}{4} = \frac{\sum_{i=1}^{4} |b_i - a_i|}{4}$$

$$d_2 = \sqrt{(x_A^* - x_B^*)^2 + (y_A^* - y_B^*)^2} = \sqrt{(x_B^* - x_A^*)^2 + (y_B^* - y_A^*)^2}$$

$\min(P(\pi_A), P(\pi_B)) = \min(P(\pi_B), P(\pi_A))$,　$\max(P(\pi_A), P(\pi_B)) = \max(P(\pi_B), P(\pi_A))$

$$\min(A(\pi_A), A(\pi_B))=\min(A(\pi_B), A(\pi_A)), \quad \max(A(\pi_A), A(\pi_B))=\max(A(\pi_B), A(\pi_A))$$

所以 $S(\pi_A, \pi_B) = S(\pi_B, \pi_A)$.

4.3.2 相似测度计算方法的比较

本节采用 12 组可能性分布函数 (Set1-Set12), 如图 4.3 所示, 对本文提出的相似测度计算方法与 4.2.2 节的 6 种方法计算出的结果进行比较.

根据图 4.3 和表 4.4 列出的相似测度计算结果, 可以得到非线性可能性分布相似测度计算方法的优点以及现有主要度量相似度方法存在的一些缺陷:

(1) 从表 4.4 中可以看出, 本节方法可以计算不同高度、不同形状以及非标准线性分布的相似测度, 并且它们之间的相似测度是存在的. 对于图 4.3 中的 Set1, Set3, Set4, Set5 及 Set8, 现有主要方法都无法计算其相似测度.

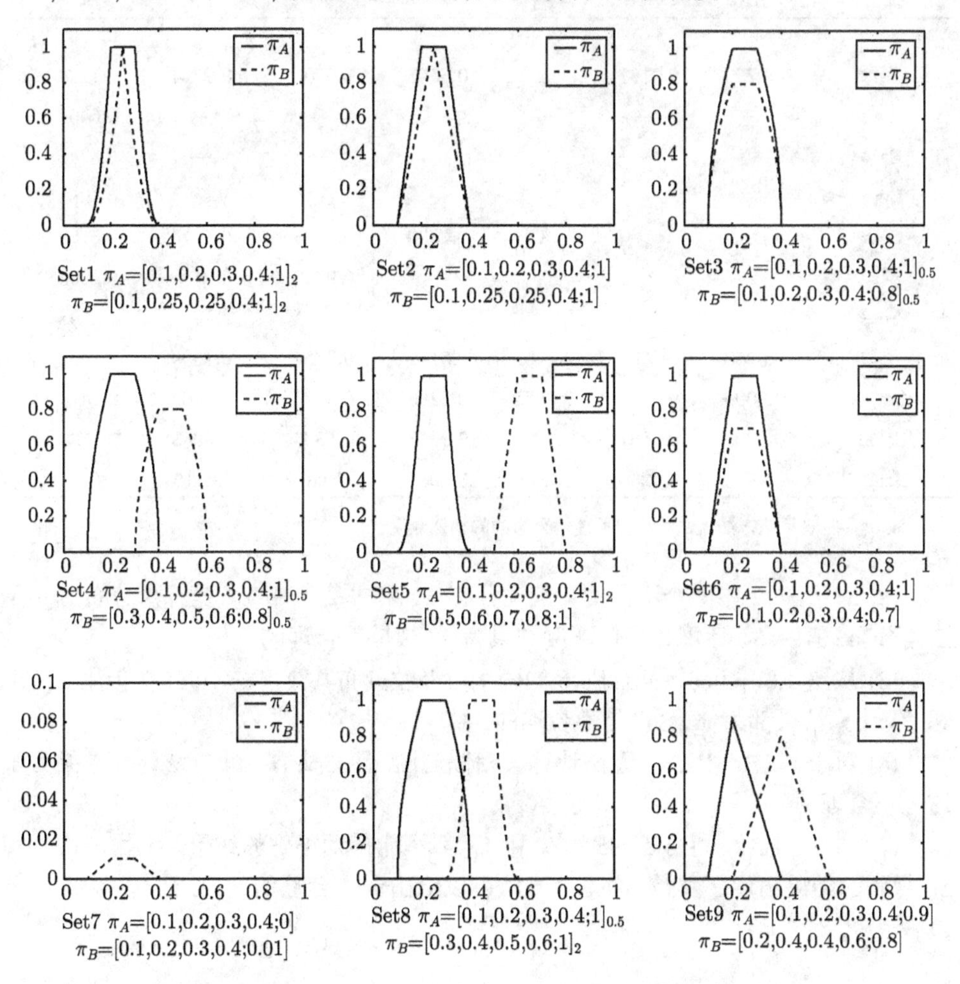

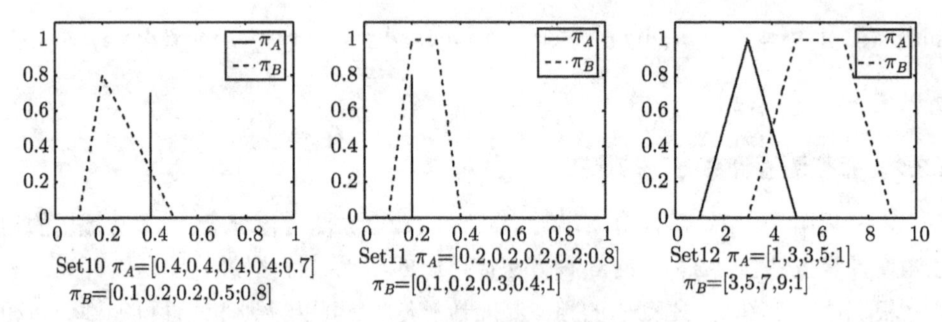

图 4.3 12 组可能性分布函数

表 4.4 几种相似测度计算方法的比较与分析

可能性分布	几种相似测度计算方法						
	S_1	S_2	S_3	S_4	S_5	S_6	S
Set1	—	—	—	—	—	—	0.6067
Set2	0.9750	0.9167	1	0.8357	0.9500	0.9004	0.7174
Set3	—	—	—	—	—	—	0.6460
Set4	—	—	—	—	—	—	0.5345
Set5	—	—	—	—	—	—	0.5063
Set6	1	1	1	0.7000	0.7373	0.5270	0.5109
Set7	1	1	1	—	0.9820	0	0.1803
Set8	—	—	—	—	—	—	0.5998
Set9	0.8250	0.6500	0.8451	0.6111	0.7764	0.7009	0.6661
Set10	0.8000	0.5000	0.8571	0.5283	0.5873	0.3963	0.1478
Set11	0.9000	0.6667	0.9524	0.8313	0.6334	0.3983	0.1793
Set12	−2	0.6250	0.2500	3.4286	−1.4062	−0.8151	0.8531

注: “—” 表示该方法无法计算出可能性分布间的相似测度

(2) 对于 Set2 中两个不同的可能性分布 π_A 和 π_B, 其中 π_A 是梯形分布, π_B 是三角分布, 但用 S_3 计算其相似测度结果为 1, 这是不合理的.

(3) 从图 4.3 中可以看出, Set6 的两个可能性分布其高度是不同的, 但用 S_1, S_2 和 S_3 计算结果都为 1, 这也是不合理的.

(4) 对于 Set7, 利用 S_4 无法计算其相似测度, 且文献 [7—9] 方法计算结果为 1, 这是不合理的.

(5) 对于 Set12, 利用 S_1, S_4, S_5 和 S_6 都不能得到正确的结果, 且用 S_1, S_5 和 S_6 得到的结果出现了负数, 而本节方法可以给出一个合理的结果.

4.4 本章小结

本章对可能性集的重要度量——相似测度、贴近度、包含度以及距离测度进行了介绍，并对线性可能性分布相似测度计算方法进行了详细阐述；针对非线性可能性分布，结合其几何距离、质心点距离、周长、高度和面积等特征，提出了非线性分布相似测度法，并证明了该方法具有的一些性质.

参考文献

[1] Li X, Lin B. On distance between fuzzy variables[J]. Journal of Intelligent & Fuzzy Systems, 2008, 19: 197-204.

[2] 范九伦. 包含度与贴近度的相互诱导关系 [J]. 模糊系统与数学, 2003, 17: 29-36.

[3] 张文修, 梁怡, 徐萍. 基于包含度的不确定推理 [M]. 北京：清华大学出版社, 2007.

[4] Cheng C H. A new approach for ranking fuzzy numbers by distance method[J]. Fuzzy Sets and Systems, 1998, 95(3): 307-317.

[5] Chen S H. Ranking generalized fuzzy number with graded mean integration[C]. Proceedings of the Eighth International Fuzzy Systems Association World Congress, 1999, (2): 899-902.

[6] Chen S J, Chen S M. Fuzzy risk analysis based on similarity measures of generalized fuzzy numbers[J]. IEEE Transactions on Fuzzy Systems, 2003, 11(1): 45-56.

[7] Chen S M. New methods for subjective mental workload assessment and fuzzy risk analysis[J]. Cybernetics and Systems, 1996, 27(5): 449-472.

[8] Lee H S. An optimal aggregation method for fuzzy opinions of group decision[C]. Proceedings of the 1999 IEEE International Conference on Systems, Man, and Cybernetics, 1999, (3): 314-319.

[9] Hsieh C H, Chen S H. Similarity of generalized fuzzy numbers with graded mean integration representation[C]. Proceedings of the Eighth International Fuzzy Systems Association World Congress, 1999, 2: 551-555.

[10] Wei S H, Chen S M. A new approach for fuzzy risk analysis based on similarity measures of generalized fuzzy numbers[J]. Expert System with Application, 2009, 36(1): 581-588.

[11] Hejazi S R, Doostparast A, Hosseini S M. An improved fuzzy risk analysis based on a new similarity measures of generalized fuzzy numbers[J]. Expert Systems with Applications, 2011, 38(8): 9179-9185.

[12] Kalpana M, Kumar A V S. Similarity measure between fuzzy sets, fuzzy numbers and fuzzy rules using T fuzzy assessment methodology[J]. Australian Journal of Basic and Applied Sciences, 2013, 7(8): 72-80.

[13] Wang C, Qu A J. Entropy, similarity measure and distance measure of vague soft sets and their relations[J]. Information Sciences, 2013, 244: 92-106.

[14] Son C. Similarity measuring strategy of image patterns based on fuzzy entropy and energy variations in intelligent robot's manipulative task[J]. Applied Intelligence, 2013, 38: 131-145.

[15] Xu Z Y, Shang S, Qian W B, Shu W H. A method for fuzzy risk analysis based on the new similarity of trapezoidal fuzzy numbers[J]. Expert System with Application, 2010, 37: 1920-1927.

第5章　可能性分布的合成

可能性分布合成能够综合多个传感器获得的信息, 形成对复杂系统的综合描述, 增强基于可能性分布的决策效果. 可能性分布合成研究主要包括可能性分布合成的基本概念、特点、性质、可能性分布的运算规则和合成形式及可能性分布合成方法的分类等内容.

5.1　可能性分布合成的基本概念

可能性分布合成的基本概念是将同一目标或事件不同信息源的多个可能性分布按照一定的规则或方法进行综合, 获得比单一可能性分布关于事件更精确、更可靠的描述与估计. 具体说来, 就是针对不同的可能性分布, 根据各分布的矩特征、高度、几何距离、周长、面积及质心等特征来衡量各分布间的差异, 研究多个分布的协同方法, 从而得到相应的合成结果 [1].

与单一可能性分布及分布间的运算相比, 可能性分布合成具有以下特点:

(1) 可能性分布合成能够同时包含多种运算, 考虑了各分布间的相关性和差异性, 将分布取值的点与点的运算扩展到区间与区间、集合与集合上, 可能性分布合成与其运算相比有了质的飞跃.

(2) 通过改变算子类型、运算规则及参数, 结合各种算子的优势性能, 为同一事件多个属性的同时表征提供了有效方法, 同时推动了可能性分布合成方法的研究, 丰富了可能性理论.

设 n 个可能性分布 $\pi_1, \pi_2, \cdots, \pi_n$, 其合成分布为 $\Pi(\pi_1, \pi_2, \cdots, \pi_n)$, 则可能性分布合成具有以下性质:

性质 1 (有界性)　$0 \leqslant \Pi(\pi_1, \pi_2, \cdots, \pi_n) \leqslant 1$;

性质 2 (单调性)　当 $\pi_i \leqslant \pi_j$ 时, $\Pi(\pi_1, \pi_i) \leqslant \Pi(\pi_1, \pi_j)$;

性质 3 (交换律)　$\Pi(\pi_1, \pi_i) = \Pi(\pi_i, \pi_1)$.

可能性分布合成在基础理论和工程应用方面具有以下优势:

(1) 有效衡量分布间的差异性.每一分布在所有分布中所占比重是不同的, 根据各分布的多个数字特征并加以合成, 从而对各可能性分布的差异性进行有效度量.

(2) 提高信息的互补性. 通常, 单一可能性分布只能对单个传感器关于目标对象某一特征的信息进行表征. 对多个可能性分布进行合成可以综合不同传感器间的互补信息, 得到关于对象更完备的特征空间.

(3) 提高信息的可信度. 一般情况下, 单一可能性分布提供的信息不足以使人信服, 通过其他可能性分布加以确认并合成, 从而提高信息的可信度.

(4) 降低分布的不确定性. 当可能性分布间的冲突较大时, 通过对多个可能性分布进行合成, 有效降低了对目标或事件描述或估计的不确定性.

(5) 提高决策或预测的可靠性. 可能性分布合成能充分利用一致区间和非一致区间的信息, 避免部分有价值信息的丢失, 从而提高对事件发生结果预测的可靠性.

5.2 可能性分布间的基本运算

设 $\tilde{A}$,$\tilde{B}$ 为论域 U 上的两个可能性集合, 其可能性分布分别为 $\pi_{\tilde{A}}$ 和 $\pi_{\tilde{B}}$, 令 $\tilde{A}\cup\tilde{B}$, $\tilde{A}\cap\tilde{B}$, $\tilde{A}^{\mathrm{C}}$ 分别表示可能性集合 $\tilde{A}$ 与 $\tilde{B}$ 的并集、交集、补集, 对应的可能性分布分别为 $\pi_{\tilde{A}\cup\tilde{B}}$, $\pi_{\tilde{A}\cap\tilde{B}}$, $\pi_{\tilde{A}^{\mathrm{C}}}$, 对于 X 的任一元素 x, 有

$$\pi_{\tilde{A}\cup\tilde{B}}(x) \triangleq \pi_{\tilde{A}}(x) \vee \pi_{\tilde{B}}(x) \tag{5.1}$$

$$\pi_{\tilde{A}\cap\tilde{B}}(x) \triangleq \pi_{\tilde{A}}(x) \wedge \pi_{\tilde{B}}(x) \tag{5.2}$$

$$\pi_{\tilde{A}^{\mathrm{C}}}(x) \triangleq 1-\pi_{\tilde{A}}(x) \tag{5.3}$$

此外, 交、并运算的定义如下:

$$\pi_{\tilde{A}\cup\tilde{B}} = \max(\pi_{\tilde{A}}(x), \pi_{\tilde{B}}(x)) \tag{5.4}$$

$$\pi_{\tilde{A}\cap\tilde{B}} = \min(\pi_{\tilde{A}}(x), \pi_{\tilde{B}}(x)) \tag{5.5}$$

由于交算子和并算子在运算过程中会丢失很多信息, 下面引入其他算子 [2–4].

(1) T-模算子.

定义 5.1 设 $T:[0,1]^2\to[0,1]$ 是 $[0,1]$ 上的二元函数, 若对任意的 $x,y,z\in[0,1]$, T 满足下列条件:

(i) 有界性: $T(0,0)=0, T(x,1)=T(1,x)=x$;

(ii) 单调性: 当 $x\leqslant y$ 时, $T(x,z)\leqslant T(y,z)$;

(iii) 交换律: $T(x,y)=T(y,x)$;

(iv) 结合律: $T(x,T(y,z))=T(T(x,y),z)$,

则 T 称为 $[0,1]$ 上的 T-模算子. 其中最常用的 T-模算子为合取算子 (取小算子), 该算子适用于分布存在重叠较大的情况, 而且能有效处理信息的冗余性.

(2) S-模算子.

定义 5.2 设 $S:[0,1]^2\to[0,1]$ 是 $[0,1]$ 上的二元函数, 若对任意的 $x,y,z\in[0,1]$, S 满足下列条件:

(i) 有界性：$S(0,0)=0, S(x,1)=S(1,x)=1$;

(ii) 单调性：当 $x \leqslant y$ 时, $S(x,z) \geqslant S(y,z)$;

(iii) 交换律：$S(x,y)=S(y,x)$;

(iv) 结合律：$S(x,S(y,z))=S(S(x,y),z)$,

则 S 称为 $[0,1]$ 上的 S 模算子. 其中最常用的 S-模算子为析取算子 (取大算子), 该算子适用于各分布存在重叠较小的情况, 且 $S(x,y)=1-T(1-x,1-y)$.

(3) 平均算子.

定义 5.3 设 $M:[0,1]^2 \to [0,1]$ 是 $[0,1]$ 上的二元函数, 若对任意的 $x,y,z \in [0,1]$, M 满足下列条件：

(i) 有界性：$\min(x,y,z) \leqslant M(x,y,z) \leqslant \max(x,y,z)$;

(ii) 单调性：当 $x \leqslant y$ 时, $M(x,z) \leqslant M(y,z)$;

(iii) 交换律：$M(x,y)=M(y,x)$,

则 M 称为 $[0,1]$ 上的平均算子. 它是介于合取算子和析取算子之间的一种算子, 常用的平均算子主要有算术平均、几何平均、调和平均等算子 [5-7].

(4) 环和乘积算子.

(a) 环和 $(\hat{+})$

$$\pi_{\tilde{A}\hat{+}\hat{B}}(x)=\pi_{\tilde{A}}(x)+\pi_{\tilde{B}}(x)-\pi_{\tilde{A}}(x)\cdot\pi_{\tilde{B}}(x) \tag{5.6}$$

(b) 乘积 $(*)$

$$\pi_{\tilde{A}*\hat{B}}(x)=\pi_{\tilde{A}}(x)*\pi_{\tilde{B}}(x) \tag{5.7}$$

(5) 有界算子.

(a) 有界和 $(\oplus)$

$$\pi_{\tilde{A}\oplus\hat{B}}(x)=1\wedge(\pi_{\tilde{A}}(x)+\pi_{\tilde{B}}(x)) \tag{5.8}$$

(b) 有界积 $(\otimes)$

$$\pi_{\tilde{A}\otimes\hat{B}}(x)=0\vee(\pi_{\tilde{A}}(x)+\pi_{\tilde{B}}(x)-1) \tag{5.9}$$

(6) 取大乘积算子 $(\vee,\cdot)$

$$a\vee b=\max(a,b),\quad a\cdot b=ab \tag{5.10}$$

(7) 有界和取小算子 $(\oplus,\wedge)$

$$a\oplus b=1\wedge(a+b),\quad a\wedge b=\min(a,b) \tag{5.11}$$

(8) Einstain 算子 $(\overset{+}{\varepsilon},\overset{-}{\varepsilon})$

$$a\overset{+}{\varepsilon}b=\frac{a+b}{1+ab},\quad a\overset{-}{\varepsilon}b=\frac{ab}{1+(1-a)(1-b)} \tag{5.12}$$

5.3　可能性分布合成的形式

根据对可能性分布合成结果的现象描述, 将分布合成分为点状式、不增式、不减式和增减式. 下面以两个可能性分布的合成为例来说明各合成形式, 假设 $\pi_1(x)$ 和 $\pi_2(x)$ 为两个可能性分布, $\pi(x)$ 为其合成分布.

点状式指经合成运算之后, 与 $\pi_1(x)$ 和 $\pi_2(x)$ 相比, 其合成结果得到的是一个点, 如 "先取小, 再取大" 算子, 见图 5.1(a).

不增式是指经运算后, 与 $\pi_1(x)$ 和 $\pi_2(x)$ 相比, 其一致区间的合成结果没有增加, 而非一致区间的结果却减小了, 如取小算子, 见图 5.1(b).

不减式是指与 $\pi_1(x)$ 和 $\pi_2(x)$ 相比, 其一致区间的合成结果增加了, 而非一致区间的结果没有减小, 如取大算子, 见图 5.1(c).

增减式是一致区间的合成结果增加了, 同时非一致区间的结果减小了, 如平均算子, 见图 5.1(d).

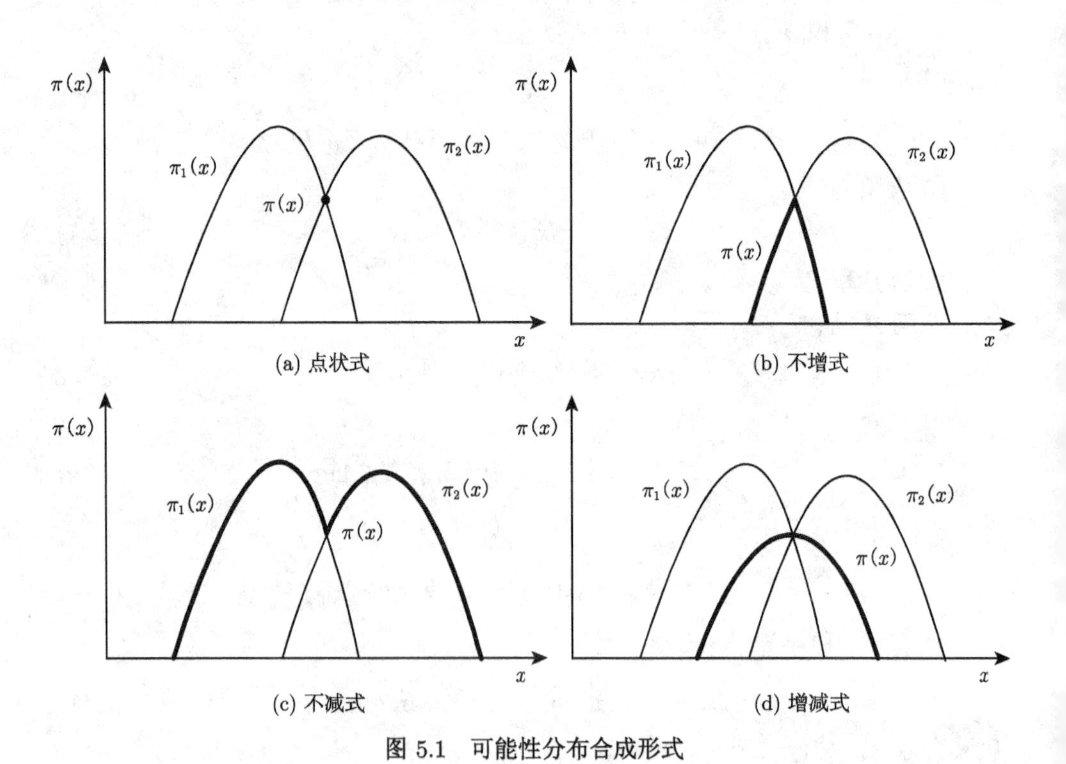

图 5.1　可能性分布合成形式

5.4 可能性分布合成方法的分类

根据可能性分布的特点及性质, 按照合成方法的适用范围及分布类型的不同, 将其分为三类:

(1) 基于多算子的可能性分布合成法: 直接利用已有算子, 如 T-模算子、S-模算子及平均算子等对可能性分布进行合成, 这种方法简单易于实现, 但以各分布权重均相等为假设条件.

(2) 基于对数回归加权的非线性可能性分布合成方法: 一般情况下, 各分布在合成中所占的地位是不同的, 即可能性分布的权重不同, 通过计算分布间的相似测度给各分布赋予相应权重, 从而得到合成结果, 该方法一般用于线性及非线性可能性区间数的合成;

(3) 基于可能性分布确定度的合成方法: 通过计算各分布的确定度, 并以此为据, 确定各可能性分布权重, 对各可能性分布进行合成, 该方法用于一般可能性分布 (如 S 型分布和 Z 型分布等) 的合成.

5.5 基于多算子的可能性分布合成法

单一基本运算无法满足合成需要, 需同时采用多个算子对可能性分布进行合成. 已知两个可能性分布 $\pi_1(x)$ 和 $\pi_2(x)$, 构造如下的可能性分布合成规则 [8,9]:

$$\pi(x)=\begin{cases} T(\pi_1(x),\pi_2(x))+1-\sup\min(\pi_1(x),\pi_2(x)), & x\in[b,c] \\ \min(S(\pi_1(x),\pi_2(x)),1-\sup\min(\pi_1(x),\pi_2(x))), & x\in[a,b)\cup(c,d] \end{cases} \tag{5.13}$$

其中, $[b,c]$ 表示一致区间, $[a,b)$ 和 $(c,d]$ 为非一致区间, $\sup\min(\pi_1(x),\pi_2(x))$ 表示两个可能性分布提供信息的一致度, 即两个分布交集的高度. 以最小算子为例, 对于 n 个可能性分布而言, 设 $m\leqslant n$(m 和 n 均为正整数), $k=\sup\min\pi_i(x), i=1,2,\cdots,m$,$u=\max\{m|k=1\}$, $v=\max\{m|k\geqslant 0\}$, 则合成后的可能性分布为

$$\pi(x)=\begin{cases} \min_{|i|=v}\pi_i(x)+1-\sup\min_{|i|=v}\pi_i(x), & x\in\text{一致区间} \\ \min(\max\min_{|i|=u}\pi_i(x),1-\sup\min_{i=1,v}\pi_i(x)), & x\in\text{非一致区间} \end{cases} \tag{5.14}$$

T-模算子具有不同的表现形式, 如表 5.1 所示, 其中, q 表示算子跨度. 根据不同的 T-模算子可得到其相应的分布结果.

表 5.1 T-模算子的不同表现形式

T-模算子	q 值	x 和 y 的相关类型
$T_1(x,y)=\max(0,x+y-1)$	$q=-1$	极度负相关
$T_2(x,y)=\max(0,(x^{0.5}+y^{0.5}-1))^2$	$q=-0.5$	局部负相关
$T_3(x,y)=x\cdot y$	$q\to 0$	不相关
$T_4(x,y)=(x^{-0.5}+y^{-0.5}-1)^{-0.5}$	$q=0.5$	轻度正相关
$T_5(x,y)=(x^{-1}+y^{-1}-1)^{-1}$	$q=1$	局部正相关
$T_6(x,y)=\min(x,y)$	$q\to\infty$	极度正相关

由表 5.1 可知, 当 x 和 y 互斥时, 选用 T_1 算子; 当 x 和 y 不相关时 (与证据理论中各证据间相互独立类似), 选用 T_3 算子; 当 x 包含于 y 或 y 包含于 x 时, 选用 T_6 算子; 当 x 和 y 处于负相关或正相关的中间状态时, 选用 T_2, T_4 和 T_5 算子. 在实际应用中, 根据 x 和 y 的关系, 选择合适的算子对可能性分布进行合成, 各种算子及其俯视图的比较如图 5.2 所示, 其俯视图更能直观地说明 x 和 y 之间的关系.

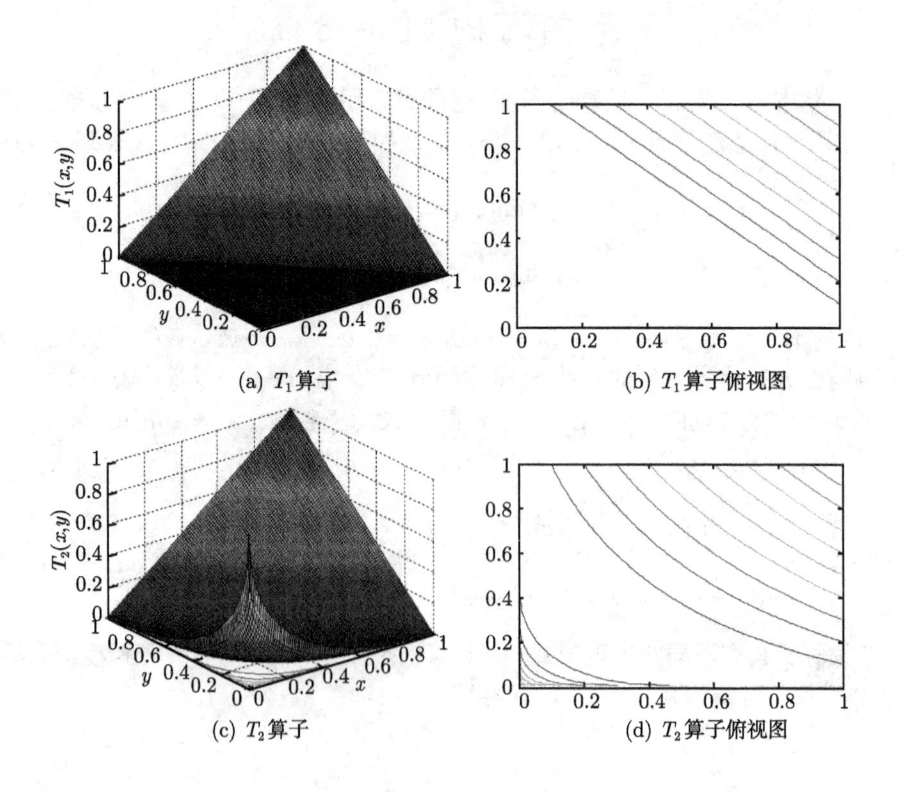

(a) T_1 算子 (b) T_1 算子俯视图

(c) T_2 算子 (d) T_2 算子俯视图

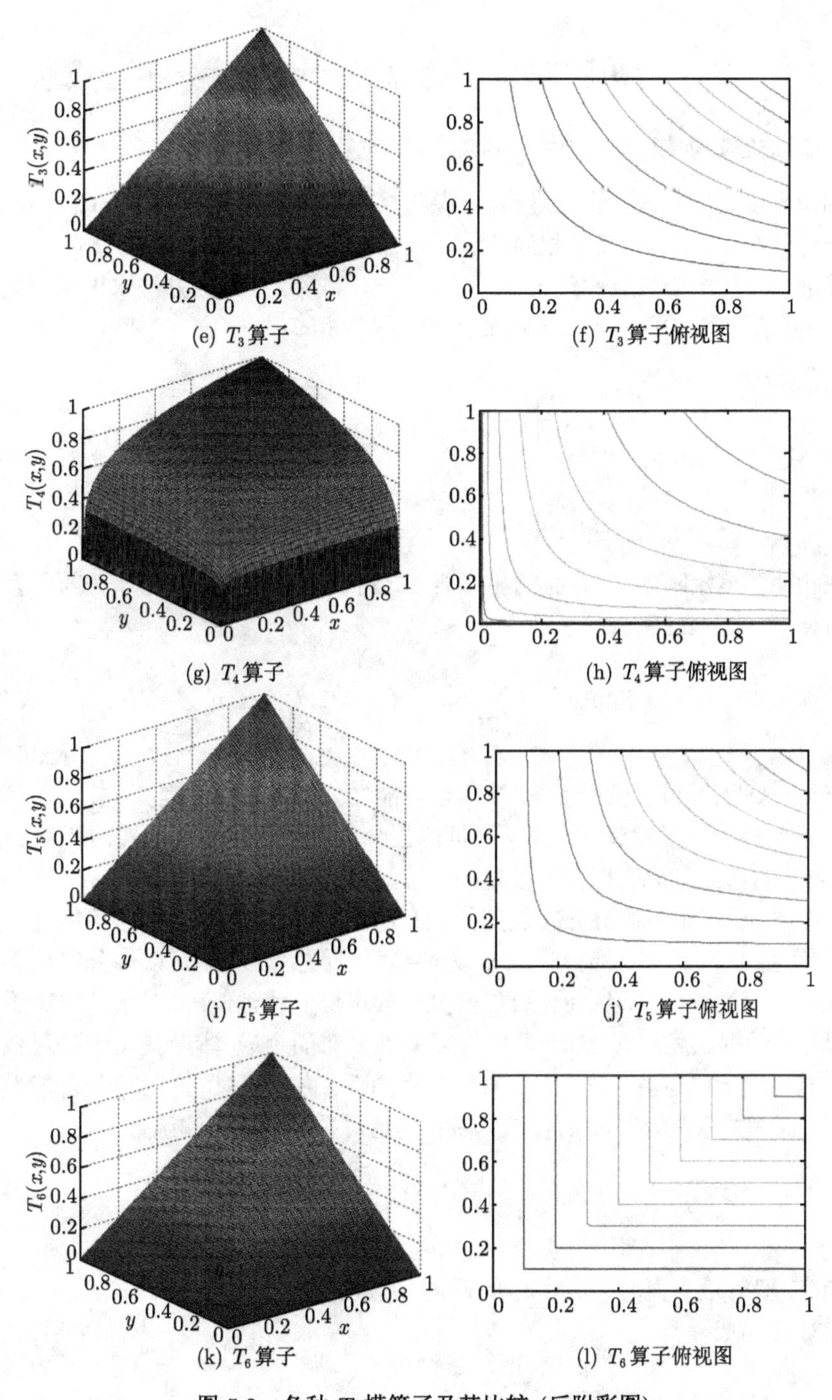

(e) T_3 算子　(f) T_3 算子俯视图

(g) T_4 算子　(h) T_4 算子俯视图

(i) T_5 算子　(j) T_5 算子俯视图

(k) T_6 算子　(l) T_6 算子俯视图

图 5.2　各种 T-模算子及其比较 (后附彩图)

5.6 基于对数回归加权的非线性可能性分布合成法

5.6.1 对数回归加权合成方法

相似测度 $S(\pi_A,\pi_B)$ 的取值越大, 说明相似程度越高. 当 $S(\pi_A,\pi_B)=1$ 时, 说明可能性分布 π_A 和 π_B 完全相同; 当 $S(\pi_A,\pi_B)=0$ 时, 说明可能性分布 π_A 和 π_B 完全冲突. 对于 n 个可能性分布 $\pi_1,\pi_2,\cdots,\pi_n$, 利用 4.4 节的方法求出两两之间的相似测度, 从而得到关于可能性分布的相似测度矩阵:

$$S=\begin{bmatrix} S_{11} & S_{12} & \cdots & S_{1n} \\ S_{21} & S_{22} & \cdots & S_{2n} \\ \vdots & \vdots & & \vdots \\ S_{n1} & S_{n2} & \cdots & S_{nn} \end{bmatrix} \tag{5.15}$$

在相似测度矩阵中, 除自身的相似测度之外的与该可能性分布相关的所有元素相加可得对 π_i 的支持度:

$$\mathrm{Sup}(\pi_i)=\sum_{\substack{j=1\\ j\neq i}}^{n} S_{ij},\quad i,j=1,2,\cdots,n \tag{5.16}$$

其中, $\mathrm{Sup}(\pi_i)$ 表示可能性分布 π_i 被其他可能性分布所支持的程度. 相似测度越高, 说明相互支持的程度就越大; 若某一可能性分布与其他可能性分布的相似测度越小, 说明它们相互支持的程度也就越小.

一般来说, 一个可能性分布被其他分布所支持的程度越高, 则该可能性分布的可信度就越大, 同时该分布赋予的权重应越大; 反之, 若一个可能性分布被其他分布所支持的程度越低, 则认为该可能性分布的可信度就越低, 此时该分布赋予的权重应越小. 根据上述思想, 对于非线性可能性分布的合成, 本节提出一种对数回归加权合成方法来确定各分布权重. 具体过程如下: 由于相似测度 S_{ij} 与可能性分布 π_i 和 π_j 都有关系, 假设 π_i 的权重为 w_i, 构造对数误差平方和函数:

$$F_i=\sum_{j=1}^{n}\left(\ln S_{ij}-\ln\left(\frac{w_i}{w_j}\right)\right)^2,\quad i=1,2,\cdots,n \tag{5.17}$$

当 F_i 取得最小值时, 得到 π_i 的权重 w_i 最优解. 令 $a_{ij}=\ln S_{ij}, x_i=\ln w_i$, 则式 (5.17) 可写成

$$F_i=\sum_{j=1}^{n}(a_{ij}-x_i+x_j)^2,\quad i=1,2,\cdots,n \tag{5.18}$$

令 $\dfrac{\partial F_i}{\partial x_j} = 0$, 则得到方程组

$$x_i - \sum_{j=1}^{n} x_j = \sum_{j=1}^{n} a_{ij}, \quad i = 1, 2, \cdots, n \tag{5.19}$$

求解可得到 x_i, 则各可能性分布的权重为

$$w_i = \frac{\exp x_i}{\sum_{i=1}^{n} \exp x_i} \tag{5.20}$$

5.6.2 实例分析

(1) 检测系统.

金属与非金属材料粘接结构在航空航天、核工业、化工、石油及其他国防和民用领域均有着广泛的应用, 如, 固体火箭发动机中金属壳体与内壁绝热层/包覆层的粘接、飞机蒙皮/衬层的粘接、制动装置的非金属刹车材料与金属粘接构件的粘接、油井中输油管道与其仿腐蚀材料的粘接、大型油压机台面与支柱的粘接等, 如图 5.3 所示. 无论是在粘接结构的制造过程中还是使用过程中, 对金属与非金属之间的粘接质量要求较高, 粘接界面即使有微小的缺陷也有可能导致致命的破坏, 若出现粘接不良、气泡及局部脱粘的情况将会引发严重的事故, 因此粘接结构的质量和安全受到了社会各界的高度关注.

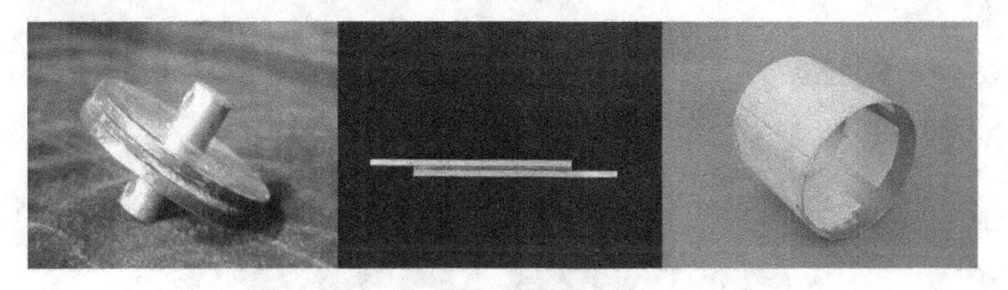

图 5.3 不同粘接结构

声激励检测技术作为金属与非金属粘接结构性能检测中的一种行之有效的手段, 其主要是对声信号的识别过程, 对粘接结构性能进行检测的一大关键在于提取和选择能反映声信号的粘接特征, 因此, 对声信号的特征进行有效分析在粘接检测和识别中是非常重要的 [10].

检测系统主要包括检测台、微力发生装置、被测试件、阵列传感器、声屏蔽、多路信号前置放大器、多路信号采集卡及计算机等, 其工作台如图 5.4 所示.

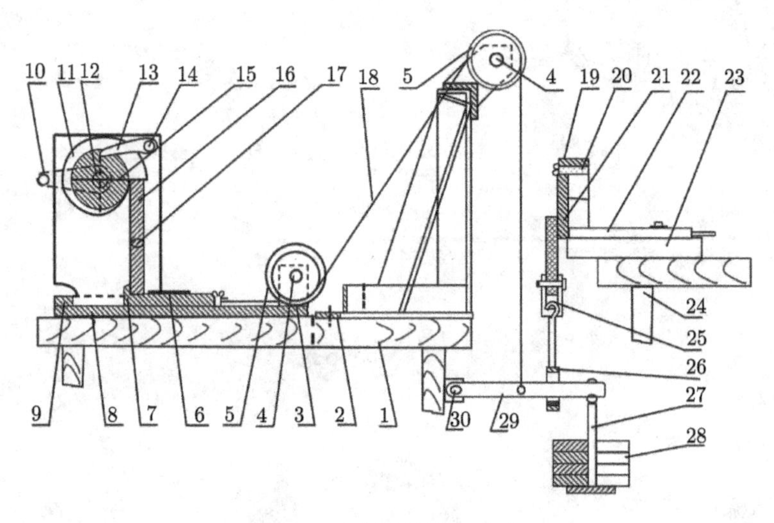

图 5.4　声激励检测工作台

1. 大工作台 2. 滑轮支架 3. 滑轮座 4. 滑轮轴 5. 滑轮 6. 导板 7. 拉杆 8. 床板 9. 凸轮支架 10. 曲柄 11. 凸轮 12. 凸轮轴 13. 棘爪 14. 棘爪轴 15. 棘轮 16. 推杆 17. 推杆轴 18. 钢丝绳 19. 钢制试件 20. 耦合螺丝 21. 有机玻璃测试件 22. 声传感器 23. 试件支撑 24. 小工作台 25. 联轴器试件 26. 受力拉舍 27. 配重勾 28. 配重 29. 应力杆 30. 铰链

(2) 检测数据.

将多个传感器按照粘接结构的形状布成相应的阵列, 并对每个传感器进行物理屏蔽隔离. 本节的试验试件采用的是有机玻璃与不锈钢相粘接的结构, 其规格为 15cm×10cm×2cm, 图 5.5 分别表示两种剪切强度和两种粘接面积的试验试件, 表 5.2 为剪切强度和粘接面积的具体参数.

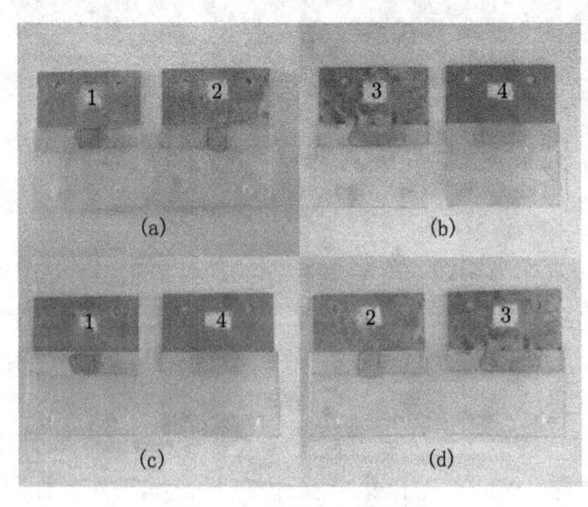

图 5.5　不同的试验试件

表 5.2　不同实验试件剪切强度和粘接面积的具体参数

实验试件序号	剪切强度/(kg/ cm^2)	粘接面积/cm^2
1	200	2×2
2	90	2×2
3	90	4×2
4	200	4×2

将实验试件 4 作为标准实验试件, 其他三种试件作为被测试件. 对标准试件进行 30 次试验并通过阵列传声器 (图 5.6) 对粘接结构施加微力后激励出声音信号, 对声音信号分别进行时域、频域以及复倒频谱域分析, 得到信号的均值、方差、自相关序列的质心、复倒频谱域的最大值、频段 80～266Hz 信号的幅值方差等 5 种特征参数, 具体实验数据如表 5.3 所示.

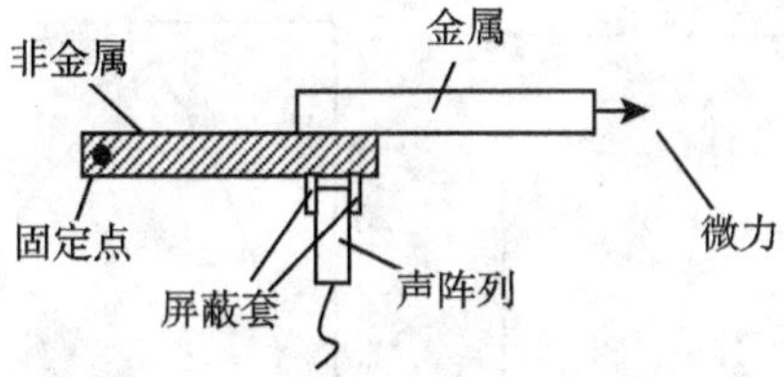

图 5.6　阵列传声器检测示意图

表 5.3　实验试件 4 的声信号特征参数的实验数据

均值 ($\times10^3$)									
2.022	2.019	2.021	2.016	2.018	2.020	2.018	2.017	2.015	2.017
2.041	2.032	2.025	2.023	2.016	2.021	2.038	2.042	2.045	2.024
2.037	2.029	2.019	2.017	2.022	2.036	2.025	2.015	2.031	2.043
方差 ($\times10^2$)									
7.025	6.650	6.530	6.649	6.563	6.496	6.678	6.767	6.637	6.548
6.824	6.741	6.552	6.623	7.012	6.832	6.533	6.691	6.724	6.831
6.748	6.889	7.011	6.976	6.890	6.952	6.829	6.743	6.762	6.815
自相关序列的质心									
22.54	21.80	23.81	23.11	22.79	19.99	22.89	20.58	22.84	20.15
21.71	22.39	23.05	21.76	19.86	20.47	21.46	20.95	20.67	20.02
21.83	20.54	23.73	22.54	21.08	20.79	21.32	22.05	20.73	22.52
复倒频谱域最大值									
158.02	175.43	137.95	207.35	175.95	109.28	154.02	161.38	163.57	143.59
204.63	182.94	156.82	178.24	160.86	174.26	120.53	149.76	186.29	174.37
193.34	183.27	130.42	133.28	156.94	112.39	182.62	173.80	153.39	167.02
频段 80～266Hz 的幅值方差 ($\times10^4$)									
5.385	4.278	3.963	3.948	4.632	5.896	3.827	4.624	4.577	4.724
5.020	5.118	4.794	4.027	5.088	5.219	4.298	4.461	3.998	5.107
4.927	5.520	4.291	4.382	4.548	5.273	5.069	4.311	4.720	5.683

(3) 分布构造及合成.

在特征分析中, 考虑到声音信号采集和粘接检测特征提取中的不确定性, 根据表 5.3 中的实验数据以及各特征参数的变化, 并对其进行等极性化处理, 构造各特征参数的可能性分布 (表 5.4), 其图形表示如图 5.7 所示.

表 5.4　各特征参数的可能性分布

各特征参数	可能性分布
均值	$[3.3989, 3.4243, 3.4498; 1]_2$
方差	$[0.0964, 0.1137, 0.1410; 1]_{0.5}$
自相关序列的质心	$[0.0019, 0.0038, 0.0051; 1]$
复倒频谱域最大值	$[0.0085, 0.0271, 0.0326; 1]$
频段 80~266Hz 的幅值方差	$[1.4562, 7.7495, 14.6686; 1]_{0.5}$

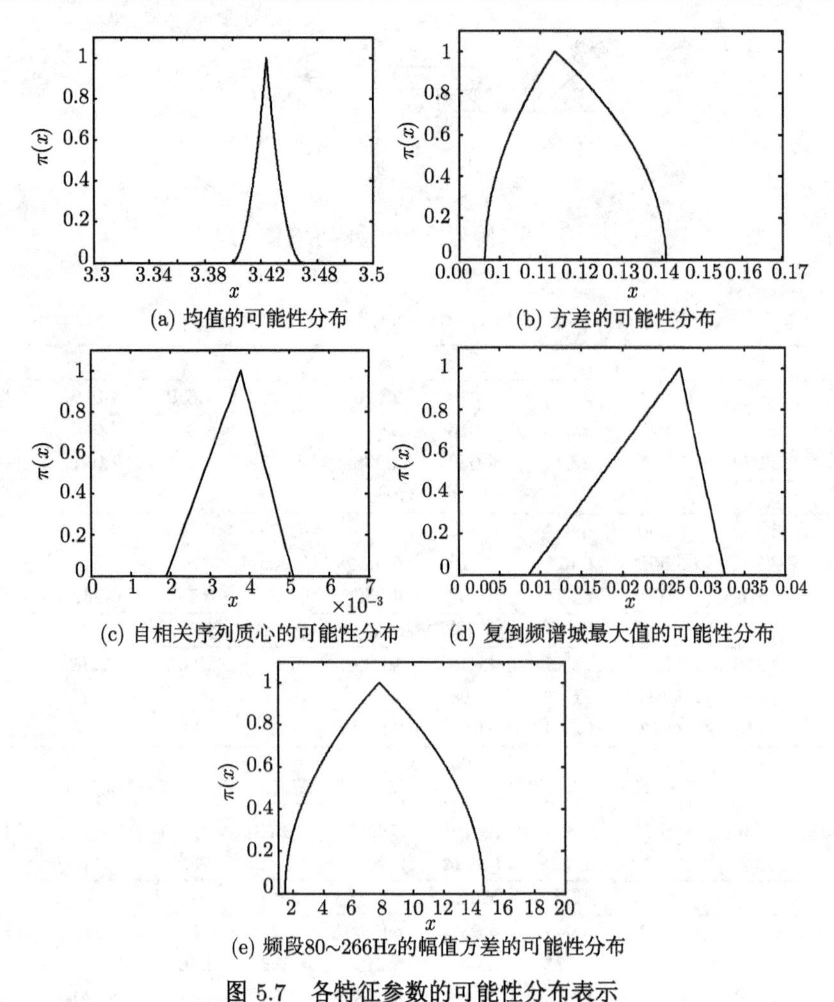

(a) 均值的可能性分布

(b) 方差的可能性分布

(c) 自相关序列质心的可能性分布

(d) 复倒频谱城最大值的可能性分布

(e) 频段80~266Hz的幅值方差的可能性分布

图 5.7　各特征参数的可能性分布表示

利用本节方法对各分布进行相似测度计算，则可得到关于分布的相似测度矩阵：

$$S = \begin{bmatrix} 1 & 0.0237 & 0.0129 & 0.0246 & 0.0002 \\ 0.0237 & 1 & 0.3382 & 0.4951 & 0 \\ 0.0129 & 0.3382 & 1 & 0.4077 & 0 \\ 0.0246 & 0.4951 & 0.4077 & 1 & 0 \\ 0.0002 & 0 & 0 & 0 & 1 \end{bmatrix}$$

利用 5.6.1 节方法求出各特征参数可能性分布的权重为

$$w_1 = 0.0001, \quad w_2 = 0.3636, \quad w_3 = 0.1630, \quad w_4 = 0.4550, \quad w_5 = 0.0183$$

现对被测试件 1 做三次实验，可得到三组不同的特征参数，分别判断其作为粘接特征的可能性程度，并与取大取小方法得到的结果进行比较，各特征参数的具体数据和合成结果见表 5.5.

表 5.5 三组不同的特征参数作为粘接特征的可能性程度

序号	均值	方差	自相关序列的质心	复倒频谱域最大值	频段 $80 \sim 266\text{Hz}$ 的幅值方差	取大取小方法	本节方法
1	3.4134	0.0974	0.0023	0.0161	2.1875	0.5610	0.3139
2	3.4235	0.1039	0.0029	0.0293	3.7325	0.5610	0.6093
3	3.4285	0.1149	0.0042	0.0274	9.0096	0.5610	0.9152

从表 5.5 中可以看出，对于三组不同的特征量，利用取大取小方法得到的结果都是 0.5610，即这三组特征量作为粘接检测特征的可能性程度均为 0.5610，这个结论不合理且不符合实际，原因在于该方法未考虑这 5 种特征量对粘接检测的影响程度，从而导致合成结果错误.

(4) 实验结果分析.

本节考虑了声信号采集和特征提取中的不确定性，以及各特征参数的差异性. 通过计算每一特征参数与其他参数的相似测度，得到相似测度矩阵 S，在此基础上，提出一种对数回归加权合成方法，从而确定各分布的权重. 根据权重计算结果可知，方差和复倒频谱域最大值的权重远大于其他特征. 对于表 5.5 中第一组实验来说，方差和复倒频谱域最大值作为粘接特征的可能性程度分别为 $\pi_2(0.0974) = 0.2404$，$\pi_4(0.0161) = 0.4086$，在第二组和第三组实验中，这两种特征的可能性程度分别为 $\pi_2(0.1039) = 0.6584$，$\pi_4(0.0293) = 0.6000$ 和 $\pi_2(0.1149) = 0.9778$，$\pi_4(0.0274) = 0.9639$. 不难看出，对于这两种特征来说，第一组的可能性程度均比第二组和第三组小，而且第二组的可能性程度介于第一组和第三组之间，显然本节提出的方法可能性程度顺序与其一致, 因此, 本节提出的对数回归加权合成方法是有效可行的. 当特征参数的取值不同时, 其作为粘接特征的可能性程度也不同, 这为金属与非金属粘接特征的提取提供了有效依据.

5.7　基于确定度的可能性分布合成法

上节方法可对可能性区间数进行有效合成, 本节针对可能性区间数之外的可能性分布, 如 Z 型分布、S 型分布及其混合分布等, 提出了一种基于确定度的可能性分布合成方法. 对于多源检测系统来说, 首先建立特征参数和检测性能的关系, 考虑到各特征参数对检测性能的贡献不同, 给出了一种基于可能性分布整体和局部特征的确定度计算方法, 根据确定度的大小给各检测特征赋予相应的权重, 实现各特征可能性分布间的合成, 为多源检测系统中的性能识别奠定良好的基础.

5.7.1　特征参数与检测性能之间的关系

各特征参数从不同侧面、不同程度反映了系统性能的好坏, 而且检测特征与其性能间的关系存在不确定性, 通过可能性分布函数将两者的不确定性关系进行量化. 根据大量实验以及各特征参数对粘接性能的影响, 将提取的特征参数分为三类: 成本型特征、效益型特征和中间型特征.

对于成本型特征 (如方差等), 该类特征的值越小, 其对应的检测性能就越好 [11], 采用 Z 型分布来构造两者间的可能性分布函数:

$$\pi(x)=\begin{cases}1, & 0\leqslant x<a\\ 1-\dfrac{1}{2}\left(\dfrac{x-a}{b-a}\right)^2, & a\leqslant x<b\\ \dfrac{1}{2}\left(\dfrac{x-1}{b-1}\right)^2, & b\leqslant x\leqslant 1\end{cases}\tag{5.21}$$

对于效益型特征 (自相关序列的质心等), 通过实验可知自相关序列的波形与检测性能有关, 且信号频谱的质心反映了信号主要频率成分, 其频率越高对应检测性能效果越好, 采用 S 型分布来构建其可能性分布函数:

$$\pi(x)=\begin{cases}\dfrac{1}{2}\left(\dfrac{x}{a}\right)^2, & 0\leqslant x<a\\ 1-\dfrac{1}{2}\left(\dfrac{x-b}{b-a}\right)^2, & a\leqslant x<b\\ 1, & b\leqslant x\leqslant 1\end{cases}\tag{5.22}$$

而对于中间型特征 (如均值), 该特征处于中间值时, 对应的检测性能最好, 即可能度为 1. 构造如下的可能性分布函数:

$$\pi(x)=\begin{cases}\dfrac{1}{2}\left(\dfrac{x}{a}\right)^2, & 0\leqslant x<a\\ 1-\dfrac{1}{2}\left(\dfrac{x-b}{b-a}\right)^2, & a\leqslant x<b\\ 1, & b\leqslant x\leqslant c\\ 1-\dfrac{1}{2}\left(\dfrac{x-c}{d-c}\right)^2, & c\leqslant x<d\\ \dfrac{1}{2}\left(\dfrac{x-1}{d-1}\right)^2, & d\leqslant x<1\end{cases} \tag{5.23}$$

其中, a, b, c, $d\in[0,1]$ 为阈值, 可通过实验来获取. 同理根据各检测特征与检测性能的关系, 可构造其他检测特征与检测性能的可能性分布函数.

5.7.2 可能性分布确定度计算

现有方法认为每一特征对检测性能的贡献是相同的, 未考虑检测特征对性能影响的差异性, 不能准确描述各特征对系统性能的影响程度, 导致对系统性能检测造成了很大误差. 针对此问题, 下面提出一种基于可能性分布整体和局部特征的确定度计算方法, 根据确定度的大小给各检测特征赋予相应的权重, 实现可能性分布间的合成 [11].

设集合 A 的 λ-可能性截集 $A_\lambda=[a_1(\lambda),a_2(\lambda)]$, $\lambda\in[0,1]$, 则将 A_λ 的扩展定义为

$$\delta_\lambda=a_2(\lambda)-a_1(\lambda) \tag{5.24}$$

A_λ 的中点定义为

$$m_\lambda=\frac{a_1(\lambda)+a_2(\lambda)}{2} \tag{5.25}$$

若 U_λ 是 A_λ 上的均匀概率分布, 则 U_λ 的概率均值为 m_λ, 由 m_λ 推导出集合 A 的可能性均值为

$$M(A)=\int_0^1 m_\lambda 2\lambda\mathrm{d}\lambda=\int_0^1\frac{a_1(\lambda)+a_2(\lambda)}{2}2\lambda\mathrm{d}\lambda=\int_0^1(a_1(\lambda)+a_2(\lambda))\lambda\mathrm{d}\lambda \tag{5.26}$$

对于一般分布 $f(\lambda)$, 集合 A 的 f-加权可能性均值 [12,13] 为

$$M_f(A)=\int_0^1\frac{a_1(\lambda)+a_2(\lambda)}{2}f(\lambda)\mathrm{d}\lambda \tag{5.27}$$

其中, 可能性均值体现了可能性分布的整体特征, 而截集的中点和扩展反映了其局部特征, 将两者结合进行可能性分布间的排序能够反映出各可能性分布的同一性和差异性.

定义离散可能性分布基于整体和局部特征的确定度为

$$Y_A=\beta_1 M(A)+\beta_2\frac{\sum_{i=1}^{n}\lambda_i[\alpha_1 m_{\lambda_i}+\alpha_2(1-\delta_{\lambda_i})]}{\sum_{i=1}^{n}\lambda_i} \tag{5.28}$$

而连续可能性分布的确定度为

$$\begin{aligned}Y_A&=\beta_1 M(A)+\beta_2\frac{\int_0^1\lambda[\alpha_1 m_\lambda+\alpha_2(1-\delta_\lambda)]\mathrm{d}\lambda}{\int_0^1\lambda\mathrm{d}\lambda}\\&=\beta_1 M(A)+2\beta_2\left[\int_0^1\lambda[\alpha_1 m_\lambda+\alpha_2(1-\delta_\lambda)]\right]\mathrm{d}\lambda\end{aligned} \tag{5.29}$$

其中, $\beta_1+\beta_2=1$, $\alpha_1+\alpha_2=1$.

需要指出的是, 在对各检测特征的可能性分布进行排序时, 需将各可能性分布的可能性均值平移到原点, 使得所有的可能性分布都有一个统一的排序基点. 这种排序方法能够准确反映出各可能性分布的优先程度, 且无需对可能性分布函数进行两两比较, 计算简便, 便于工程使用.

根据上述各可能性分布确定度的大小, 给各检测特征赋予相应的权重. 确定度越大, 说明该可能性分布的不确定度越小, 相应地, 赋予该可能性分布的权值就越大. 设第 j 个检测特征记为 $A_j(j=1,2,\cdots,p)$, 该特征与检测性能间的可能性分布为 $\pi_{A_j}(x)$, 则第 j 个检测特征的权重为

$$w_j=\frac{Y_{A_j}}{\sum_{j=1}^{p}Y_{A_j}} \tag{5.30}$$

且 $\sum_{j=1}^{p}w_j=1$, 则 p 个检测特征与检测性能间的可能性分布的合成结果为

$$\pi(x)=\sum_{j=1}^{p}w_j\pi_{A_j}(x) \tag{5.31}$$

5.7.3 实例分析

本节仍利用表 5.3 各特征参数的实验数据, 分别构造其与检测性能间的可能性分布函数, 如图 5.8 所示.

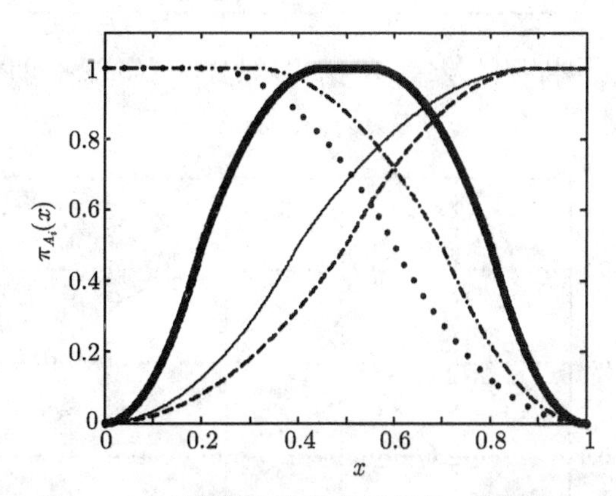

图 5.8 各粘接特征与粘接性能的可能性分布

图 5.8 中, 横轴表示各特征参数的归一化值, 实线、虚线、点线、点虚线以及粗线分别表示复倒频谱域最大值、自相关序列的质心、方差、频段 80~266Hz 的幅值方差及均值与粘接性能的关系, 并利用式 (5.29) 计算各可能性分布的确定度以及各粘接特征对应的权重, 以复倒频谱域最大值与检测性能的可能性分布为例, 其确定度 Y_{A_i} 与 α_1, β_1 的关系如图 5.9 所示.

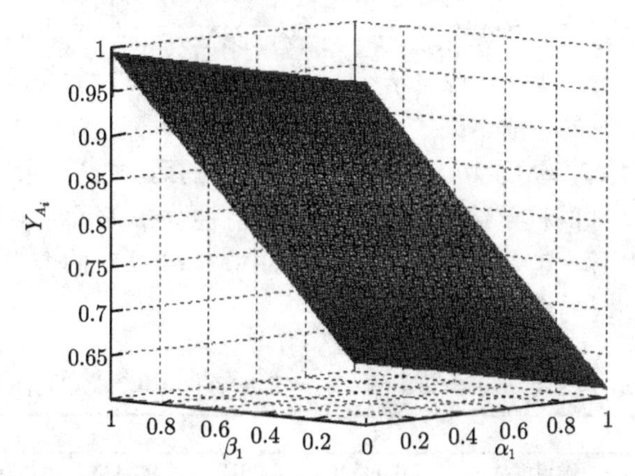

图 5.9 确定度 Y_{A_i} 与 α_1, β_1 的关系 (后附彩图)

当 $\alpha_1 = 0.5, \beta_1 = 0.5$ 时, 计算各可能性分布的确定度 Y_{A_i} 以及各特征参数的权重 w_i, 结果见表 5.6.

表 5.6　当 $\alpha_1 = 0.5, \beta_1 = 0.5$ 时, Y_{A_i} 和 w_i 的值

	A_1	A_2	A_3	A_4	A_5
确定度Y_{A_i}	0.9927	0.9860	0.3333	0.3471	0.6436
权重w_i	0.3006	0.2985	0.1009	0.1051	0.1949

此时, 按照各粘接特征的权重, 根据式 (5.31) 可实现各可能性分布间的合成, 如图 5.10 所示.

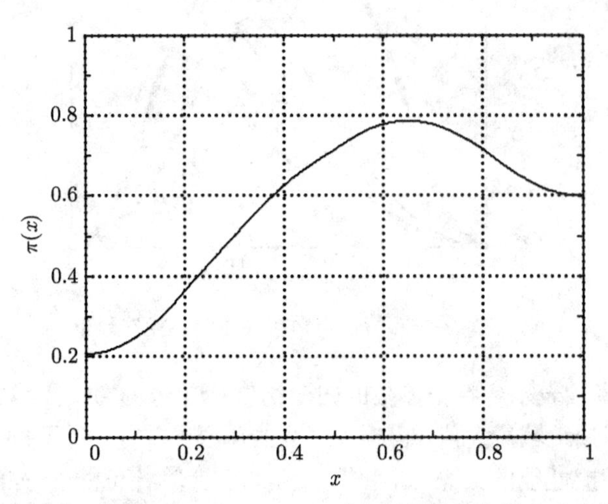

图 5.10　当 $\alpha_1 = 0.5, \beta_1 = 0.5$ 时各可能性分布的合成结果

对于 $\alpha_1 = 0.5, \beta_1 = 0.9$ 和 $\alpha_1 = 0.5, \beta_1 = 0.1$ 的两种情况, 各可能性分布的确定度以及各粘接特征的权重结果见表 5.7, 各可能性分布在区间 $[0.5, 0.8]$ 的合成结果如图 5.11 (a) 所示, 其中虚线表示 $\alpha_1 = 0.5, \beta_1 = 0.9$ 时的合成结果, 实线表示 $\alpha_1 = 0.5, \beta_1 = 0.1$ 时的合成结果.

对于 $\alpha_1 = 0.1, \beta_1 = 0.5$ 和 $\alpha_1 = 0.9, \beta_1 = 0.5$ 的两种情况, 各可能性分布的确定度以及各粘接特征的权重结果见表 5.8, 各可能性分布在区间 $[0.5, 0.8]$ 的合成结果如图 5.11 (b) 所示, 其中虚线表示 $\alpha_1 = 0.9, \beta_1 = 0.5$ 时的合成结果, 实线表示 $\alpha_1 = 0.1, \beta_1 = 0.5$ 时的合成结果.

表 5.7　当 $\alpha_1 = 0.5, \beta_1 = 0.9$ 和 $\alpha_1 = 0.5, \beta_1 = 0.1$ 时, Y_{A_i} 和 w_i 的值

		A_1	A_2	A_3	A_4	A_5
$\alpha_1 = 0.5\ \beta_1 = 0.9$	确定度 Y_{A_i}	0.9939	0.9819	0.3333	0.3581	0.6172
	权重 w_i	0.3026	0.2990	0.1015	0.1090	0.1879
$\alpha_1 = 0.5\ \beta_1 = 0.1$	确定度 Y_{A_i}	0.9915	0.9902	0.3333	0.3361	0.6701
	权重 w_i	0.2985	0.2981	0.1004	0.1012	0.2018

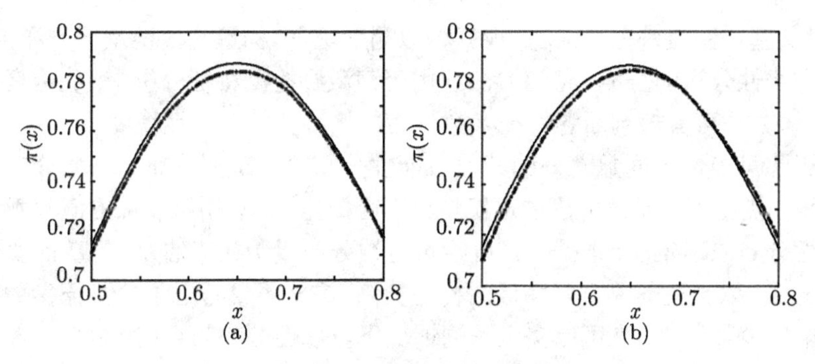

图 5.11 不同情况下各可能性分布的合成结果

表 5.8 当 $\alpha_1 = 0.9, \beta_1 = 0.5$ 和 $\alpha_1 = 0.1, \beta_1 = 0.5$ 时, Y_{A_i} 和 w_i 的值

		A_1	A_2	A_3	A_4	A_5
$\alpha_1 = 0.9\ \beta_1 = 0.5$	确定度 Y_{A_i}	0.9939	0.9872	0.3333	0.3471	0.6172
	权重 w_i	0.3031	0.3011	0.1017	0.1059	0.1882
$\alpha_1 = 0.1\ \beta_1 = 0.5$	确定度 Y_{A_i}	0.9915	0.9849	0.3333	0.3471	0.6701
	权重 w_i	0.2980	0.2960	0.1002	0.1043	0.2015

从上述结果中可以看出, 当 α_1, β_1 取不同值时, 各可能性分布的合成结果也在相应的变化. 根据实际工程需求, 确定 α_1, β_1 的值, 从而实现可能性分布的合成. 将该方法用于多源检测系统中, 考虑了各特征参数对粘接性能的协同性和差异性, 有效综合了各粘接特征对粘接性能的影响程度, 而且可得到不同情况下可能性分布的合成结果, 为系统性能的有效判别提供有效依据.

5.8 本章小结

本章给出了可能性分布合成的基本概念, 研究了分布合成的性质, 归纳总结了可能性分布合成的特点及优势, 分析了分布的点状式、不增式、不减式及增减式等合成形式. 同时, 重点研究了可能性分布合成方法的分类, 包括: 基于多算子的可能性分布合成法、基于对数回归加权的非线性可能性分布合成法及基于确定度的可能性分布合成法.

通过对不同形式的 T-模算子进行比较和分析提出了一种基于多算子的可能性分布合成方法, 可根据实际问题中自变量的关系选择合适的 T-模算子, 对可能性分布进行合成.

针对非线性可能性分布, 提出了基于对数回归加权的非线性可能性分布合成方法, 现有相似测度方法只能计算矩形可能性区间数、三角可能性区间数以及梯形可能性区间数等线性分布的相似测度, 本章提出了适用于非线性可能性分布的相似测度, 并对其基本性质进行了证明, 根据相似测度矩阵, 构造对数误差平方和函数, 从而实现非线性分布的合成. 将该方法应用于声激励检测特征分析中, 从仿真结果可以看出, 该方法可有效判断各特征参数作为粘接特征的可能性程度.

对于除可能性区间数之外的其他可能性分布 (如 S 型分布、Z 型分布及其混合分布等), 提出了基于确定度的可能性分布合成方法, 利用可能性均值和截集计算各可能性分布的确定度, 根据确定度给可能性分布赋予相应的权重, 从而实现可能性分布合成. 以金属与非金属粘接结构为例, 该方法不仅考虑了各特征参数对粘接性能影响的差异性, 而且可以实现不同情况下可能性分布的合成, 为系统性能的有效判别提供有效依据.

参考文献

[1] 吉琳娜. 可能性分布合成理论及其工程应用研究 [D]. 中北大学博士学位论文, 2015.

[2] Zadeh L A. Fuzzy sets as a basis for a theory of possibility[J]. Fuzzy Sets and Systems, 1978, 1(1): 3-28.

[3] Klir G J. Yuan Y. Fuzzy Set and Fuzzy Logic: Theory and Applications[M]. New York: Prentice-Hall Inc, 1995.

[4] Dujmović J J, Larsen H L. Generalized conjunction/disjunction[J]. International Journal of Approximate Reasoning, 2007, 46(3): 423-446.

[5] Dubois D, Esteva F, Godo L, Prade H. An Information-based discussion of vagueness[C]. The 10th IEEE International Conference on Fuzzy Systems, Toulouse, 2001: 781-784.

[6] Oussalah M. Study of some algebrical properties of adaptive combination rules[J]. Fuzzy Sets and Systems, 2000, 114(3): 391-409.

[7] 周新宇. 基于多源信息不确定性的可能性融合方法研究 [D] 中北大学硕士学位论文, 2012.

[8] Ji L N, Yang F B, Wang X X. An uncertain information fusion method based on possibility theory in multisource detection systems [J]. OPTIK, 2014, 125(16): 4583-4587.

[9] Ji L N, Yang F B, Wang X X. A possibility estimation model and its application[J]. Applied Mechanics and Materials, 2014, 423-427.

[10] 李盼. 金属与非金属粘接结构微声激励融合检测技术 [D]. 中北大学硕士学位论文, 2012.

[11] Dubois D, Prade H. Possibility theory and its applications: A retrospective and prospective view[C]. 12th IEEE International Conference on Fuzzy Systems, 2003: 5-11.

[12] Wang Z X, Mou Q. Ranking fuzzy numbers with the general characteristics[C]. In the Proceedings of the 6th International FLINS Conference Blankenberge on Applied Computational Intelligence, Belgium, 2004: 134-137.

[13] Asady B, Zendehnam A. Ranking fuzzy numbers by distance minimizatio[J]. Appl. Math. Model., 2007, 31: 2589-2598.

第 6 章　可能性集值映射

由于自然界中的事物或人类的活动等都会受到外界因素的影响, 而并非完全孤立存在的, 且部分因素往往对事物的发展及演变起着至关重要的作用, 所以人们必须对这些因素与事物间存在的联系进行深入研究和分析. 映射作为建立两个或多个事物间联系的重要手段, 为元素与元素间对应关系的描述提供了可能.

然而, 在实际工程和社会生活中, 我们常常需要利用集合与元素间的某种对应关系来解决某些特定条件下的问题, 如 "从布袋中取彩色球" "产品合格率的检测" 等. 该对应关系描述了元素与其幂集上子集间的对应法则, 是映射的一种扩展, 被称为集值映射, 其比映射更具一般性和广泛性.

可能性集值映射是指利用可能性分布来建立集合与元素间的对应法则, 并通过可能性截集、可能性落影等的变化来反映出事物间的多种不确定性关系, 为描述可能性空间中事物间联系的多种可能性提供了方便, 是集值映射在可能性空间中的一种推广应用. 该映射不仅实现了集合与元素间动态映射关系的建立, 而且拓宽了集值映射的应用范围.

6.1 集值映射

为了说明集值映射定义, 在此先给出映射的概念.

定义 6.1(映射)　设 A, B 为两个非空集合, 如果存在一个法则 f, 使得 A 中的每一个元素 x, 按照法则 f 在 B 中都有唯一确定的元素 y 与之相对应, 则称法则 f 为集合 A 到集合 B 的一个映射, 即

$$f : A \to B \tag{6.1}$$

其中, y 称为元素 x 在映射 f 下的象; x 称为 y 关于映射 f 的原象.

常用的映射多是一对一或多对一的映射, 如图 6.1 所示.

由图 6.1 可知, 映射描述的是元素与元素之间的对应关系, 但无法描述集合与元素间的某种对应关系. 然而, 集合与元素间关系的建立在实际工程和社会生活中处处可见.

例 6.1　某布袋中装有 6 个彩色的球, 其中红色、黄色、绿色的各两个, 现从袋中任意取出三个球. 试问, 同时取到红球、黄球和绿球的概率有多大?

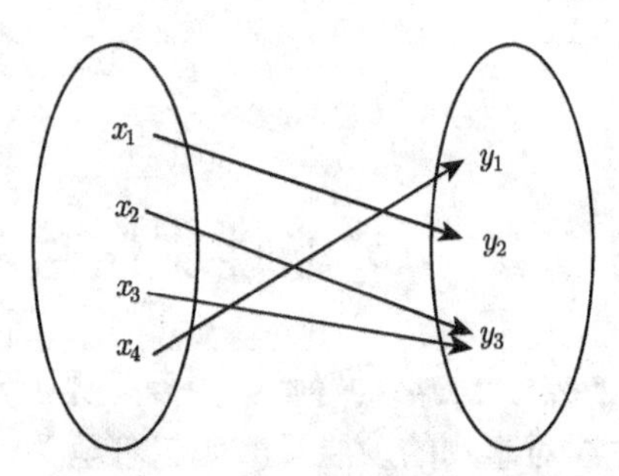

图 6.1　集合 A 与 B 间的映射

解　该问题是一个概率统计问题, 虽然三球的颜色已分别被确定为红色、黄色和绿色, 但在每次抽取之前是无法预知球的颜色是否满足要求. 设红色为 R、黄色为 Y、绿色为 G, 则利用概率统计法可知同时取到 $\{R, Y, G\}$ 的概率为

$$p = \frac{C_2^1 C_2^1 C_2^1}{C_6^2} = \frac{2 \times 2 \times 2}{(6 \times 5)/2} = \frac{8}{15}$$

$\{R, Y, G\}$ 概率的求取问题就反映了集合与元素间的对应关系.

例 6.2　从 10 个待检测产品中抽取合格品, 其中合格品有 7 件, 非合格品有 3 件, 每次抽取 1 件, 且不放回. 若事件 A_k 为第 k 次抽到合格品 (k=1, 2, 3, 4, 5), P_{A_k} 表示事件 A_k 发生的概率, 则五次连续抽到合格品的概率是多少?

解　每次从 N 个待检测产品中抽取时, 事先无法预知抽到的是合格品还是非合格品, 则五次连续抽到合格品 $\{A_1, A_2, A_3, A_4, A_5\}$ 的概率为

$$p = \frac{C_7^5}{C_{10}^5} = \frac{(7 \times 6 \times 5 \times 4 \times 3)/5!}{(10 \times 9 \times 8 \times 7 \times 6)/5!} = \frac{7}{24}$$

$\{A_1, A_2, A_3, A_4, A_5\}$ 概率的求取问题与例 6.1 一样也反映了集合与元素间的对应关系.

该类对应关系只能利用集值映射来描述, 其具体定义如下.

定义 6.2(集值映射 [1])　设 $(\Omega, \mathcal{A}, P)$ 是一个概率空间, $(X, \mathcal{B})$ 为一个可测空间, 则集值映射 f 为

$$f : \Omega \to 2^{\mathcal{A}} \tag{6.2}$$

其中, $\mathcal{A}$ 为 σ-域, $\mathcal{B}$ 为 $2^{\mathcal{A}}$ 上的一个 σ-域.

由定义 6.2 可知, 集值映射是元素与幂集上的子集之间的对应法则, 比映射更具有普适性.

6.2　模糊备域及其基本性质

在介绍模糊备域 [2] 之前, 先给出原子和备域的相关概念:

定义 6.3(原子) 设 $(U, X, \mathcal{A})$ 为模糊可测空间, 且 $x \in X$, 若

$$[x] = \cap(x \,|x \in A \in \mathcal{A}) \tag{6.3}$$

则称 $[x]$ 为含 x 的原子, 且 $X_{\mathcal{A}} = \{[x] \,|x \in X)\}$.

由式 (6.3) 可知, 对于某一个固定的集合 X 来说, 其对应的原子是唯一的.

定义 6.4(备域) 设 X 为论域 U 上的一个集合, $\mathcal{A} \subseteq P(X)$, 若满足条件

(1)$X \in \mathcal{A}$;

(2)$A \in \mathcal{A} \Rightarrow A^{\mathrm{C}} \in \mathcal{A}$;

(3)$A_t \in \mathcal{A}(t \in T) \Rightarrow \bigcup\limits_{t \in T} A_t \in \mathcal{A}$,

则称 $\mathcal{A}$ 为 X 上的备域, $X \in \mathcal{A}$ 称为普通集合上的可能性事件, $(U, X, \mathcal{A})$ 称为模糊可测空间.

特殊地, 将 (3) 改为 $A_t \in \mathcal{A} \Rightarrow \bigcup\limits_{t=1}^{\infty} A_t \in \mathcal{A}$, 则 $\mathcal{A}$ 便为集合 X 上的一个 σ-代数, 所以备域可看作是 σ-域的一个推广.

定义 6.5(模糊备域) 设 $\mathcal{A}$ 为 X 上的备域, λ 为截集, 若 $H : [0,1] \to \mathcal{A}$ 满足

$$\lambda_1 < \lambda_2 \Rightarrow H(\lambda_1) \supseteq H(\lambda_2) \tag{6.4}$$

则 H 为备域 $\mathcal{A}$ 上的集合套, 这时由 $\mathcal{A}$ 生成的模糊备域为

$$\mathcal{A} = \left\{ \tilde{A} = \bigcup_{\lambda \in [0,1]} \lambda H(\lambda) | H\text{为}\mathcal{A}\text{上的集合套} \right\} \tag{6.5}$$

其中, $\tilde{A} \in \tilde{\mathcal{A}}$ 称为模糊集合上的可能性事件.

模糊备域 $\tilde{\mathcal{A}}$ 具有以下基本性质:

性质 1 $\tilde{A} \in \tilde{\mathcal{A}} \Leftrightarrow \forall \lambda \in [0,1], A_\lambda \in \mathcal{A}$;

性质 2 $\mathcal{A} \in \tilde{\mathcal{A}}$;

性质 3 $\tilde{A} \in \tilde{\mathcal{A}} \Rightarrow \tilde{A}^{\mathrm{C}} \in \tilde{\mathcal{A}}$;

性质 4 $\tilde{A}_t \in \tilde{\mathcal{A}}(t \in T) \Rightarrow \bigcup\limits_{t \in T} \tilde{A}_t \in \tilde{\mathcal{A}}, \bigcap\limits_{t \in T} \tilde{A}_t \in \tilde{\mathcal{A}}$;

性质 5 $\tilde{A} \in \tilde{\mathcal{A}} \Leftrightarrow \forall \lambda \in [0,1], \lambda \tilde{A} \in \tilde{\mathcal{A}}$;

性质 6 $\tilde{A} = \left\{ \bigcup\limits_{r \in \Gamma} \lambda_r [x_r] \,| [x_r] \in X_{\mathcal{A}}, \lambda_r \in [0,1], \Gamma\text{为任意指标集} \right\}$.

由性质 3 和性质 4 可知, 模糊备域 $\tilde{\mathcal{A}}$ 对任意的交和任意的并都是封闭的.

6.3 可能性落影

6.3.1 可能性落影的定义及其性质 [3,4]

定义 6.6(可能性落影) 设 $(\Omega, \mathcal{A}, \Pi)$ 为一个可能性可测空间, $(X, \mathcal{B})$ 为一个

模糊场, 令 $\xi \in \Xi(\Omega, \mathcal{A}; X, \mathcal{B})$, 则

$$\pi_\xi(x) = \Pi(\{w \in \Omega | x \in \xi(w)\}) = \Pi(\xi^{-1}(x)) \tag{6.6}$$

称 $\pi_\xi(x)$ 为可能性集值映射 ξ 的可能性落影, 其集合表示为

$$F(X, \Pi) = \{\pi_\xi | \xi \in \Xi(\Omega, \mathcal{A}; X, \mathcal{B})\} \tag{6.7}$$

设 $A = \pi_\xi$, 则可得 $\mathcal{B}$ 上的一个可能性测度为

$$\overset{*}{\underset{\xi}{\Pi}}(B) = \bigvee_{x \in B} A(x) = \bigvee_{x \in B} \Pi_\xi(x) \tag{6.8}$$

由式 (6.7) 和 (6.8) 可得

$$\underset{\xi}{\Pi}(\dot{x}) = \Pi(\xi^{-1}[\dot{x}]) = \Pi(\{u | u \in U, x \in \xi(u)\}) = \pi_\xi(x) = \overset{*}{\underset{\xi}{\Pi}}([x]) \tag{6.9}$$

其中, $\dot{x} = \{x | x \in \tilde{B} \in \tilde{\mathcal{B}}\}$, $[x] = \cap \dot{x} = \cap\{x | x \in \tilde{B} \in \tilde{\mathcal{B}}\}$.

可能性落影具有以下基本性质:

性质 1 若 A 为一个可能性落影, 则 $A \in F(X, \Pi) \Rightarrow \forall \lambda \in [0, 1], A_\lambda \in \mathcal{B}$;

性质 2 $x' \in [x] \Rightarrow \pi_\xi(x) = \pi_\xi(x')$.

6.3.2 联合可能性落影

定义 6.7(联合可能性落影) 设 $(\Omega, \mathcal{A}, \Pi)$ 为一个可能性可测空间, $(X, \mathcal{B}_1)$ 和 $(Y, \mathcal{B}_2)$ 分别为两个模糊场, 且 $\xi \in (\Omega, \mathcal{A}; X, \mathcal{B}_1), \eta \in (\Omega, \mathcal{A}; Y, \mathcal{B}_2)$, 则

$$\pi_{\xi,\eta}(x, y) = \Pi(\{w \in \Omega \,| x \in \xi(w) \,, y \in \eta(w)\}) = \Pi(\xi^{-1}(x), \eta^{-1}(y)) \tag{6.10}$$

称 $\pi_{\xi,\eta}(x, y)$ 为可能性集值映射 ξ 和 η 的可能性落影.

若 $\pi_\xi(x) > 0$, 记

$$\pi_{\eta|\xi}(y|x) = \Pi(\{y \in \eta(w) | x \in \xi(w)\}) \tag{6.11}$$

称 $\pi_{\eta|\xi}(y\,|x)$ 为 η 在 $x \in \xi$ 处的条件可能性落影.

当 $\pi_{\eta|\xi}(y\,|x) = \pi_{\xi,\eta}(x, y)/\pi_\xi(x)$ 成立时, 称 ξ 和 η 是独立的.

命题 6.1 ξ 和 η 独立的必要条件是

$$\forall x \in X, y \in Y, \quad \pi_{\xi,\eta}(x, y) = \pi_\xi(x) \times \pi_\eta(y) \tag{6.12}$$

设 m 为可能性可测空间 $(\Omega, \mathcal{A}, \Pi)$ 上的测度, 设 ξ 在 X 上的可能性落影 $\pi_\xi(x)$ 关于 $\mathcal{B}$ 可测, 则记为

$$\bar{m}(\xi) = \int_X \pi_\xi(x) m \mathrm{d}x \tag{6.13}$$

命题 6.2 全可能性落影公式

$$\pi_\eta(y)=\int_X \pi_\xi(x)\pi_{\eta|\xi}(y|x)m\mathrm{d}x/\overline{m}(\xi\,|y\in\eta) \tag{6.14}$$

6.4 可能性集值映射及其运算

6.4.1 可能性集值映射

定义 6.8(可能性集值映射 [5]) 设 $(X,\mathcal{A})$ 和 $(Y,\mathcal{B})$ 为两个模糊场, 令 $\dot{y}=\{y\,|y\in B\in\mathcal{B}\}$, $\dot{Y}=\{\dot{y}\,|y\in Y\}$, 且 $\tilde{\mathcal{B}}$ 为由 $\dot{Y}$ 生成的可能性备域, 若集值映射 $\xi: X\to\mathscr{P}(Y)$ 满足

$$B\in\mathcal{B}\Rightarrow\xi^{-1}(B)\in\mathcal{A} \tag{6.15}$$

则称 ξ 为一个可能性集值映射.

可能性集值映射集用 $\Xi(X,\mathcal{A};Y,\mathcal{B})=\{\xi\,|\xi$为$(X,\mathcal{A})$到$(Y,\mathcal{B})$ 可能性集值映射$\}$ 表示.

由上可知, 可能性集值映射是通过建立幂集与集合间的映射来描述集合与元素间对应关系的. 然而, 在实际的工程应用中面临的事物常常是不同域的, 当需要建立不同域事物间的集值映射关系时, 则有必要将两者进行标准化处理, 然后再建立映射关系. 因此, 本章的可能性集值映射指的都是 $[0,1]\times[0,1]$ 上的可能性集值映射.

6.4.2 可能性集值映射之间的运算

由定义 6.8 可得以下引理.

引理 6.1 设 $(X,\mathcal{A})$ 和 $(Y,\mathcal{B})$ 为两个模糊场, 则

$$\xi\in\Xi(X,\mathcal{A};Y,\mathcal{B})\Leftrightarrow\forall y\in Y,\xi^{-1}(\dot{y})\in\mathcal{A} \tag{6.16}$$

该引理表明: 由任一可能性集值映射 ξ, 都可获得论域 Y 中任意元素 y 在论域 X 中所对应的集合, 且该集合属于 $\mathcal{A}$. 相反, 亦成立.

可见, 可能性集值映射与集合间存在一定的对应关系, 因此可将集合间的运算扩展到映射间的运算, 在可能性集值映射集 $\Xi(X,\mathcal{A};Y,\mathcal{B})$ 中定义运算规则:

(1) 并运算: $\left(\bigvee\limits_{t\in T}\xi_t\right)(x)=\bigvee\limits_{t\in T}\xi_t(x)$;

(2) 交运算: $\left(\bigwedge\limits_{t\in T}\xi_t\right)(x)=\bigwedge\limits_{t\in T}\xi_t(x)$;

(3) 补运算: $(\xi^{\mathrm{C}})(x)=(\xi(x))^{\mathrm{C}}$;

(4) 映射间的推理运算:

同域时, $(\xi \to \eta)(x) = (\xi(x))^{\mathrm{C}} \cup \eta(x)$;

不同域时, $(\xi \to \eta)(x) = \big((\xi(x))^{\mathrm{C}} \times Y\big) \cup (\xi(x) \cap \eta(x))$.

当可能性集值映射集中的映射满足以上四个条件时, 称 $\Xi(X, \mathcal{A}; Y, \mathcal{B})$ 为一个完备的布尔代数.

将可能性集合 $\tilde{A}$ 和 $\tilde{B}$ 看作是云的可能性落影, 即 $\tilde{A} = \pi_\xi$, $\tilde{B} = \pi_\eta$, 则可能性集值映射间的交、并运算仍可看作是可能性集值映射, 且可能性落影为 $\tilde{A}, \tilde{B}$ 截集的相应运算.

设 $\tilde{A}, \tilde{B} \in \mathcal{F}(X)$, 令 ξ:[0,1] × [0,1] → $\mathcal{P}(X)$,η:[0,1] × [0,1] → $\mathcal{P}(X)$, 则两个映射对应的可能性截集分别为

$$\begin{cases} (\lambda, \mu) \mapsto A_\lambda \\ (\lambda, \mu) \mapsto B_\mu \end{cases}$$

由可能性集值映射中的运算规则 (1) 和 (2) 可知

$$\xi \cup \eta{:}(\xi \cup \eta)(\lambda, \mu) = \xi(\lambda, \mu) \cup \eta(\lambda, \mu) = A_\lambda \cup B_\mu \tag{6.17}$$

$$\xi \cap \eta{:}(\xi \cap \eta)(\lambda, \mu) = \xi(\lambda, \mu) \cap \eta(\lambda, \mu) = A_\lambda \cap B_\mu \tag{6.18}$$

则

$$(A \cup B)(x) = \pi_{\xi \cup \eta}(x) = \pi\{(\lambda, \mu)\,|x \in (A_\lambda \cup B_\mu)\} \tag{6.19}$$

$$(A \cap B)(x) = \pi_{\xi \cap \eta}(x) = \pi\{(\lambda, \mu)\,|x \in (A_\lambda \cap B_\mu)\} \tag{6.20}$$

蕴涵算子 [6,7] 反映的是不确定性命题间的蕴含关系, 可由逻辑连接词 "蕴涵" 导出, 在很多应用领域都有广泛的应用. 例如, 在信息处理中, 蕴涵算子可以定义两个不确定性集合间的包含度; 在数据挖掘中, 蕴涵算子可用来建立合成关联规则中两合成项的关系.

为了解决各种推理问题, 人们提出了很多不同的蕴含算子, 如:

(1) Zadeh 蕴涵算子

$$R_Z(x, y) = \max(1 - x, \min(x, y))$$

(2) Lukasiewicz 蕴涵算子

$$R_L(x, y) = \min(1 - x + y, 1)$$

(3) Gaines-Rescher 蕴含算子

$$R_{\mathrm{GR}}(x, y) = \begin{cases} 1, & x \leqslant y \\ 0, & x > y \end{cases}$$

(4) Godel 蕴含算子

$$R_G(x,y)=\begin{cases}1, & x\leqslant y\\ y, & x>y\end{cases}$$

为了便于蕴涵算子在可能性集值映射中的应用, 下面利用可能性落影来给出其具体表示形式:

设 $\tilde{A}\in\mathcal{P}(X),\tilde{B}\in\mathcal{P}(Y)$, 令 ξ:[0,1] × [0,1] → $\mathcal{P}(X)$,η:[0,1] × [0,1] → $\mathcal{P}(Y)$, 则两个映射对应的可能性截集分别为

$$\begin{cases}(\lambda,\mu)\mapsto A_\lambda\\ (\lambda,\mu)\mapsto B_\mu\end{cases}$$

由可能性集值映射中的运算规则 (4) 可知

同域时, $(\xi\to\eta)(\lambda,\mu)=A_\lambda\to B_\mu=A_\lambda^{\mathrm{C}}\cup B_\mu$.

不同域时, $(\xi\to\eta)(\lambda,\mu)=A_\lambda\to B_\mu=(A_\lambda^{\mathrm{C}}\times Y)\cup(A_\lambda\times B_\mu)$, 则 $\xi\to\eta$ 可表示为

$$(\xi\to\eta):[0,1]\times[0,1]\to\mathcal{P}(X\times Y)\quad 或\quad (\lambda,\mu)\mapsto(\xi\to\eta)(\lambda,\mu) \tag{6.21}$$

将 $\xi\to\eta$ 看作可能性集值映射, 则有

同域时, $(A\to B)(x,y)=\pi_{\xi\to\eta}(x,y)=\pi\{(\lambda,\mu)\,|\,(x,y)\in(A_\lambda\cup B_\mu)\}$;

不同域时, $(A\to B)(x,y)=\pi_{\xi\to\eta}(x,y)=\pi\{(\lambda,\mu)\,\big|\,(x,y)\in(A_\lambda^{\mathrm{C}}\times Y)\cup(A_\lambda\times B_\mu)\}$.

同样, 可能性落影集与可能性集值映射集间也存在一定的对应关系.

设 $(X,\mathcal{A})$ 和 $(Y,\mathcal{B})$ 为两个模糊场, Π 为 $\mathcal{A}$ 上的一个可能性测度, 映射

$$\sigma:F(X,\Pi)\to\Xi(X,\mathcal{A};Y,\mathcal{B}) \tag{6.22}$$

满足 $\mu_{\sigma(A)}=A$, 则称 σ 为一个选择函数.

当 σ 为一个选择函数时, 便可根据集合间的交并运算来定义落影间的运算, 即在落影集 $F(X,\Pi)$ 中, 定义以下运算:

(1) 并运算: $\left(\bigcup_{t\in T}{}_{\sigma} A^t\right)=\pi_{\bigvee_{t\in T}\sigma(A^t)}$;

(2) 交运算: $\left(\bigcap_{t\in T}{}_{\sigma} A^t\right)=\pi_{\bigwedge_{t\in T}\sigma(A^t)}$;

(3) 补运算: $A^{\mathrm{C}_\sigma}=\pi_{\sigma(A)^{\mathrm{C}}}$;

(4) 映射间的推理运算: $A\to B=\pi_{\sigma(A)\to\sigma(B)}$.

6.5 集值鞅与完备格

6.5.1 集值鞅

为了说明集值鞅的概念, 在此先给出鞅的概念[8].

设 $(\Omega,\mathcal{A},\Pi)$ 为一个模糊可测空间, $\{\mathcal{A}_n:n\in N\}$ 为 $\mathcal{A}$ 上的上升子 σ-代数族, 并令 $\mathcal{A}_{+\infty}\supset\mathcal{A}_{(+\infty)-}$ 都是 $\mathcal{A}$ 的子 σ-代数, 将其添加到 $\{\mathcal{A}_n:n\in N\}$ 子 σ-代数族中. 其中, $\mathcal{A}_{(+\infty)-}\cong\bigvee\limits_{n=1}^{\infty}\mathcal{A}_n=\sigma\left(\bigcup\limits_{n=1}^{\infty}\mathcal{A}_n\right)$.

定义 6.9(鞅) 设 $\{\sigma_n(w):n\in N\}$ 是 $\{\mathcal{A}_n:n\in N\}$ 适应的随机过程, 若对于任意的 $n\in N$ 来说, σ_n 都可积, 且

$$E(\sigma_{n+1}\,|\mathcal{A}_n\,)=\sigma_n \tag{6.23}$$

则称 $\{\sigma_n(w):n\in N\}$ 为鞅. 相应地, 当 $E(\sigma_{n+1}\,|\mathcal{A}_n\,)\leqslant\sigma_n$ 时, 为上鞅; 当 $E(\sigma_{n+1}\,|\mathcal{A}_n\,)\geqslant\sigma_n$ 时, 为下鞅.

定理 6.1 假设 $\{\sigma_n:n\in N\}$ 和 $\{r_n:n\in N\}$ 为两个鞅, 则 $\{\sigma_n+r_n;n\in N\}$ 为鞅, $\{\sigma_n\wedge r_n;n\in N\}$ 为上鞅.

定义 6.10(凸函数) 设 f 为 R^m 到 R^m 的映射, 则对于任意的 $a,b\in R^m$, $0\leqslant\lambda\leqslant 1$ 有

$$f(\lambda a+(1-\lambda)b)\leqslant\lambda f(a)+(1-\lambda)f(b) \tag{6.24}$$

则称 f 为 R^m 到 R^m 的凸函数.

定义 6.11(凹函数) 设 f 为 R^m 到 R^m 的映射, 则对于任意的 $a,b\in R^m$, $0\leqslant\lambda\leqslant 1$ 有

$$f(\lambda a+(1-\lambda)b)\geqslant\lambda f(a)+(1-\lambda)f(b) \tag{6.25}$$

则称 f 为 R^m 到 R^m 的凹函数.

定理 6.2 假设 $\{\sigma_n(w):n\in N\}$ 为一鞅, f 为 R^m 到 R^m 的凸函数, 若对于任意的 $n\in N$, $f(\sigma_n)$ 可积, 则 $\{f(\sigma_n(w)):n\in N\}$ 为下鞅.

定理 6.3 假设 $\{\sigma_n(w):n\in N\}$ 为一鞅, f 为 R^m 到 R^m 的一个非降凹函数, 若对于任意的 $n\in N$, $f(\sigma_n)$ 可积, 则 $\{f(\sigma_n(w)):n\in N\}$ 为上鞅.

定义 6.12(集值鞅) 设 $\{f_n:n\in N\}$ 是 $(\Omega,\mathcal{A},\Pi)$ 上的 $\{\mathcal{A}_n:n\in N\}$ 适应的随机过程, 若对于任意的 $n\in N$ 来说, f_n 为可积有界的, 且

$$\mathcal{E}(f_{n+1}\,|\mathcal{A}_n\,)=f_n \tag{6.26}$$

则称 $\{f_n:n\in N\}$ 为集值鞅. 相应地, 当 $\mathcal{E}(f_{n+1}\,|\mathcal{A}_n\,)\subseteq f_n$ 时, 为上鞅; 当 $\mathcal{E}(f_{n+1}\,|\mathcal{A}_n\,)\supseteq f_n$ 时, 为下鞅.

引理 6.2 假设 f 为 $(\Omega, \mathcal{A}, \Pi)$ 上的取值为 R^m 上闭区间的可积有界随机集, 对于每个 $w \in \Omega$ 来说,

$$\begin{aligned} l(w) &= \inf\{x : x \in f(w)\} \\ &= (\inf\{x_1 : (x_1, \cdots, x_m) \in f(w), \cdots, \inf\{x_m : (x_1, \cdots, x_m) \in f(w)\}) \end{aligned} \tag{6.27}$$

$$\begin{aligned} h(w) &= \sup\{x : x \in f(w)\} \\ &= (\sup\{x_1 : (x_1, \cdots, x_m) \in f(w), \cdots, \sup\{x_m : (x_1, \cdots, x_m) \in f(w)\}) \end{aligned} \tag{6.28}$$

则定义的向量值映射 l 和 h 为 f 的可积选择

$$f(w) = [l(w), h(w)] \tag{6.29}$$

引理 6.3 假设 f 为 $(\Omega, \mathcal{A}, \Pi)$ 上的取值为 R^m 的闭区间上的可积有界的随机集, 且 $\mathcal{A}_1$ 为的子 σ-代数, 则

$$\mathcal{E}[f\,|\mathcal{A}_1](w) = [E(l\,|\mathcal{A}_1)(w), E(h\,|\mathcal{A}_1)(w)] \tag{6.30}$$

定理 6.4 假设 $\{f_n : n \in N\}$ 为 $(\Omega, \mathcal{A}, \Pi)$ 上的取值为 R^m 的闭区间上的集值鞅, 则 $\{l_n : n \in N\}$ 和 $\{h_n : n \in N\}$ 都是 m 维向量值鞅, 且 $\{l_n : n \in N\}$ 称为上鞅, $\{h_n : n \in N\}, n \in N$ 称为下鞅.

定理 6.5 假设 $\{f_n : n \in N\}$ 为 $(\Omega, \mathcal{A}, \Pi)$ 上的取值为 R^m 的闭区间上的集值鞅, 则 S 和 T 为两个取值于 $\overline{N}$ 的有界的 $\{\mathcal{A}_n\}$, 且 $S \leqslant T$, 则

$$\mathcal{E}[f_T\,|\mathcal{A}\,(S)](w) = f_S(w) \tag{6.31}$$

6.5.2 完备格

1. 格

格是随着经典逻辑的代数化与泛代数的发展而发展起来的一个新的代数系统. 截至目前, 偏序集与格的理论已在组合数学、模糊数学及理论计算机科学中得到了广泛应用 [10,11].

定义 6.13(偏序及偏序集) 假设 P 为一集合, $\leqslant$ 为 P 上的二元关系, 如果对于任意的 $x, y, z \in P$, 都有如下关系成立:

(1) 自反性: $x \leqslant x$;

(2) 反对称性: 若 $x \leqslant y$, 且 $x \leqslant y$, 则 $x \leqslant y$;

(3) 传递性: 若 $x \leqslant y$, 且 $y \leqslant z$, 则 $x \leqslant z$,

则称 $\leqslant$ 为 P 上的一个偏序 (关系), 集合 P 及其上的偏序 $\leqslant$ 形成的有序二元组 $(P, \leqslant)$ 称为偏序集.

定义 6.14 假设 $(P,\leqslant)$ 为一偏序集, 且 $X\in P$, $a\in P$, 则

(1) 若 $\forall x\in X, x\leqslant a(a\leqslant x)$, 则称 a 为 A 的一个上界 (或下界);

(2) 若 $\forall x\in P, x\leqslant a(a\leqslant x)$, 则称 a 为 P 的最大元 (或最小元);

(3) 若 $\forall x\in P, x\leqslant a\Rightarrow x=a(x\leqslant a\Rightarrow x=a)$, 则称 a 为 P 中的一个极大元 (或极小元);

(4) 若 a 为 A 上的全体上界 (下界) 的集合中的最小元 (最大元), 则称 a 为 A 的上确界 (下确界), 且 A 的上确界记为 $\sup A$, 下确界记为 $\inf A$.

定义 6.15(定向子集与余定向子集) 假设 $(P,\leqslant)$ 为一偏序集, S 是 P 的非空子集, 则

(1) 若 S 中任意两个元在 S 中都有上界, 则称 S 是定向的, 或称为 P 的定向子集;

(2) 若 S 中任意两个元在 S 中都有下界, 则称 S 是余定向的, 或称为 P 的余定向子集.

定义 6.16(有界完备偏序集) 假设 $(P,\leqslant)$ 为一偏序集, 若 P 任意有上界子集均有上确界, 则称偏序集 $(P,\leqslant)$ 是有界完备的.

定义 6.17(上半格与下半格) 假设 $(P,\leqslant)$ 为一偏序集, 若 P 是关于有限并封闭的, 即 P 的任意有限子集均有上确界, 则称偏序集 $(P,\leqslant)$ 为上半格; 若 P 是关于有限交封闭的, 即 P 的任意有限子集均有下确界, 则称偏序集 $(P,\leqslant)$ 为下半格.

定义 6.18(格) 设 $(P,\leqslant)$ 为一偏序集, 若 P 是关于有限并与有限交均封闭的, 则称偏序集 $(P,\leqslant)$ 为格.

2. 完备格

定义 6.19(完备 $\vee$ 半格与完备 $\wedge$ 半格) 假设 $(P,\leqslant)$ 为一偏序集, 若 P 是关于任意并封闭的, 即 P 的任意子集均有上确界, 则称偏序集 $(P,\leqslant)$ 为完备 $\vee$ 半格; 若 P 是关于任意交封闭的, 即 P 的任意子集均有下确界, 则称偏序集 $(P,\leqslant)$ 为完备 $\wedge$ 半格.

定义 6.20(完备格) 假设 $(P,\leqslant)$ 为一偏序集, 若 P 是关于任意并与任意交均封闭的, 则称 $(P,\leqslant)$ 是完备格.

引理 6.4 假设 $(P,\leqslant)$ 是偏序集, 则称 $(P,\leqslant)$ 是完备 $\vee$ 半格当且仅当 $(P,\leqslant)$ 是完备 $\vee$ 半格.

推论 6.1 完备 $\vee$ 半格或完备 $\wedge$ 半格必是完备格.

定理 6.6 假设 $(P,\leqslant)$ 为一有界完备偏序集, 且有最大元 1, 则 P 是一个完备格.

定理 6.7 假设 $(P,\leqslant)$ 为一偏序集, 则 $(P,\leqslant)$ 是完备格当且仅当 $(P,\leqslant)$ 是有最大元 1 的下半格, 且 P 的任意余定向子集均有 $x\leqslant y$ 下确界.

6.6 本 章 小 结

本章在映射、集值映射的基础上, 对模糊备域、可能性落影等相关概念及其基本性质等进行了阐述; 给出了可能性集值映射的具体定义及映射间的相关运算规则; 介绍了集值鞅与完备格的相关基础知识, 为后续章节中映射的建立提供了方便.

参 考 文 献

[1] 杨吉会. 可能性集值映射及其应用 [D]. 辽宁师范大学硕士学位论文, 2004.
[2] 周新宇. 基于多源信息不确定性的可能性融合方法研究 [D]. 中北大学硕士学位论文, 2012.
[3] 汪培庄. 模糊集与随机集落影 [M]. 北京: 北京师范大学出版社, 1985.
[4] 汪培庄, 张南纶. 落影空间 —— 模糊集合的概率描述 [J], 1983, 3(1): 163-172.
[5] Yuan X H, Li H X, Zhang C. The set-valued mapping based on ample fields[J]. Computers and Mathematics with Applications, 2008, 56: 1954–1965.
[6] 李莹芳. 关于模糊推理中几类蕴涵算子的研究 [D]. 西南交通大学硕士学位论文, 2010.
[7] 尤飞, 李洪兴. 模糊蕴涵算子及其构造 (Ⅳ)——模糊蕴涵算子的对偶算子 [J]. 北京师范大学学报 (自然科学版), 2004, 40 (5): 606-611.
[8] 李世楷. 随机集与集值鞅 [M]. 贵阳: 贵州科技出版社, 1994.
[9] 李世楷. 闭区间值鞅及模糊数值鞅 [J]. 模糊系统与数学, 1992, 6(1): 94-100.
[10] 郑崇友, 樊磊, 崔宏斌. FRAME 与连续格 [M]. 2 版. 北京: 首都师范大学出版社, 2000.
[11] 刘维娜. 关于完备格等价定义的学习研究 [J]. 科技传播, 2011, 15: 85-93.

第 7 章　基于可能性理论的决策方法

多属性决策是利用已获得的决策信息按照一定的准则对一组 (有限个) 备选方案进行排序并择优的过程. 传统的多属性决策方法中的决策信息均为实数, 然而在许多决策环境下, 客观事物的复杂多变性及主观思维的不确定性, 使得决策信息的属性值不再是实数, 而是以可能性分布的形式给出. 本章基于可能性理论研究了不同决策条件下的决策方法.

7.1　故障树分析法

故障树分析方法 (fault tree analysis, FTA) 是一种评价复杂系统可靠性和安全性的方法 [1,2]. 对一个由多个部件组成的系统状态进行预测和诊断时, 其状态不一定处于完好和失效两种极端状态, 很有可能处于两者间的不确定性状态, 可能性分布和可能性测度为不确定性状态的描述提供了研究工具, 克服了概率仅能反映精确现象的缺陷; 在对故障树进行定量分析时, 可能性分布的运算及合成规则为顶事件发生可能性的预测和底事件可能性重要度的计算提供了有效手段.

7.1.1　故障树分析法的特点

FTA 是把所研究系统的最不希望发生的故障状态作为故障分析的目标, 然后寻找直接导致这一故障发生的全部因素, 再找出造成下一级事件发生的全部直接因素, 一直追查到那些原始的、其故障机理或发生概率都是已知的、无须再深究的因素为止 [3,4]. 该方法具有以下特点:

(1) 具有很大的灵活性. FTA 不仅考虑了某些元部件故障对系统的影响, 还能够分析导致这些元部件故障的特殊原因 (环境、人为等).

(2) 是一种形象、直观的图形演绎法. FTA 是由特定的逻辑门和一定的事件构成的逻辑图, 在清晰的故障树图形下, 可以表达系统内在联系, 并指出元部件故障与系统故障之间的逻辑关系.

(3) 可定量地计算复杂系统的故障概率和其他可靠性参数.

7.1.2　故障树分析的流程

故障树分析流程如图 7.1 所示.

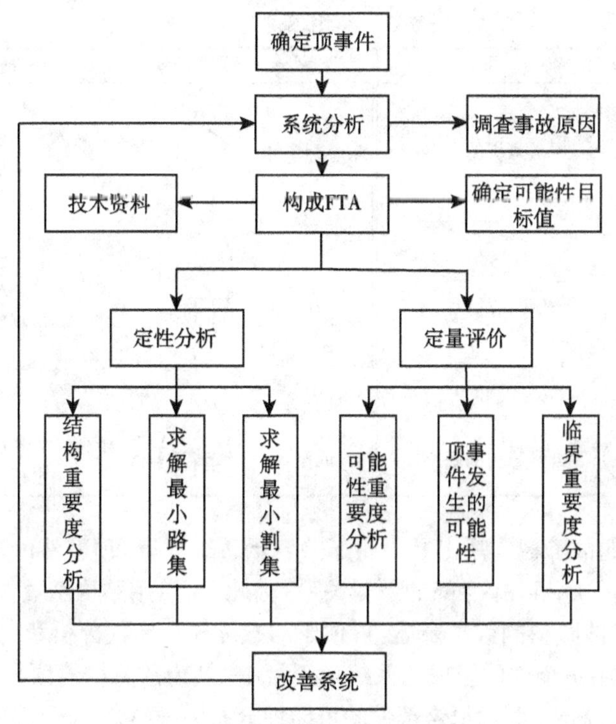

图 7.1 故障树分析流程框图

1. 顶事件的选择

根据工程实际情况, 选择合理的顶事件, 该顶事件通常为最不希望发生的事件, 或是被指定进行逻辑分析的故障事件. 顶事件可以是借鉴其他类似系统的重大故障事件, 也可以是指定事件. 顶事件的定义必须明确, 且可以分解. 有时最不希望发生的故障状态有几个, 故一个系统需要建几棵故障树, 因此顶事件也不唯一.

2. 系统分析

收集事故案例进行事故分析, 结合系统状态及各种参数, 确定与事故有关的所有原因事件和各种因素.

3. 故障树的可能性表征

首先分析造成顶事件起因的中间事件及基本事件间的关系, 并加以整理, 而后从顶事件起, 按照演绎分析的方法, 一级一级地把所有直接原因事件, 按其逻辑关系, 用逻辑门符号给予连接, 以构成故障树. 构造故障树过程中常用的事件符号表示以及逻辑门符号表示如表 7.1 所示.

表 7.1　常用事件及其符号

名称	逻辑符号	描述	名称	逻辑符号	描述
顶事件		故障树的顶事件	未展开事件		其输入无须进一步分析或无法分析的事件
中间事件		故障树的中间事件	与门		仅当所有输入事件发生时，输出事件才发生
基本事件		故障树的底事件	或门		至少一个输入事件发生时，输出事件就发生

一棵完整的故障树实质上是用图形来表示系统故障 (顶事件) 和导致故障的诸因素 (中间事件、底事件) 之间的逻辑关系, 因此, 可以用结构函数作为一种合适的数学工具, 给出故障树的数学表述, 以便于对故障树作定性分析和定量计算.

考虑一个由 n 个部件组成的系统, 称系统失效为故障树的顶事件, 记作 T, 以各部件失效为底事件. 假设每个部件的可能性分布为 $\pi(X_i)$, 表示部件 X_i 失效发生的可能性程度. 部件 “完全失效” 即该事件必然发生, 可能性为 1, 记为 $\pi(X_i)=1$; 部件 “完好”(即不发生故障), 此时故障发生的可能性为 0, 记为 $\pi(X_i)=0$; 在两者之间时有 $0<\pi(X_i)<1$.

于是故障树的结构函数可定义为

$$\psi(T)=\psi(\pi(X_1),\pi(X_2),\cdots,\pi(X_n)) \tag{7.1}$$

式中, $\psi(T)$ 为顶事件 T 发生的可能度, $\pi(X_1),\pi(X_2),\cdots,\pi(X_n)$ 表示各个部件发生失效或故障的可能性. 若事件 $X_1,X_2,\cdots,X_n$ 以 “与” 关系相连, 用合取 “$\wedge$” 表示, 则故障树的结构函数为 $\psi(T)=\bigwedge_{i=1}^{n}\pi(X_i)=\min(\pi(X_1),\pi(X_2),\cdots,\pi(X_n))$; 若事件 $X_1,X_2,\cdots,X_n$ 以 “或” 关系相连, 用析取 “$\vee$” 表示, 则故障树的结构函数为 $\psi(T)=\bigvee_{i=1}^{n}\pi(X_i)=\max(\pi(X_1),\pi(X_2),\cdots,\pi(X_n))$. 可见 $\psi(T)$ 取值范围为 $0\leqslant\psi(T)\leqslant 1$. 另外, 可以凭借系统设计人员、管理人员和专家的知识及经验, 给顶事件定义一个阈值 σ, 通过 $\psi(T)$ 与 σ 的比较, 做出相应的决策.

4. **故障树的定性分析**

对故障树进行定性分析的主要目的是为了找出导致顶事件发生的所有可能的故障模式, 即求出故障树的所有最小割集.

割集是指系统的一些底事件的集合, 当这些底事件都发生时顶事件必然发生, 则该集合就是割集. 这就是说, 一个割集代表了系统故障发生的一种可能性, 即一种失效模式. 在故障树的若干个底事件中, 倘若有这样一个割集, 如任意去掉其中任意一个底事件后, 就不再是割集, 则这个割集被称为最小割集; 换言之, 一个最小割集是指包含了最少数量, 而又最必需的底事件的割集. 由于最小割集发生时, 顶事件必然发生, 因此, 一颗故障树的全部最小割集的完整集合代表了顶事件发生的所有可能性, 即给定系统的全部故障. 最小割集的意义在于指出了处于故障状态的系统所必须要修理的基本故障, 以及系统中最薄弱的环节. 求最小割集的方法常用的是下行法和上行法.

(1) 下行法的要点是：根据故障树的实际结构, 从顶事件开始, 逐级向下寻查, 遇到与门就将输入事件排在同一行 (只增加割集阶数, 不增加割集个数), 遇到或门就将输入事件各自排成一行 (只增加割集个数, 不增加割集阶数), 这样直到全部换成底事件为止, 此时所得割集可能并不是最小割集, 需利用布尔代数运算规则化简, 化简后可得到最小割集.

(2) 上行法的要点是：对每一个输出事件而言, 如果是或门输出的, 则用该或门的诸输出事件的布尔和表示此输出事件; 如果是与门输出的, 则用该与门的诸输入事件的布尔积表示此输出事件. 其工作步骤是：从底事件开始, 由下而上逐个进行处理, 直到所有的结果事件都已被处理完为止. 这样得到一个顶事件的布尔表达式. 根据布尔代数运算法则, 将顶事件化成诸底事件的积的和的最简式, 该最简式的每一项所包括的底事件集即一个最小割集, 从而得出故障树的所有最小割集.

例 7.1　结合图 7.2, 以上行法为例说明求最小割集的过程.

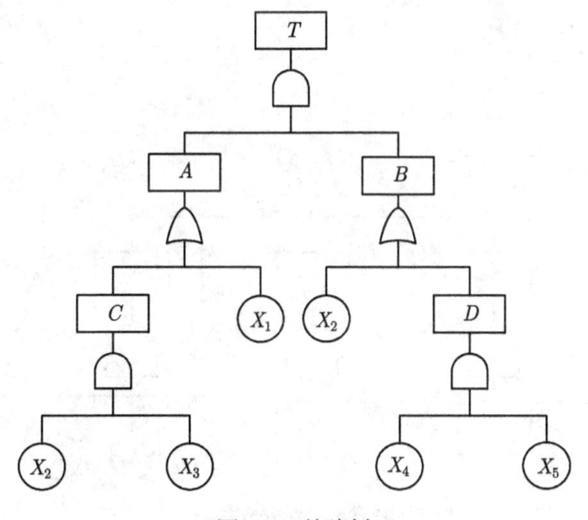

图 7.2　故障树

故障树的最下一级为

$$C = X_2X_3, \quad D = X_4X_5$$

往上一级为

$$A = C + X_1 = X_2X_3 + X_1, \quad B = D + X_2 = X_4X_5 + X_2$$

最上一级为

$$\begin{aligned} T &= A \cdot B \\ &= (C + X_1) \cdot (D + X_2) \\ &= (X_2X_3 + X_1) \cdot (X_4X_5 + X_2) \\ &= X_2X_3X_4X_5 + X_1X_4X_5 + X_2X_2X_3 + X_1X_2 \end{aligned}$$

此时所得割集不是最简形式, 根据布尔代数常用规则化简可得

$$T = X_1X_2 + X_2X_3 + X_1X_4X_5$$

因此, 该故障树有三个最小割集:

$$K_1 = \{X_1, X_2\}, \quad K_2 = \{X_2, X_3\}, \quad K_3 = \{X_1, X_4, X_5\}$$

其等效故障树如图 7.3 所示.

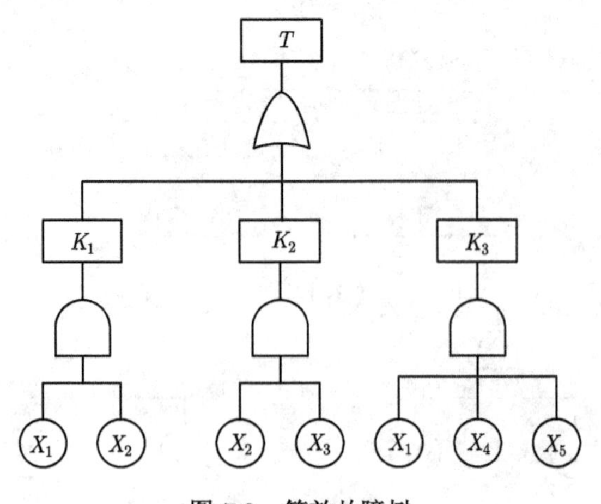

图 7.3　等效故障树

5. 故障树定量分析

故障树定量分析主要有两个目的, 一是在求出各基本事件发生可能性的情况下, 计算顶事件发生的可能性, 并根据所得结果与预定的目标值进行比较, 如果事故发生的可能性较大, 则采取必要的措施; 二是计算出底事件对顶事件发生的贡献大小 (结构重要度和可能性重要度), 根据重要度的不同分别采取对策.

(1) 顶事件发生可能性的计算.

计算顶事件发生可能性的过程中, 会涉及或门输出事件和与门输出事件的可能性计算, 其计算过程如下:

(i) 或门输出事件可能性计算.

若有限个独立事件为 $X_1, X_2, \cdots, X_n$, 其并的可能性为

$$\pi(X_1 + X_2 + \cdots + X_n) = 1 - \prod_{i=1}^{n}[1 - \pi(X_i)] \tag{7.2}$$

(ii) 积事件 (逻辑与门) 可能性计算.

若有限个独立事件为 $X_1, X_2, \cdots, X_n$, 其并的可能性为

$$\pi(X_1 X_2 \cdots X_n) = \pi(X_1)\pi(X_2)\cdots\pi(X_n) \tag{7.3}$$

通常利用最小割集计算顶事件发生可能性. 如果各最小割集中彼此没有重复的底事件, 也就是最小割集之间是不相交的, 则可先求最小割集所包含基本事件的交 (逻辑与) 集的可能性, 然后求所有最小割集的并 (逻辑或) 集的可能性, 既得顶事件发生的可能性.

假设全部最小割集为 $K_1, K_2 \cdots, K_n$, 且各最小割集不相交, 则第 j 个最小割集 K_j 的发生可能性为

$$\pi(K_j) = \prod_{i \in K_j} \pi(X_i) \tag{7.4}$$

则故障树顶事件的发生可能性为

$$\pi(T) = \sum_{j=1}^{n} \pi(K_j) = \sum_{j=1}^{n} \prod_{i \in K_j} \pi(X_i) \tag{7.5}$$

若最小割集中有重复事件时, 可以首先写出顶事件的结构函数, 用布尔代数消除每个概率积中的重复事件, 得到顶事件发生的可能性函数 $\pi(T)$, 最后计算得到顶事件发生的可能性.

以图 7.2 所示的故障树为例, 阐述故障树定量分析过程. 已知该故障树各底事件发生的可能性为 $\pi_1 = \pi_2 = 0.1, \pi_3 = \pi_4 = 0.2, \pi_5 = 0.3$, 由上节可知其最小割集为

$$K_1 = \{X_1, X_2\}, \quad K_2 = \{X_2, X_3\}, \quad K_3 = \{X_1, X_4, X_5\}$$

该最小割集中有重复事件, 因此计算顶事件发生可能性时, 首先需写出结构函数, 然后根据结构函数计算顶事件发生可能性. 具体计算过程如下:

$$
\begin{aligned}
\pi(T) =&1-(1-\pi(K_1))(1-\pi(K_2))(1-\pi(K_3)) \\
=&\pi(K_1)+\pi(K_2)+\pi(K_3)-(\pi(K_1)\pi(K_2)+\pi(K_1)\pi(K_3) \\
&+\pi(K_2)\pi(K_3))+\pi(K_1)\pi(K_2)\pi(K_3) \\
=&\pi(X_1)\pi(X_2)+\pi(X_2)\pi(X_3)+\pi(X_1)\pi(X_4)\pi(X_5) \\
&-\pi(X_1)\pi(X_2)\pi(X_3)-\pi(X_1)\pi(X_2)\pi(X_4)\pi(X_5) \\
=&0.0334
\end{aligned}
$$

即顶事件的发生可能性为 0.0334.

(2) 重要度的计算.

一棵故障树往往包含多个底事件, 各个底事件在故障树中的重要性必然因它们所代表的元件 (或部件) 在系统中的位置 (或作用) 的不同而不同, 通常采用结构重要度及可能性重要度来表示顶事件发生时, 底事件的贡献程度.

(i) 结构重要度.

故障树确定以后, 底事件对顶事件的影响关系就已经确定, 该影响关系只取决于故障树的结构, 故称为结构重要度. 底事件结构重要度的含义是: 当该底事件由故障 (或失效) 转为正常时, 在系统所有可能的状态数中, 使顶事件不发生的状态增加的比例. 底事件在故障树中的结构重要度的表达式为

$$
I_\phi(X_j)=\frac{1}{2^{n-1}}n_\phi(X_i) \tag{7.6}
$$

式中 $I_\phi(X_i)$ 是第 i 个底事件的结构重要度, n 是故障树底事件的总数, $n_\phi(X_i)$ 是第 i 个底事件由故障转为正常时系统正常状态数目的增加量.

(ii) 可能性重要度.

故障树中第 i 个底事件的可能性重要度, 就是该底事件从故障转为正常时, 系统的不可靠度 (顶事件发生的可能性) 降低了多少, 或系统的可靠度增加了多少. 可能性重要度的定义式为

$$
g_i(t)=\frac{\partial \pi_T(t)}{\partial \pi_{X_i}(t)} \tag{7.7}
$$

式中 $g_i(t)$ 为第 i 个底事件的可能性重要度, $\pi_T(t)$ 是系统故障 (顶事件) 发生的可能性, $\pi_{X_i}(t)$ 是第 i 个底事件发生的可能性. 在不同时刻 t, 底事件发生的可能性是不同的.

求出各基本事件的可能性重要度后, 就可知减少哪个底事件发生的可能性能有效降低顶事件发生的可能性.

7.1.3 实例分析

对于城市燃气输配管网而言, 风险决策的主要任务是制定和实施预防措施和抢修预案, 以降低事故发生可能性.

燃气泄漏作为燃气管网的主要严重事故, 分为地下燃气泄漏和地上燃气泄漏. 地下燃气泄漏又包含绝缘管、水井、PE 管、阀门井、铸铁管、钢管、桥管、调压器泄漏; 地上燃气泄漏包含燃气管道泄漏及燃气表具泄漏. 其中每个泄漏情况又可以分为若干影响因素. 以地下燃气钢管泄漏为例, 要分析该燃气钢管 (该钢管上连接有阀门) 可能发生管段失效的原因, 从管段失效 (顶事件) 出发, 分析引发管段失效的所有可能直接事件 (中间事件), 直至找到引发该管段失效的最初原因 (底事件), 从而构建出如图 7.4 所示的故障树 [5,6].

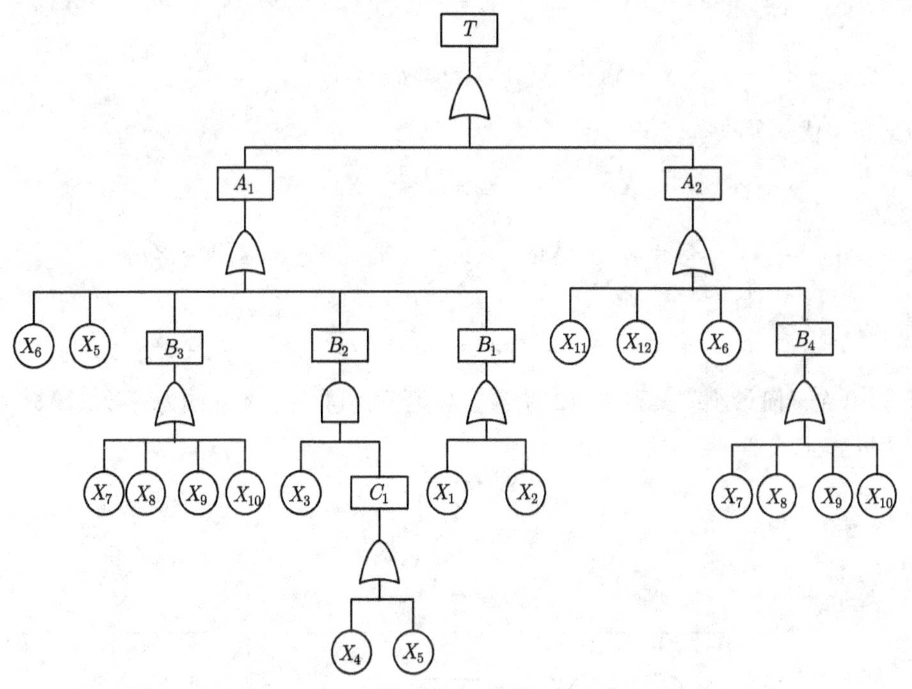

图 7.4 燃气管道故障 (泄漏) 树

T: 管道失效; A_1: 管道泄漏; A_2: 管道附属设备失效; B_1: 腐蚀穿孔; B_2: 疲劳破坏; B_3: 管基下沉; B_4: 阀基下沉; C_1: 缺陷; X_1: 防护层损坏; X_2: 补口、补伤不合格; X_3: 交变应力作用; X_4: 焊接缺陷; X_5: 管材质量缺陷; X_6: 第三方破坏; X_7: 管壁厚度设计不当; X_8: 施工不规范; X_9: 地质变化; X_{10}: 路面过载; X_{11}: 附属设备质量缺陷; X_{12}: 未定期更换

故障树确定以后, 需要求出其最小割集, 以便定量分析. 用上行法求最小割集,

具体过程如下:

$$
\begin{aligned}
T =& A_1 + A_2 = \{X_6 + X_5 + B_3 + B_2 + B_1\} + \{X_{11} + X_{12} + X_6 + B_4\} \\
=& \{X_6 + X_5 + (X_7 + X_8 + X_9 + X_{10}) + C_1 X_3 + X_1 + X_2\} \\
& + \{X_{11} + X_{12} + X_6 + (X_7 + X_8 + X_9 + X_{10})\} \\
=& \{X_6 + X_5 + (X_7 + X_8 + X_9 + X_{10}) + [(X_4 + X_5)\, X_3] + X_1 + X_2\} \\
& + \{X_{11} + X_{12} + X_6 + (X_7 + X_8 + X_9 + X_{10})\} \\
=& \{X_6 + X_5 + (X_7 + X_8 + X_9 + X_{10}) + (X_4 X_3 + X_5 X_3) + X_1 + X_2\} \\
& + \{X_{11} + X_{12} + X_6 + (X_7 + X_8 + X_9 + X_{10})\}
\end{aligned}
$$

根据布尔代数吸收率有

$$
X_6 + X_6 = X_6, \quad X_7 + X_7 = X_7, \quad X_8 + X_8 = X_8
$$

$$
X_9 + X_9 = X_9, \quad X_{10} + X_{10} = X_{10}, \quad X_5 + X_5 X_3 = X_5
$$

则

$$
T = X_6 + X_5 + X_7 + X_8 + X_9 + X_{10} + X_4 X_3 + X_1 + X_2 + X_{11} + X_{12}
$$

即有 10 个一阶最小割集和 1 个二阶最小割集, 可以将图 7.4 改画为等效故障树, 见图 7.5.

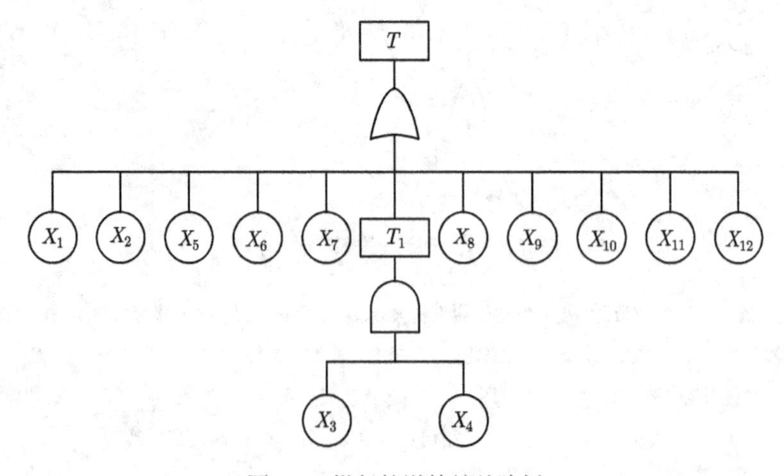

图 7.5　燃气管道等效故障树

由上可知, 故障树的最小割集为

$$K_1=\{X_1\},\quad K_2=\{X_2\},\quad K_3=\{X_5\},\quad K_4=\{X_6\},\quad K_5=\{X_7\},\quad K_6=\{X_8\}$$

$$K_7=\{X_9\},\quad K_8=\{X_{10}\},\quad K_9=\{X_{11}\},\quad K_{10}=\{X_{12}\},\quad K_{11}=\{X_3,X_4\}$$

该最小割集中没有重复事件, 所以可先根据各底事件发生可能性求出各个最小割集的可能性, 即最小割集所包含底事件的交 (逻辑与) 集, 然后求所有最小割集的并 (逻辑或) 集的可能性, 即得顶事件发生的可能性. 如已知各底事件的发生可能性如表 7.2 所示, 则各最小割集内底事件同时发生的可能性见表 7.3.

表 7.2　各底事件的发生可能性

底事件 X_i	X_1	X_2	X_3	X_4	X_5	X_6	X_7	X_8	X_9	X_{10}	X_{11}	X_{12}
底事件发生可能性$\pi(X_i)$	0.5	0.4	0.2	0.4	0.2	0.9	0.1	0.4	0.5	0.1	0.2	0.2

表 7.3　各最小割集内底事件同时发生的可能性

最小割集 K_i	K_1	K_2	K_3	K_4	K_5	K_6	K_7	K_8	K_9	K_{10}	K_{11}
K_i 发生可能性 $\pi(K_i)$	0.5	0.4	0.2	0.9	0.1	0.4	0.5	0.1	0.2	0.2	0.08

因此, 管道泄漏事故的发生可能性为

$$\pi(T)=\sum_{i=1}^{11}\pi(K_i)=3.58$$

通过分析可知该燃气管道故障树各底事件的重要度相对都很重要. 除了底事件 X_3 和 X_4 需同时发生外, 其他任一底事件的发生, 将直接导致顶事件发生, 即管道失效.

7.2　基于可能性分布证据体合成的有序可靠度决策方法

在决策过程中, 单一信息源获得的信息通常具有片面性和局限性, 因此需要将多个信息源的不同信息进行融合, 得到有效且符合实际的决策结果 [7–9]. 决策系统本身的结构和外界环境的影响以及工程人员对决策问题认知的模糊性, 使得决策信息存在着不确定性. 通过对多个信息源的不确定性信息进行可能性分布构造, 将各信息源的可能性分布进行合成, 进而对实际问题做出决策.

7.2.1　证据理论

证据理论是在 Bayes 理论的基础上发展起来的, 通过对识别框架中的命题赋予相应的 mass 函数并利用 D-S 合成规则得到决策结果 [10]. 证据理论由于其推理形

式简单, 是信息融合以及决策领域中常用方法之一 [11–14]. 然而基于该理论的决策方法仍存在以下两个问题:

(1) 该理论是以 mass 函数为基础的, 而 mass 函数通常通过概率分布得到, 并且需要充足的样本统计数据和先验知识. 在实际工程应用中, 尤其对于大规模的复杂系统来说, 由于条件限制以及成本问题, 要得到进行概率统计所需的大量样本数据十分困难, 甚至不可行. 在实验数据匮乏、样本数据较少的情况下, mass 函数不易甚至无法获取.

(2) 各信息源的可靠性是影响决策结果的另一因素. 在传统的 D-S 合成规则中, 各信息源可靠度的权重均相等, 当证据之间存在冲突时, 直接使用该规则会导致融合结果存在一定误差.

针对上述问题, 本节结合可能性分布合成的优点, 提出一种基于可能性分布证据体合成的有序可靠度决策方法. 将多源不确定性信息用可能性分布表征, 结合一系列数字特征, 提出一种加权质心法的可能性 mass 函数构造方法, 其可对任意样本数据进行处理; 根据各证据体的可能性 mass 函数, 提出一种有序可靠度权重分配方法, 避免了传统 D-S 合成规则中未考虑各信息源可靠性权重的差异性对决策结果造成的影响; 最后利用基于折扣系数法的 D-S 合成规则将多源信息进行融合, 根据决策规则得到决策结果 [15,16], 具体流程图如图 7.6 所示.

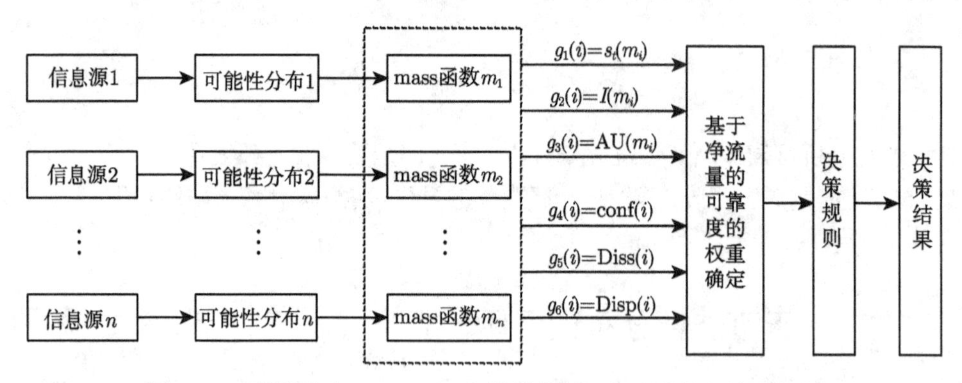

图 7.6　可能性分布 ——mass 函数转化与可靠度决策方法流程图

7.2.2　可能性 mass 函数

在证据理论中, mass 函数表示证据对某一事件的支持程度, 针对实验数据较少的情况, mass 函数不易获取. 考虑到各信息源提供的信息具有不确定性, 并利用可能性分布可对少量数据进行描述这一优势, 将证据空间中的事件 $A_j(j=1,2,\cdots,n)$ 用可能性分布表示, 构造可能性 mass 函数, 进而利用该函数进行融合及决策. 由于可能性分布的数字特征能够反映不确定性信息的分布及变化情况, 如歪度作为可能性分布的三阶矩特征, 表示测量数据的偏斜程度 [17−19]. 若歪度 $p_2(\tilde{A}) = 0$, 说明测量数据均匀地分布在均值的两侧; $p_2(\tilde{A}) < 0$, 说明该可能性分布左侧的尾部比右侧的长, 绝大多数的数据位于均值的右侧, 此时分布的主体集中在右侧; 若 $p_2(\tilde{A}) > 0$, 说明该可能性分布右侧的尾部比左侧的长, 绝大多数的数据位于均值的左侧, 此时分布的主体集中在左侧. 而质心反映了不确定性信息的可能性分布在论域上集中的地方, 因此, 本节根据测量数据的均值、方差和偏度等数字特征, 提出一种基于加权质心法的可能性 mass 函数构造方法, 具体步骤如下:

步骤 1 对于可能性集 A_j 的可能性分布 $\pi_{A_j} = [a_1, a_2, a_3, a_4; \omega]_n$, 计算两端点的均值: $\mu = \dfrac{a_1 + a_4}{2}$, 测量数据的方差: $\sigma = \sqrt{\dfrac{1}{n-1}\sum_{i=1}^{n}(a_i - \mu)^2}$, 偏度 $p_2 = \dfrac{\sum_{i=1}^{n}(a_i-\mu)^3}{n\sigma^3}$, 其中, n 表示可能性分布支架点的个数, 且 $n = 4$, $p_2 \in [-1, 1]$.

步骤 2 一般来说, 以均值 μ 为基准的左、右可能性分布的权重并非均相等, 根据可能性分布的偏度, 可计算左、右可能性分布的权重 w_1 和 w_2. 偏度 p_2 与左、右可能性分布权重的关系见表 7.4.

表 7.4 偏度 p_2 与左、右可能性分布权重 ω_1, ω_2 的关系

	$-1 \leqslant p_2 < -0.5$	$-0.5 \leqslant p_2 < -0.1$	$-0.1 \leqslant p_2 < 0.1$	$0.1 < p_2 \leqslant 0.5$	$0.5 < p_2 \leqslant 1$
左分布权重w_1	$1-\lvert p_2\rvert$	$\lvert p_2\rvert$	0.5	$1-p_2$	p_2
右分布权重w_2	$\lvert p_2\rvert$	$1-\lvert p_2\rvert$	0.5	p_2	$1-p_2$

步骤 3 可能性分布函数不同, 其所对应的质心也不一定相同. 根据左、右可能性分布的权重和质心, 分别将左、右可能性分布的质心加权, 可得到证据空间中的事件 A_j 在以下三种情况下的可能性 mass 函数 $m(A_j)$.

(1) 当 $\pi(\mu)$ 取最大值, 即 $\pi(\mu) = \omega$ 时,

$$m(A_j) = w_1 \cdot \frac{\displaystyle\int_0^{\omega} y(\mu - g^{-1}(y))\mathrm{d}y}{\displaystyle\int_0^{\omega} (\mu - g^{-1}(y))\mathrm{d}y} + w_2 \cdot \frac{\displaystyle\int_0^{\omega} y(h^{-1}(y) - \mu)\mathrm{d}y}{\displaystyle\int_0^{\omega} (h^{-1}(y) - \mu)\mathrm{d}y}$$

(2) 当 $p_2 < 0$, $0 \leqslant \pi(\mu) < \omega$ 时,

$$m(A_j) = w_1 \cdot \frac{\displaystyle\int_0^{g^{-1}(\mu)} y(\mu - g^{-1}(y))\mathrm{d}y}{\displaystyle\int_0^{g^{-1}(\mu)} (\mu - g^{-1}(y))\mathrm{d}y}$$

$$+ w_2 \cdot \left(\frac{\displaystyle\int_0^{g^{-1}(\mu)} y(h^{-1}(y) - \mu)\mathrm{d}y}{2\displaystyle\int_0^{g^{-1}(\mu)} (h^{-1}(y) - \mu)\mathrm{d}y} + \frac{\displaystyle\int_{g^{-1}(\mu)}^{\omega} y(h^{-1}(y) - g^{-1}(y))\mathrm{d}y}{2\displaystyle\int_{g^{-1}(\mu)}^{\omega} (h^{-1}(y) - g^{-1}(y))\mathrm{d}y} \right)$$

(3) 当 $p_2 > 0, 0 \leqslant \pi(\mu) < \omega$ 时,

$$m(A_j) = w_1 \cdot \left(\frac{\displaystyle\int_0^{h^{-1}(\mu)} y(\mu - g^{-1}(y))\mathrm{d}y}{2\displaystyle\int_0^{h^{-1}(\mu)} (\mu - g^{-1}(y))\mathrm{d}y} + \frac{\displaystyle\int_{h^{-1}(\mu)}^{\omega} y(h^{-1}(y) - g^{-1}(y))\mathrm{d}y}{2\displaystyle\int_{h^{-1}(\mu)}^{\omega} (h^{-1}(y) - g^{-1}(y))\mathrm{d}y} \right)$$

$$+ w_2 \cdot \frac{\displaystyle\int_0^{h^{-1}(\mu)} y(h^{-1}(y) - \mu)\mathrm{d}y}{\displaystyle\int_0^{h^{-1}(\mu)} (h^{-1}(y) - \mu)\mathrm{d}y}$$

(4) 设识别框架 $\Theta = \{A_1, A_2, \cdots, A_n\}$, 对上述求得的可能性 mass 函数进行归一化处理, 具体公式为

$$m(A_j) = \begin{cases} m(A_k), & m(A_k) = \max\limits_{j=1,2,\cdots,n} m(A_i) \\ \dfrac{(1 - m(A_k)) \cdot m(A_j)}{1 - m(A_k) + \sum\limits_{\substack{j=1 \\ j \neq k}}^{n} m(A_j)}, & A_j \neq A_k \\ \dfrac{(1 - m(A_k))^2}{1 - m(A_k) + \sum\limits_{\substack{j=1 \\ j \neq k}}^{n} m(A_j)}, & A_j = \Theta \end{cases} \tag{7.8}$$

根据证据理论中 mass 函数的定义可知, 对于任一事件 A_j, 其 mass 函数 $m(A_j) \in [0,1]$, 且所有事件的 mass 函数相加之和为 1. 从步骤 3 可知, $0 \leqslant m(A_j) \leqslant 1$, $i = 1, 2, \cdots, n$; 将识别框架中所有事件的可能性 mass 函数相加得

$$m = m(A_k) + \frac{(1 - m(A_k)) \cdot \sum\limits_{\substack{j=1 \\ j \neq k}}^{n} m(A_i)}{1 - m(A_k) + \sum\limits_{\substack{j=1 \\ j \neq k}}^{n} m(A_j)} + \frac{(1 - m(A_k))^2}{1 - m(A_k) + \sum\limits_{\substack{j=1 \\ j \neq k}}^{n} m(A_j)} = 1 \tag{7.9}$$

经验证, 这里构造的可能性 mass 函数满足 mass 函数的基本性质, 且该方法对样本的数据量没有要求.

7.2.3 评估准则

在实际问题中, 各信息源 (证据体) 可靠性的权重不同, 为了在融合过程中体现各证据体的重要性, 已有一些文献通过距离测度这一准则来衡量各证据体间的支持度, 但是由于单一准则的局限性, 其不足以反映各证据体的重要性之间的差异, 导致对各证据体的权重无法进行有效估计 [20]. 为了评估各证据体以及证据体内各证据的可靠性, 本节利用证据体内和证据体间两类准则, 其中证据体内的准则与各信息源提供信息的不完整性有关, 而证据体间的准则考虑了各证据体间的冲突. 根据这两类准则 (表 7.5 和表 7.6), 利用基于熵权的 PROMETHEE-Ⅱ方法对各证据体的重要性进行排序.

表 7.5 证据体内的评估准则及性质

冲突测度	意义	表示证据体内各事件之间的冲突, 当进行决策时, 该准则越小越好
	具体公式	$\mathrm{St}(m)=-\sum_{A\subseteq\Theta}m(A)\log_2\left[\sum_{B\subseteq\Theta}m(B)\cdot\frac{\lvert A\cap B\rvert}{\lvert A\rvert}\right]$, 其中, A 和 B 为事件组成的集合
	性质	(1) $\mathrm{St}(m)$ 的最小值为 0, 当且仅当证据体中只包含一个事件 A_j 时, $m(A_j)=0$ (2) 当各事件的 mass 函数均相等且 $m(A_j)=\frac{1}{\lvert\Theta\rvert}$ 时, $\mathrm{St}(m)$ 的最大值为 $\log_2\lvert\Theta\rvert$
非特异性测度	意义	表示无法区分证据体中哪个事件为真的程度, 非特异性测度越大, 越难做出合理的决策
	具体公式	$I(m)=\sum_{A\subseteq\Theta}m(A)\cdot\log_2\lvert A\rvert$
	性质	(1) 证据体中只包含一个事件 A_j 时, $I(m)$ 取最小值 0 (2) 当 $m(\Theta)=1$ 时, $I(m)$ 取最大值 $\log_2\lvert\Theta\rvert$
综合不确定测度	意义	表示一组证据体不确定性测度的总量, 与 Pignistic 概率有关, 该测度的值越小, 对决策结果越有利
	具体公式	目标函数: $\mathrm{AU(Bel)}=\max\left\{-\sum_{A_j\in\Theta}P(A_j)\log_2 P(A_j)\right\}$ 约束条件: $\begin{cases}P(A_j)\in[0,1], & \sum_{A_j\in\Theta}P(A_j)=1\\ \mathrm{Bel}(A_j)\leqslant\sum_{A_j\in A}P(A_j)\leqslant Pl(A_j), & \forall A\subseteq\Theta\end{cases}$ 其中, Pignistic 概率 $\mathrm{Bet}P(A)=\sum_{B\subseteq\Theta}m(B)\cdot\frac{\lvert A\cap B\rvert}{\lvert B\rvert}$
	性质	(1) 当证据体中只包含一个事件 A_j 时, AU(Bel) 取最小值 0 (2) 当 $m(\Theta)=1$ 或各证据的 mass 函数均相等且 $m(A_j)=\frac{1}{\lvert\Theta\rvert}$ 时, $I(m)$ 取最大值 $\log_2\lvert\Theta\rvert$

表 7.6 证据体间的评估准则及性质

冲突熵	意义	表示各证据体间的冲突
	具体公式	$\mathrm{Conf}(i)=\mathrm{Conf}(m_i,\overline{m})$, $\overline{m}$ 表示除证据体 i 之外的其他证据体的平均 mass 函数, 即 $\bar{m}=\dfrac{1}{k-1}\sum\limits_{\substack{q=1\\q\neq i}}^{k}m_q$, 并将证据体 i 和 q 的冲突熵定义为 $\mathrm{Conf}(m_i,m_q)=-\log_2(1-K)$, 其中 K 表示证据体 i 和 q 这两组证据中各个证据之间的冲突程度, 与 D-S 合成规则公式中 K 表示的含义相同
距离测度	意义	通过证据体间的距离, 表示各证据体的相异性, 该值越小越好
	具体公式	$\mathrm{Diss}(i)=\dfrac{1}{k-1}\sum\limits_{\substack{q=1\\q\neq i}}^{k}d(m_i,m_q)$, 其中 $d(m_i,m_q)$ 表示证据体 i 和 q 之间的距离, $d(m_i,m_q)=\sqrt{\dfrac{1}{2}(m_i-m_q)^{\mathrm{T}}D(m_i-m_q)}$, D 为一个 $2^{\lvert\Theta\rvert}\times 2^{\lvert\Theta\rvert}$ 的矩阵, 且 $D_{hl}=\dfrac{\lvert A_h\cap A_l\rvert}{\lvert A_h\cup A_l\rvert}$
差异测度	意义	通过 Pignistic 概率, 度量各证据体之间的差异性, 该值越小越好
	具体公式	$\mathrm{Disp}(i)=\dfrac{1}{k-1}\sum\limits_{\substack{q=1\\q\neq i}}^{k}\mathrm{disp}(m_i,m_q)$, 其中 $\mathrm{disp}(m_i,m_q)=\mathrm{DifBet}P(m_i,m_q)=\max\limits_{A\subseteq\Theta}(\lvert\mathrm{Bet}P_i(A)-\mathrm{Bet}P_q(A)\rvert)$

其中, 冲突测度和非特异性测度之和为总不确定度 [21].

上述 6 种准则都为成本型准则, 且各准则可构成一个准则矩阵 $g_p(i)$, 其中 $i=1,2,\cdots,k$, 表示证据体的个数; $p=1,2,\cdots,N$, 表示准则的个数, 这里 $N=6$. 通过信息熵来确定各准则的权重, 具体过程如下:

步骤 1 将 $g_p(i)$ 归一化得 $a_{ip}=\dfrac{g_p(i)}{\sum\limits_{i=1}^{k}g_p(i)}$;

步骤 2 计算每一准则的熵 $E_p=-h\sum\limits_{i=1}^{k}a_{ip}\log_2(a_{ip})$, 其中 $h=\dfrac{1}{\log_2 k}$;

步骤 3 计算各准则的差异度 $G_p=1-E_p$;

步骤 4 将 G_p 归一化, 得各准则的熵权 $v_p=\dfrac{G_p}{\sum\limits_{p=1}^{N}G_p}$.

7.2.4 有序可靠度权重分配

PROMETHEE-Ⅱ方法 [22] 是利用偏好函数和各准则权值系数, 通过定义两证据体的偏好优序指数, 计算每一证据体优序级别的正方向和负方向, 并根据优序关系确定各证据体重要性的一个整体排序. 具体步骤如下:

步骤 1 构造偏好函数, 一般情况下, 偏好函数采用 "非 0 即 1" 的特征函数, 虽然计算简单, 但无法区分同一准则下各证据体之间的差别. 本节根据决策距离以及偏好函数的关系构造可能性分布, 具体公式为

$$P(d_{ij}^p) = \begin{cases} 0, & d_{ij}^p \leqslant \min\limits_{d_{ij}^p>0} d_{ij}^p \\ \dfrac{d_{ij}^p - \min\limits_{d_{ij}^p>0} d_{ij}^p}{\max\limits_{d_{ij}^p>0} d_{ij}^p - \min\limits_{d_{ij}^p>0} d_{ij}^p}, & \min\limits_{d_{ij}^p>0} d_{ij}^p < d_{ij}^p \leqslant \max\limits_{d_{ij}^p>0} d_{ij}^p \end{cases} \tag{7.10}$$

其中, $i,j = 1,2,\cdots,k$, $p = 1,2,\cdots,N$, 考虑到上述准则都为成本型准则, $d_{ij}^p = g_p(j) - g_p(i)$.

步骤 2 计算偏好优序指数: $C_{ij} = \sum\limits_{p=1}^{N} v_p P(d_{ij}^p)$.

步骤 3 分别计算每一证据体优序级别的正方向 ϕ_i^+(图 7.7 (a)) 和负方向 ϕ_i^-(图 7.7 (b)):

$$\phi_i^+ = \sum_{\substack{j=1 \\ i\neq j}}^{k} C_{ij} \tag{7.11}$$

$$\phi_i^- = \sum_{\substack{j=1 \\ i\neq j}}^{k} C_{ji} \tag{7.12}$$

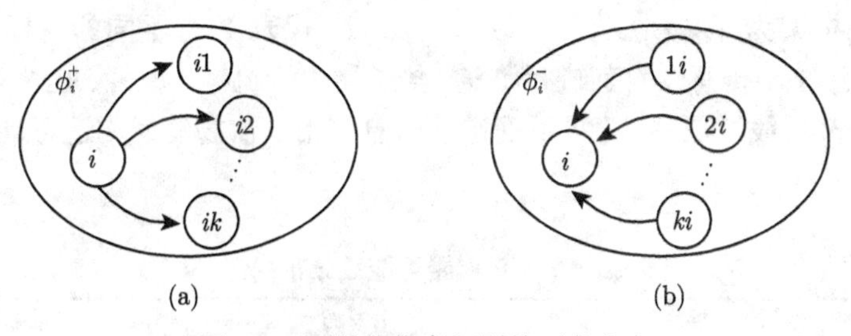

图 7.7 证据体优序级别的正负方向

步骤 4 计算净流量 $\phi_i = \phi_i^+ - \phi_i^-$, 若 $\phi_i > 0$, 说明该证据体的优势大于劣势; 若 $\phi_i < 0$, 说明该证据体的优势小于劣势, ϕ_i 越大, 说明该证据体的重要性 (权重)α_i 越高, 为了计算简便, 将 ϕ_i 归一化到 [0,1] 区间, 得 $\eta_i = \dfrac{2^{\phi_i}}{2^{\max \phi_i}}$.

步骤 5　由于各证据体的权重 α_i 是关于 ϕ_i 的增函数, 因此, α_i 和 η_i 的关系可用偏大型可能性分布来表示:

$$\alpha_i = \pi(\eta_i) = \begin{cases} 0, & \eta_i < a \\ 0.5 \times \left(\dfrac{\eta_i - a}{b - a}\right)^{0.5} + 0.5, & a \leqslant \eta_i \leqslant b \\ 1, & \eta_i > b \end{cases} \tag{7.13}$$

其中, $a = \min \eta_i$, $b = \max \eta_i$, $i = 1, 2, \cdots, k$.

根据各证据体的权重系数对相对应的证据体进行修正, 利用折扣系数法 [23] 对各证据体重新赋值, 得到新的可能性 mass 函数, 最后根据 D-S 组合规则对各证据体进行合成. 要对决策结果做出判断, 就需要一定的判定准则 [24]. 结合所提出的方法, 给出以下基本准则: 判定结果的可能性 mass 函数应最大, 且应大于 0.5; 判定结果和其他结果的可能性 mass 函数之差应大于 0.15; 不确定度应小于 0.3.

7.2.5　实例分析

在目标识别系统中, 通常有主动信息源和被动信息源、实时各信息源和非实时信息源、成像信息源和非成像信息源、一维信息源和多维信息源、合作信息源和非合作信息源等. 各信息源在目标识别系统中所起的作用不同, 其提供信息的重要性也不尽相同.

在复杂多变的战场环境中, 通常很难获得关于目标的空间分布情况、状态估计误差等大量的统计数据, 在样本数据匮乏的情况下获取 mass 函数就十分困难. 因此有必要将有限的信息进行描述.

令识别框架为 $\{A, B, C, U\}$, 其中 A, B, C 代表 3 个不同的目标, U 表示不明物体, 共有 6 个传感器对其进行测量, 传感器由于机械、温度、压力等原因使得获取的信息产生线性漂移, 并将不确定性信息利用二次抛物线构造可能性分布, 如表 7.7 所示.

表 7.7　传感器可能性分布构造

传感器	目标A	目标B	目标C
1	$[4.2, 5.3, 6.7, 7.8\ ; 1]_2$	$[4.5, 5.5, 9.6, 10.6; 1]_2$	$[4.3, 5.2, 11.3, 12.2; 1]_2$
2	$[0.3, 0.4, 0.6, 0.9\ ; 1]_2$	$[0.4, 0.8, 1.3, 2.2\ ; 1]_2$	$[0.6, 0.7, 0.9, 1.3\ ; 1]_2$
3	$[1.0, 9.1, 12.2, 20.3\ ; 1]_2$	$[1.5, 8.3, 18.2, 19.0\ ; 1]_2$	$[1.4, 7.2, 13.2, 18.8\ ; 1]_2$
4	$[2.7, 3.0, 4.4, 4.7; 1]_2$	$[2.1, 2.4, 3.4, 3.7\ ; 1]_2$	$[3.7, 4.0, 6.0, 6.3\ ; 1]_2$
5	$[1.7, 6.7, 8.8, 13.6\ ; 1]_2$	$[0.6, 7.8, 9.1, 16.3\ ; 1]_2$	$[3.2, 6.6, 8.1, 11.7\ ; 1]_2$
6	$[3.2, 5.5, 5.7, 8.3\ ; 1]_2$	$[4.6, 4.8, 5.7, 9.6\ ; 1]_2$	$[3.5, 4.2, 6.9, 8.0\ ; 1]_2$

利用上述方法可得到各证据体的可能性 mass 函数, 见表 7.8. 将表 7.8 中各证据体的可能性 mass 函数直接利用 D-S 合成规则进行合成, 可得 $m(U)=0$, 即不明物体的支持程度为 0, 这是不合理的, 因为表 7.8 中各传感器对不明物体的可能性 mass 函数都有相应的赋值, 并且未考虑各传感器可靠度对合成结果的影响, 导致合成结果错误.

表 7.8 各证据体的 mass 函数

传感器	$m(A)$	$m(B)$	$m(C)$	$m(U)$
1	0.2233	0.2445	0.4821	0.0501
2	0.2267	0.2238	0.4549	0.0946
3	0.1964	0.4735	0.2224	0.1078
4	0.2461	0.2418	0.4818	0.0302
5	0.3781	0.2131	0.2351	0.1737
6	0.4749	0.1719	0.2430	0.1102

利用 7.2.4 节提出的有序可靠度决策方法进行决策可得到决策结果, 其中表 7.9 为 6 种评估准则的结果.

表 7.9 几种评估准则

评估准则 \ 传感器	1	2	3	4	5	6
St(m)	1.3601	1.2601	1.2038	1.4215	1.1203	1.1889
$I(m)$	0.0794	0.1499	0.1709	0.0479	0.2753	0.1747
AU(Bel)	1.5170	1.5392	1.5245	1.5172	1.5786	1.5233
Conf(i)	1.1883	1.1186	1.1893	1.2174	1.0339	1.1478
Diss(i)	0.1521	0.1471	0.2513	0.1509	0.1835	0.2193
Disp(i)	0.1520	0.1449	0.2598	0.1468	0.1825	0.2314

利用基于熵权的 PROMETHEE-Ⅱ方法得到各证据体的净流量 ϕ_i:

$$\phi_1=1.4441,\quad \phi_2=0.2222,\quad \phi_3=-0.7836,\quad \phi_4=2.0155,\quad \phi_5=-2.2363,\quad \phi_6=-0.6619$$

将 ϕ_i 进行大小排序得 $\phi_4>\phi_1>\phi_2>\phi_6>\phi_3>\phi_5$, 由于各信息源可靠度的权重 α_i 是关于归一化后的净流量 η_i 的增函数, 如图 7.8 所示, 则 α_i 的大小排序应与 ϕ_i 保持一致, 利用式 (7.13) 可得各传感器的可靠度权重:

$$\alpha_1=0.9046,\quad \alpha_2=0.7496,\quad \alpha_3=0.6551,\quad \alpha_4=1.0000,\quad \alpha_5=0.5000,\quad \alpha_6=0.6655$$

图 7.8 中的 6 个黑点的纵坐标分别表示传感器 5, 3, 6, 2, 1, 4 的可靠度权重 (从左往右). 根据各权重系数对各证据体的可能性 mass 函数进行折扣操作, 并利用 D-S 合成规则得到合成结果, 见表 7.10.

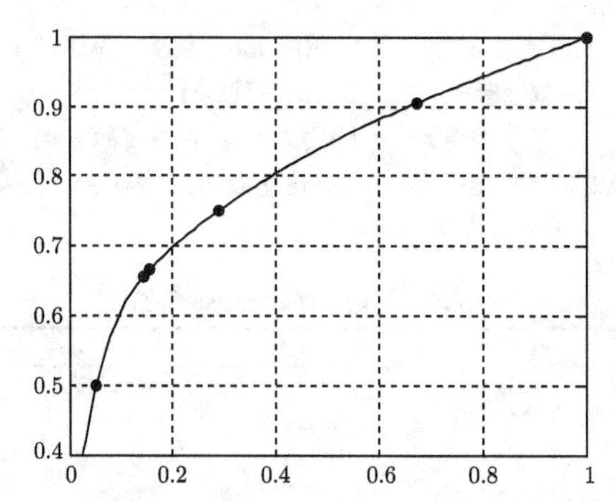

图 7.8 归一化后的净流量 η_i 与可靠度权重 α_i 之间的关系

表 7.10 折扣后的 mass 函数以及决策结果

传感器	$m(A)$	$m(B)$	$m(C)$	$m(U)$	决策结果
1	0.2020	0.2212	0.4361	0.1407	不确定
2	0.1699	0.1677	0.3410	0.3214	不确定
3	0.1287	0.3102	0.1457	0.4155	不确定
4	0.2461	0.2418	0.4818	0.0302	不确定
5	0.1891	0.1066	0.1176	0.5868	不确定
6	0.3161	0.1144	0.1617	0.4078	不确定
合成结果	0.1993	0.1771	0.6212	0.0019	目标C

从表 7.10 可以看出, 决策结果为目标 C, 且仅利用单一传感器的信息无法得出决策结果. 由于目标 C 在传感器 1,2 和 4 中都具有最大的基本信任分配, 且传感器 4 的可靠性最高, 因此决策结果为 C 是合理的. 将各传感器提供的信息分别利用本节方法和 D-S 合成方法进行总不确定度计算, 结果见表 7.11.

表 7.11 两种方法的总不确定度结果

传感器	1	2	3	4	5	6
D-S 合成方法得到的总不确定度	1.4395	1.4100	1.3747	1.4694	1.3956	1.3636
本节方法的总不确定度	1.3783	1.3385	1.3324	1.4694	1.3878	1.3277

根据图 7.9 两种方法的不确定度比较可知, 传感器 1,2,3,5 和 6 的信息利用本节方法得到的不确定度均比 D-S 合成方法得到的不确定度小, 且不确定度平均减少了 3.12%. 由于传感器 4 的可靠度为 1, 所以传感器 4 的不确定度结果不变. 该方法考虑了各传感器的可靠性对决策结果的影响, 并对各传感器的重要性进行排序, 同时该方法可有效减少各传感器提供信息的不确定度, 从而提高识别系统的可靠性.

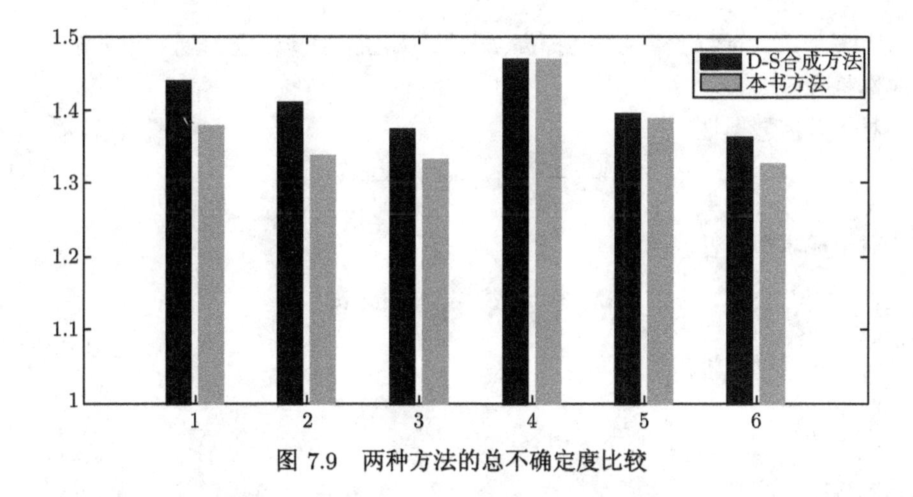

图 7.9 两种方法的总不确定度比较

7.3 基于可能性理论的扩展 TOPSIS 决策方法

多属性决策是通过利用已有的决策信息, 根据一定的决策准则对有限个备选方案进行排序优化的一种决策方法, 其中 TOPSIS 方法是一种经典且有效的多属性决策方法, 比较符合一般人们的思维习惯 [25].

7.3.1 TOPSIS 方法

TOPSIS 方法的基本思想是: 所选择的方案尽可能地接近正理想解, 同时又尽可能地远离负理想解, 或者在正理想解和负理想解中寻求比较满意的方案. 首先建立初始化决策矩阵并将矩阵进行归一化处理, 接着找出方案集中的最优方案和最劣方案 (即正、负理想解), 然后计算各方案与正、负理想解的距离, 进而得到各方案与正、负理想解的接近程度, 并以此作为决策准则, 对各方案进行排序, 具体步骤如下:

步骤 1 确定属性集 $C=\{C_j|j=1,2,\cdots,m\}$, 方案集 $X=\{X_i|i=1,2,\cdots,n\}$.

步骤 2 根据方案 X_i 关于属性 C_j 的属性值, 构造决策矩阵 $L=[a_{ij}]_{n\times m}$, 其中, a_{ij} 表示方案 X_i 关于属性 C_j 的评价值.

步骤 3 设属性 C_j 的权重为 ω_j, 并且满足 $\sum\limits_{j=1}^{m}\omega_j=1,\ 0<\omega_j<1$.

步骤 4 将决策矩阵归一化. 一般地, 根据实际决策问题, 将决策属性分为效益型属性、成本型属性和折中型属性, 其中效益型属性是指属性值越大越好的属性, 如产品的质量; 成本型属性是指属性值越小越好的属性, 如产品成本、加工完成时间等; 折中型属性的属性值处于最大值和最小值之间, 如供应链中仓库位置的选择,若仓库离工厂太远, 运输成本会提高; 若仓库离工厂太近, 仓库到下级分销商的运输成本就会提高.

对于效益型属性,

$$a'_{ij} = \frac{a_{ij}}{a_j^+}, \quad a_j^+ = \max_i a_{ij} \tag{7.14}$$

对于成本型属性,

$$a'_{ij} = \frac{a_j^-}{a_{ij}}, \quad a_j^- = \min_i a_{ij} \tag{7.15}$$

对于折中型属性,

$$a'_{ij} = \begin{cases} \dfrac{a_{ij}}{a_j}, & a_{ij} < a_j \\ 1, & a_{ij} = a_j, \quad a_j = \dfrac{\max\limits_i a_{ij} + \min\limits_i a_{ij}}{2} \\ \dfrac{a_j}{a_{ij}}, & a_{ij} > a_j \end{cases} \tag{7.16}$$

即可得到归一化的决策矩阵 $L' = [a'_{ij}]_{n\times m}$.

步骤 5　确定正理想解与负理想解.

设正理想解、负理想解分别为 E^+,E^-, 则 $E^+ = \{e_1^+, e_2^+, \cdots, e_m^+\}$, 其中, $e_j^+ = \max\limits_i a'_{ij}$, 即正理想解为决策矩阵中每一行元素的最大值构成的向量; $E^- = \{e_1^-, e_2^-, \cdots, e_m^-\}$, 其中, $e_j^- = \min\limits_i a'_{ij}$, 即负理想解为决策矩阵中每一行元素的最小值构成的向量.

步骤 6　计算各方案与正、负理想解的欧氏距离:

$$d_i^+ = \sqrt{\sum_{j=1}^m ((a'_{ij} - e_j^+)\omega_j)^2} \tag{7.17}$$

$$d_i^- = \sqrt{\sum_{j=1}^m ((a'_{ij} - e_j^-)\omega_j)^2} \tag{7.18}$$

步骤 7　计算各方案与正、负理想解的相对接近系数:

$$u_i = \frac{d_i^-}{d_i^- + d_i^+} \tag{7.19}$$

且 $u_i \in [0,1]$.

步骤 8　确定方案的优劣顺序. 根据相对接近系数由大到小的顺序, 对各方案进行优劣排序, 选择出最佳方案.

7.3.2 扩展 TOPSIS 方法

在实际决策中, 由于决策问题本身的不确定性, 决策矩阵中的实数元素已不能满足要求, 为此一些学者将传统 TOPSIS 方法扩展到模糊环境中, 如 Jahanshahloo 等将决策矩阵中的元素用区间数表示 [26]; Shih 等提出一种扩展 TOPSIS 的群体决策方法, 该方法将决策者的偏好考虑在内 [27]; Chen 和 Tsao 提出了一种基于区间数的模糊 TOPSIS 方法 [28]; Izadikhah 将 Hamming 距离用于模糊环境下的扩展 TOPSIS 方法 [29]; Vahdani 将主观判断和客观信息相结合提出了一种新的模糊 TOPSIS 方法 [30]. 上述的模糊 TOPSIS 方法利用决策矩阵元素的均值来进行各方案与理想解距离的计算, 而均值类似于风险投资中收益指标; 在此基础上, 文献 [25] 将可能性均值和可能性方差引入到模糊 TOPSIS 方法中, 可能性均值反映了信息的整体变化趋势, 与风险投资中的收益指标相对应; 可能性方差是衡量不确定信息波动性大小的指标, 波动性越大, 说明该项投资的风险就越大. 但是该方法将收益指标和风险指标同等对待, 在实际决策中, 人们更期望得到高收益、低风险的方案, 本节对文献 [25] 的接近系数进行改进, 通过给可能性均值和可能性方差的接近系数分别赋予不同的权重, 得到不同情况下各方案的排序, 并以此为据, 得到更合理的决策结果. 为此, 本节将 TOPSIS 方法扩展到多属性不确定决策问题中, 将决策矩阵中的元素用三角可能性分布表示, 提出了一种基于可能性理论的扩展 TOPSIS 决策方法, 如图 7.10 所示.

具体过程如下:

步骤 1 确定属性集 $C=\{C_j|j=1,2,\cdots,m\}$, 方案集 $X=\{X_i|i=1,2,\cdots,n\}$ 以及各属性的权重 $\tilde{\omega}_j$.

步骤 2 根据方案 X_i 关于属性 C_j 的属性值, 构造可能性决策矩阵 $L=[\tilde{l}_{ij}]_{n\times m}$, 其中, $\tilde{l}_{ij}=(a_{ij}-\alpha_{ij},a_{ij},a_{ij}+\beta_{ij})$.

步骤 3 根据不同的属性类型, 将决策矩阵进行归一化处理.

对于效益型属性,

$$\tilde{l}'_{ij}=\left(\frac{a_{ij}-\alpha_{ij}}{(a_{ij}+\beta_{ij})^{+}},\frac{a_{ij}}{(a_{ij}+\beta_{ij})^{+}},\frac{a_{ij}+\beta_{ij}}{(a_{ij}+\beta_{ij})^{+}}\right) \tag{7.20}$$

对于成本型属性,

$$\tilde{l}'_{ij}=\left(\frac{(a_{ij}-\alpha_{ij})^{-}}{a_{ij}+\beta_{ij}},\frac{(a_{ij}-\alpha_{ij})^{-}}{a_{ij}},\frac{(a_{ij}-\alpha_{ij})^{-}}{a_{ij}-\alpha_{ij}}\right) \tag{7.21}$$

即可得到归一化的决策矩阵 $L'=[\tilde{l}'_{ij}]_{n\times m}$.

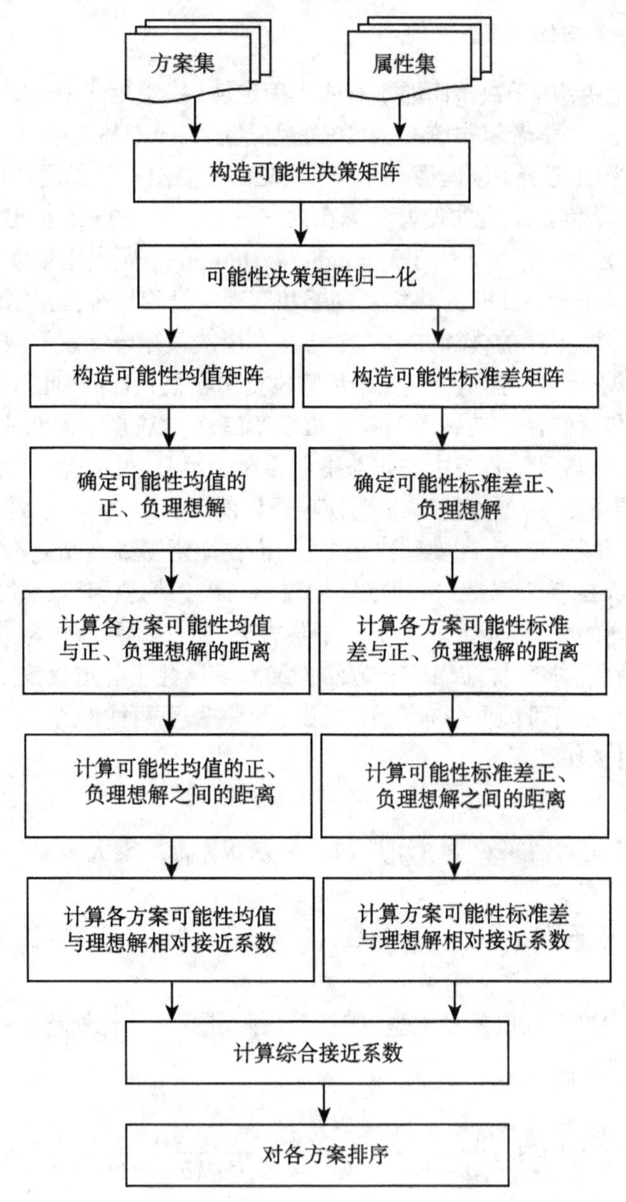

图 7.10　基于可能性分布的扩展 TOPSIS 决策方法流程图

步骤 4　构造可能性均值矩阵 $M(L') = [M(\tilde{l}'_{ij})]_{n\times m}$ 和可能性标准差矩阵 $\mathrm{StD}(L') = [\mathrm{StD}(\tilde{l}'_{ij})]_{n\times m}$, 由于 L' 中每一个元素均为三角可能性分布, 所以每一个元素均有一个均值和标准差, 且

$$M(\tilde{l}'_{ij}) = a'_{ij} + \frac{1}{6}(\beta'_{ij} - \alpha'_{ij}), \quad \mathrm{StD}(\tilde{l}'_{ij}) = \sqrt{\mathrm{Var}(l'_{ij})} = \sqrt{\frac{1}{24}}(\beta'_{ij} + \alpha'_{ij}) \tag{7.22}$$

步骤 5 确定可能性均值的正、负理想解:

$$M(L')^{+} = (M(\tilde{l}'_1)^{+}, M(\tilde{l}'_2)^{+}, \cdots, M(\tilde{l}'_m)^{+}), \quad M(\tilde{l}'_j)^{+} = \max_i M(\tilde{l}'_{ij}) \tag{7.23}$$

$$M(L')^{-} = (M(\tilde{l}'_1)^{-}, M(\tilde{l}'_2)^{-}, \cdots, M(\tilde{l}'_m)^{-}), \quad M(\tilde{l}'_j)^{-} = \min_i M(\tilde{l}'_{ij}) \tag{7.24}$$

步骤 6 确定可能性标准差的正、负理想解:

$$\mathrm{StD}(L')^{+} = (\mathrm{StD}(\tilde{l}'_1)^{+}, \mathrm{StD}(\tilde{l}'_2)^{+}, \cdots, \mathrm{StD}(\tilde{l}'_m)^{+}), \quad \mathrm{StD}(\tilde{l}'_j)^{+} = \max_i \mathrm{StD}(\tilde{l}'_{ij}) \tag{7.25}$$

$$\mathrm{StD}(L')^{-} = (\mathrm{StD}(\tilde{l}'_1)^{-}, \mathrm{StD}(\tilde{l}'_2)^{-}, \cdots, \mathrm{StD}(\tilde{l}'_m)^{-}), \quad \mathrm{StD}(\tilde{l}'_j)^{-} = \min_i \mathrm{StD}(\tilde{l}'_{ij}) \tag{7.26}$$

步骤 7 分别计算各方案的可能性均值和可能性标准差与正、负理想解的距离:

$$d_i(M(L')^{+}) = \sqrt{\sum_{j=1}^{m} ((M(\tilde{l}'_j)^{+} - M(\tilde{l}'_{ij}))\omega_j)^2} \tag{7.27}$$

$$d_i(M(L')^{-}) = \sqrt{\sum_{j=1}^{m} ((M(\tilde{l}'_j)^{-} - M(\tilde{l}'_{ij}))\omega_j)^2} \tag{7.28}$$

$$d_i(\mathrm{StD}(L')^{+}) = \sqrt{\sum_{j=1}^{m} ((\mathrm{StD}(\tilde{l}'_j)^{+} - \mathrm{StD}(\tilde{l}'_{ij}))\omega_j)^2} \tag{7.29}$$

$$d_i(\mathrm{StD}(L')^{-}) = \sqrt{\sum_{j=1}^{m} ((\mathrm{StD}(\tilde{l}'_j)^{-} - \mathrm{StD}(\tilde{l}'_{ij}))\omega_j)^2} \tag{7.30}$$

$$d_i(M(L')) = \sqrt{\sum_{j=1}^{m} ((M(\tilde{l}'_j)^{+} - M(\tilde{l}'_j)^{-})\omega_j)^2} \tag{7.31}$$

$$d_i(\mathrm{StD}(L')) = \sqrt{\sum_{j=1}^{m} ((\mathrm{StD}(\tilde{l}'_j)^{+} - \mathrm{StD}(\tilde{l}'_j))\omega_j)^2} \tag{7.32}$$

其中, $d_i(M(L'))$ 表示可能性均值的正、负理想解之间的距离, $d_i(\mathrm{StD}(L'))$ 表示可能性标准差的正、负理想解之间的距离.

步骤 8 计算各方案的可能性均值和可能性标准差与理想解的相对接近系数:

$$u_i(M(L')) = \frac{1}{2}\left[1 + \frac{d_i(M(L')^-) - d_i(M(L')^+)}{d_i(M(L'))}\right] \tag{7.33}$$

$$u_i(\mathrm{StD}(L')) = \frac{1}{2}\left[1 + \frac{d_i(\mathrm{StD}(L')^-) - d_i(\mathrm{StD}(L')^+)}{d_i(\mathrm{StD}(L'))}\right] \tag{7.34}$$

并且 $u_i(M(L'))$ 和 $u_i(\mathrm{StD}(L'))$ 具有以下性质:

性质 1　$0 \leqslant u_i(M(L')) \leqslant 1, 0 \leqslant u_i(\mathrm{StD}(L')) \leqslant 1$.

性质 2　$u_i(M(L'))$ 关于 $d_i(M(L')^-)$ 单调递增, 关于 $d_i(M(L')^+)$ 单调递减; $u_i(\mathrm{StD}(L'))$ 关于 $d_i(\mathrm{StD}(L')^-)$ 单调递增, 关于 $d_i(\mathrm{StD}(L')^+)$ 单调递减.

性质 3　当 $d_i(M(L')^+) = 0$ 时, 即方案的可能性均值是正理想解时, 有 $u_i(M(L')) = 1$ 成立; 当 $d_i(M(L')^-) = 0$ 时, 即方案的可能性均值是负理想解时, 有 $u_i(M(L')) = 0$ 成立.

性质 4　当 $d_i(\mathrm{StD}(L')^+) = 0$ 时, 即方案的可能性标准差是正理想解时, 有 $u_i(\mathrm{StD}(L')) = 1$ 成立.

当 $d_i(\mathrm{StD}(L')^-) = 0$ 时, 即方案的可能性标准差是负理想解时, 有 $u_i(\mathrm{StD}(L')) = 0$ 成立.

性质 5　利用式 (7.29) 和式 (7.30) 计算各方案的综合相对接近系数:

$$u_i = (u_i(M(L')))^{\alpha} \cdot (u_i(\mathrm{StD}(L')))^{\beta} \tag{7.35}$$

其中, $\alpha + \beta = 1$, α 和 β 分别表示 $u_i(M(L')$ 和 $u_i(\mathrm{StD}(L')$ 的重要性, 根据 u_i 的大小对各方案进行排序.

7.3.3　实例分析

利用文献 [31] 的实验数据对本节方法进行验证, 某一决策问题的方案集为 $\{X_1, X_2, X_3, X_4\}$, 属性集为 $\{C_1, C_2, C_3, C_4, C_5\}$, 且均是效益性指标, 其可能性决策矩阵见表 7.12.

表 7.12　可能性决策矩阵

方案集	属性集				
	C_1	C_2	C_3	C_4	C_5
X_1	[0.30, 0.45, 0.62]	[0.48, 0.51, 0.55]	[0.80, 0.85, 0.91]	[0.87, 0.89, 0.91]	[0.85, 0.88, 0.93]
X_2	[0.38, 0.55, 0.60]	[0.47, 0.49, 0.55]	[0.77, 0.83, 0.90]	[0.87, 0.90, 0.93]	[0.86, 0.89, 0.91]
X_3	[0.35, 0.45, 0.60]	[0.45, 0.50, 0.54]	[0.76, 0.85, 0.91]	[0.85, 0.88, 0.90]	[0.88, 0.90, 0.94]
X_4	[0.35, 0.45, 0.55]	[0.50, 0.52, 0.58]	[0.80, 0.85, 0.87]	[0.85, 0.89, 0.91]	[0.86, 0.87, 0.93]

利用式 (7.20) 可得可能性均值矩阵 $M(L')$ 和可能性方差 $\mathrm{StD}(L')$ 分别为

$$M(L') = \begin{bmatrix} 0.7312 & 0.8822 & 0.9359 & 0.9570 & 0.9397 \\ 0.8548 & 0.8563 & 0.9139 & 0.9677 & 0.9450 \\ 0.7392 & 0.8592 & 0.9286 & 0.9444 & 0.9610 \\ 0.7258 & 0.9080 & 0.9286 & 0.9534 & 0.9344 \end{bmatrix}$$

$$\mathrm{StD}(L') = \begin{bmatrix} 0.1054 & 0.0246 & 0.0247 & 0.0088 & 0.0174 \\ 0.0724 & 0.0282 & 0.0292 & 0.0132 & 0.0109 \\ 0.0823 & 0.0317 & 0.0336 & 0.0110 & 0.0130 \\ 0.0658 & 0.0282 & 0.0157 & 0.0132 & 0.0152 \end{bmatrix}$$

分别计算各方案的可能性均值、可能性标准差的正、负理想解的距离, 见表 7.13.

表 7.13 可能性均值与可能性标准差与正、负理想解的距离

距离	方案集			
	X_1	X_2	X_3	X_4
$d_i(M(L')^+)$	0.0644	0.0106	0.0608	0.0670
$d_i(M(L')^-)$	0.0065	0.0670	0.0076	0.0104
$d_i(M(L'))$	0.0678			
$d_i(\mathrm{StD}(L')^+)$	0.0205	0.0039	0.0089	0.0009
$d_i(\mathrm{StD}(L')^-)$	0.0018	0.0171	0.0120	0.0206
$d_i(\mathrm{StD}(L'))$	0.0207			

当 $\alpha = 0.5, \beta = 0.5$ 时, 计算各方案的接近系数及排序结果, 结果见表 7.14.

表 7.14 各方案的接近系数及排序

方案集	接近系数及排序结果			
	$u_i(M(L'))$	$u_i(\mathrm{StD}(L'))$	u_i	排序结果
X_1	0.0730	0.0464	0.0582	4
X_2	0.9152	0.8208	0.8667	1
X_3	0.1083	0.5737	0.2493	3
X_4	0.0826	0.9781	0.2842	2

因此, 各方案的排序为：$X_2 > X_4 > X_3 > X_1$, 与文献 [31] 基于模糊理想点的决策方法所得的排序结果是一致的, 说明本节方法是有效可行的. 除此之外, 该方法可根据决策者自己的偏好调整参数 α 和 β 的取值, 得到相应的决策结果, 见表 7.15.

表 7.15 当 α 和 β 取不同值时, 各方案的排序结果

α	β	各方案排序结果
0	1	$X_4 > X_2 > X_3 > X_1$
0.1	0.9	$X_2 > X_4 > X_3 > X_1$
0.2	0.8	$X_2 > X_4 > X_3 > X_1$
0.3	0.7	$X_2 > X_4 > X_3 > X_1$
0.4	0.6	$X_2 > X_4 > X_3 > X_1$
0.6	0.4	$X_2 > X_4 > X_3 > X_1$
0.7	0.3	$X_2 > X_3 > X_4 > X_1$
0.8	0.2	$X_2 > X_3 > X_4 > X_1$
0.9	0.1	$X_2 > X_3 > X_4 > X_1$
1	0	$X_2 > X_3 > X_4 > X_1$

7.4 本章小结

本章对利用可能性理论的三种决策方法进行了研究, 包括: 利用可能性分布表征部件或系统的不确定性状态, 通过分布间的运算得到顶事件及底事件发生的可能性, 从而对系统的故障进行分析; 结合可能性分布的均值、方差、偏度等矩特征, 提出可能性分布——mass 函数转化与有序可靠度决策方法, 将其用于目标识别问题中, 不仅能够有效识别出目标, 而且提高目标识别系统的可靠性; 利用可能性均值和可能性标准差的正、负理想解间的距离, 提出一种基于可能性理论的扩展 TOPSIS 决策方法, 该方法能够给出合理有效的排序结果.

参考文献

[1] 袁春. 基于故障树的燃调系统维修决策支持系统的设计与实现 [D]. 电子科技大学硕士学位论文, 2011.

[2] Mahmood Y A, Ahmadi A, Verma A K, et al. Fuzzy fault tree analysis: A review of concept and application[J]. International Journal of System Assurance Engineering and Management, 2013, 4(1): 19-32.

[3] 李彦锋. 模糊故障树分析方法及其在复杂系统可靠性分析中的应用研究 [D]. 电子科技大学硕士学位论文, 2009.

[4] Deshpande A. Fuzzy fault tree analysis: Revisited[J]. International Journal of System Assurance Engineering and Management, 2011, 2(1): 3-13.

[5] 王蕾, 李帆. 城市燃气输配管网的可靠性评价 [J]. 煤气与热力, 2005, 25(4): 5-8.

[6] 强鲁, 周伟国, 潘新新. 基于故障树方法的输配管网燃气泄漏风险决策 [J]. 上海煤气, 2007, (1): 1-4, 16.

[7] Yang Y, Jing Z, Gao T. Multi-source information fusion algorithm in airborne detection system [J]. Journal of Systems Engineering ang Electronics, 2007, 18(1): 171-176.

[8] Lefter I, Rothkrantz L J M, Burghouts G J. A comparative study on automatic audio-visual fusion for aggression detection using meta-information[J]. Pattern Recognition Letters, 2013, 34(5): 1953-1963.

[9] Moreira C, Wichert A. Finding academic experts on a multisensor approach using Shannon's entropy[J]. Expert Systems with Applications, 2013, 40(14): 5740-5754.

[10] 杨风暴, 王肖霞. D-S 证据理论的冲突证据合成方法 [M]. 北京: 国防工业出版社, 2010.

[11] Bhattacharya P. On the Dempster-Shafer evidence theory and non-hierarchical aggregation of belief structures[J]. IEEE Transactions on System, Man, and Cybernetics, 2000, 30(5): 526- 536.

[12] 邓勇, 朱振福, 钟山. 基于证据理论的模糊信息融合及其在目标识别中的应用 [J]. 航空学报, 2005, 26(6): 754-758.

[13] Altincay H. On the independence requirement in Dempster-Shafer theory for combining classifiers providing statistical evidence[J]. Applied Intelligence, 2006, 25(1): 73-90.

[14] Bogler P L. Dempster-Shafer reasoning with application to multi sensor target identification System [J]. IEEE Transactions on systems, Man and Cybernetics, 1987, 17(6): 968-977.

[15] Ji L N, Yang F B, Wang X X. Transformation of possibility distribution into mass function and method of ordered reliability decision[J]. Journal of Computational and Theoretical Nanoscience, 2016, 13(7): 4454-4460.

[16] 吉琳娜. 可能性分布合成理论及其工程应用研究 [D]. 中北大学博士学位论文, 2015.

[17] Kim T H, White H. On more robust estimation of skewness and kurtosis[J]. Finance Research Letters, 2004, l(1): 56-73.

[18] Carlsson C, Fuller R. On possibilistic mean value and variance of fuzzy numbers[J]. Fuzzy Sets and Systems, 2001, 122(2): 315-326.

[19] Bhattacharyya R, Kar S, Majumber D D. Fuzzy mean-variance-skewness portfolio selection models by interval analysis[J]. Computers & Mathematics with Applications, 2011, 61: 126-137.

[20] Frikha A. On the use of a multi-criteria approach for reliability estimation in belief function theory[J]. Information fusion, 2014, 18(1): 20-32.

[21] Ali T, Dutta P. Methods to obtain basic probability assignment in evidence theory[J]. International Journal of Computer Applications, 2012, 38(4): 46-51.

[22] Albadvi A. Formulating national information technology strategies: A preference ranking model using PROMETHEE method[J]. European Journal of Operational Research, 2004, 153(2): 290-296.

[23] Denceux T. Conjunctive and disjunctive combination of belief function induced by nondistinct bodies of evidence [J]. Artificial Intelligence, 2008, 172(2-3): 234-264.

[24] 朱大奇, 刘永安. 故障诊断的信息融合方法 [J]. 控制与决策, 2007, 22(12): 1321-1328.

[25] Ye F, Li Y N. An extended TOPSIS model based on the possibility theory under fuzzy environment[J]. Knowledge-Based Systems, 2014, 67: 263-269.

[26] Jahanshahloo G R, Lotfi F H, Izadikhah M. Extension of the TOPSIS method for decision-making problems with fuzzy data[J]. Applied Mathematics and Computation, 2006, 181(2): 1544-1551.

[27] Shih H S, Shyur H J, Lee E S. An extension of TOPSIS for group decision making[J]. Mathematical and Computer Modelling, 2007, 45(7-8): 801-813.

[28] Chen T Y, Tsao C Y. The interval-valued fuzzy TOPSIS method and experimental analysis[J]. Fuzzy Sets and Systems, 2008, 159(11): 1410-1428.

[29] Izadikhah M. Using the Hamming distance to extend TOPSIS in a fuzzy environment[J]. Journal of Computational and Applied Mathematics, 2009, 231(1): 200-207.

[30] Vahdani B, Mousavi S M, Tavakkoli-Moghaddam R. Group decision making based on fuzzy modified TOPSIS method[J]. Applied Mathematical Modelling, 2011, 35(9): 4257-4269.

[31] 姚绍文. 基于可信性理论的模糊多属性决策方法 [D]. 天津大学博士学位论文, 2010.

第 8 章　可能性理论在尾矿坝风险评估中的应用

尾矿坝作为整个矿山企业最大的人造危险源, 其安全性对矿区人民的生命、财产以及社会的安全稳定造成了严重影响, 引起了社会各界的高度重视. 但由于外界环境的干扰性、传感器的局限性、监测手段的不完善性以及坝体结构的动态变化性等因素的影响, 监测信息和风险模态信息常常具有很多不确定性, 造成了两者间映射关系的复杂多变性, 严重制约了监测系统的评估功效. 可能性理论描述的是事物未来发生的一种可能性, 不需要先验知识, 且具有不确定性表征的多样性、映射关系的多变性及适合小样本信息的处理等优点, 这与尾矿坝安全监测信息处理的需求相一致. 因此, 本章以上游式尾矿坝为例, 以可能性理论为手段来研究尾矿坝的风险评估问题.

8.1　监测指标信息的可能性表征

尾矿坝安全监测系统结构如图 8.1 所示.

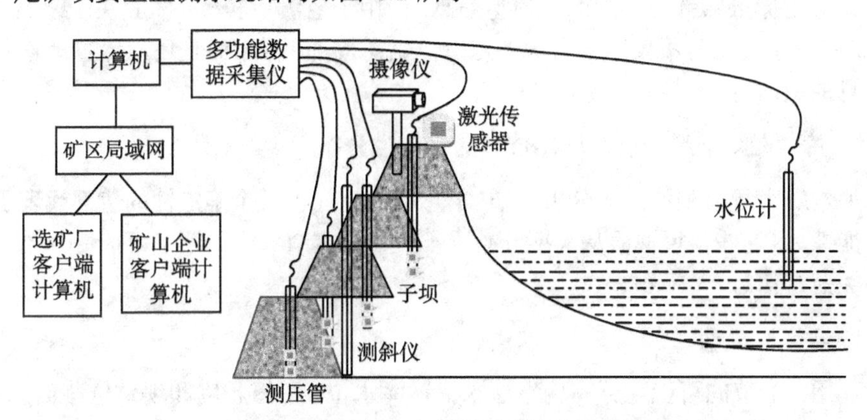

图 8.1　尾矿坝安全监测系统结构示意图

监测指标主要有浸润线、库水位、干滩长度及坝体位移等四个方面:

(1) 浸润线是渗流产生的自由水面线, 一般用渗压传感器来进行监测. 监测位置应选在最大坝高处、合拢段、地形或地质条件复杂的坝段, 且观测点应根据坝体的结构、断面大小和渗流场等特征来确定. 一般情况下, 每个坝体需要设立不少于 3 个的横断面, 每个横断面上选择 2~4 个观测点来安装渗压传感器, 且埋设深度一般安装在坝体设计时浸润线以下 1~1.5m 处.

(2) 库水位是指尾矿库内水位的高度, 一般用水位计和超声波液位计来进行监测. 水位监测点的布局一般根据尾矿坝的具体坝型 (如上游式、中游式和下游式) 及排矿方式等的具体情况来确定, 一般情况下, 需要设置在排水构筑物或尾矿澄清水区域, 并能满足实际的工程需要和监测资料分析的地方.

(3) 干滩长度不同于其他点标高的测量, 需要根据尾矿坝本身的运行特点来决定. 目前常用的监测方式有两种: 一是通过高精度的激光传感器或移动的 GPS 来进行监测; 二是通过尾矿坝的内坡比、坝顶标高和库水位高度来计算干滩长度.

(4) 坝体位移是指坝体内部位移的监测, 主要的监测仪器是固定式测斜仪. 每座坝体一般需要设立不少于 4 个的观测孔, 且每个观测孔布置 5 个点来进行位移的监测.

根据尾矿坝安全监测中指标的特性及监测方式等的不同, 采集的库水位、干滩长度、浸润线、坝体位移信息可按照以下规则进行分类:

第一类指标: 库水位、干滩长度和坝体位移.

对于该类指标来说, 由于其监测点少 (一般为 1 个), 且都为数值型信息, 该类信息在获取时没有主观因素的引入, 很大程度上保留了信息的客观性. 因此, 在信息表征时可直接对预处理信息进行处理来获得其可能性分布.

第二类指标: 浸润线.

该类指标虽然都为客观的数值型信息, 但由于监测点较多 (一般在 12~24 个). 因此, 在信息表征时不仅需要考虑各监测点信息间的融合, 而且还应尽量地避免主观信息的引入.

8.1.1　库水位、干滩长度及坝体位移的可能性分布

通过对大量监测信息的分析可知, 信息取值空间中某个确定性的值都代表了一种可能性, 且这些值近似服从高斯分布 [1,2], 因此, 本节利用高斯型可能性分布来度量各类监测信息.

1. 具体实现过程

利用 3.1 节的可能性分布构造法来描述库水位、干滩长度和坝体位移信息, 具体流程如图 8.2 所示.

以库水位为例来说明图 8.2 的具体实现步骤:

步骤 1　设 U_H 为库水位信息的取值空间, 在相同的时间间隔 Δt 内连续记录 20~30 次, 并进行预处理得 x_r^*, 将其作为一组, 并进行 l 次, 为了与其他指标保持量纲上的统一, 对监测数据进行标准化处理:

$$x_{ki} = \frac{x_{kn}^*}{H} \tag{8.1}$$

其中, $n\in[20,30]$; $k=1,2,\cdots,l$; H 为坝体的总标高.

步骤 2 计算第 k 组数据的均值和方差

$$\begin{cases} M_k=\dfrac{x_{k1}+x_{k2}+\cdots+x_{kn}}{n} \\ \sigma_k=\sqrt{[(x_{k1}-M_k)^2+(x_{k2}-M_k)^2+\cdots+(x_{kn}-M_k)^2]/n} \end{cases} \tag{8.2}$$

其中, $x_{k1},x_{k2},\cdots,x_{kn}$ 分别为库水位指标的第 k 组数据.

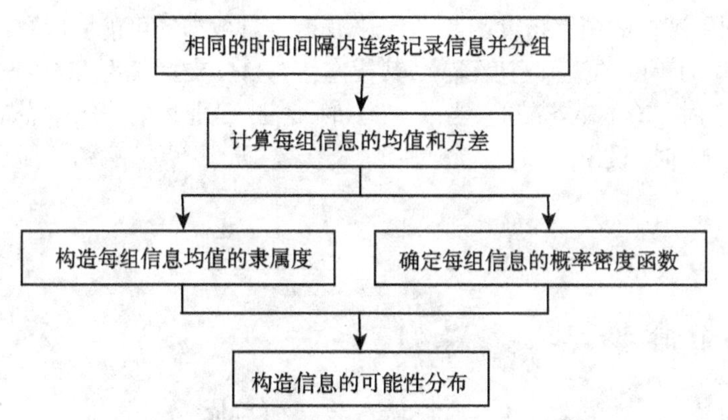

图 8.2 尾矿坝监测指标可能性分布构造过程

步骤 3 利用 M_k,σ_k 构建 $x_k\sim(M_k,\sigma_k^2)$ 的高斯分布, 为了描述库水位信息的不确定性, 将 M_k 视为一个可能性区间数 $\tilde{M}_k$, 则库水位信息的概率密度函数为

$$f_k(x)=\frac{1}{\sqrt{2\pi\sigma_k^2}}\exp\left(-\frac{(x-\tilde{M}_k)^2}{2\sigma_k^2}\right) \tag{8.3}$$

其中, $\tilde{M}_k$ 为库水位信息的可能性均值.

步骤 4 由式 (8.3) 可知, 库水位信息为具有可能性均值 [3,4] 的高斯随机变量, 可用 $\tilde{\bar{\xi}}$ 来表示, 则其可能性分布为

对于任意的 $x_k\in\Gamma$

$$\pi_{\tilde{\bar{\xi}}}(x_k)=\sup_{S_k}\{\pi_{\tilde{M}_k}(t)|x_k\sim N(S_k,\sigma_k^2)\} \tag{8.4}$$

其中, Γ 为所有可能的高斯随机变量集合, 即

$$\Gamma\triangleq\{x|x\sim N(M,\sigma^2),M\in(-\infty,+\infty),\sigma^2\in(0,+\infty)\} \tag{8.5}$$

同理, 由步骤 1~4 获得其他指标信息的可能性分布.

2. 库水位、干滩长度、坝体位移均值可能度函数的确定

库水位等信息在监测和统计的过程中, 由于受到传感器工作性能 (如机械、温度、压力等) 以及各种环境干扰的影响, 使得每组信息的均值是变化的, 而非一个确定的值. 设 U_M 为浸润线均值的取值空间, 则可定义其均值的可能度函数为 $\pi_{\tilde{M}}$: $U \to [0,1]$, 下标代表指标均值 “$\tilde{M}$”. 另外, 均值的个数一般较少, 这些少量的数据不足以提供其分布信息. 因此, 要描述这种少量数据的不确定性, 直接利用传统的统计法无法获得可能度函数.

下面利用潜在的概率密度函数 [5,6] 来获得少量数据的可能度函数.

设 $f(x)$ 为单峰的概率密度函数, 其模态值为 M, 支撑集为 $[M-m_0, M+n_0]$, 则当 $x<M$ 时, $f(x)$ 是非减的, 当 $x>M$ 时, $f(x)$ 是非增的, 于是有

当 $x<M$ 时, 设 $x_3 \geqslant x_2 \geqslant x_1$, 则

$$\frac{\displaystyle\int_{x_1}^{x_2} f(x)\mathrm{d}x}{x_2-x_1} < \frac{\displaystyle\int_{x_1}^{x_3} f(x)\mathrm{d}x}{x_3-x_1} \tag{8.6}$$

当 $x \geqslant M$ 时, 设 $x_4 \geqslant x_5 \geqslant x_6$, 则

$$\frac{\displaystyle\int_{x_4}^{x_5} f(x)\mathrm{d}x}{x_5-x_4} \leqslant \frac{\displaystyle\int_{x_4}^{x_6} f(x)\mathrm{d}x}{x_6-x_4} \tag{8.7}$$

由式 (8.6) 和 (8.7) 得

$$\forall t \in [0,1], \quad p\left[x-t(M-m_0) < M \leqslant x+t(M+n_0)\right] \geqslant t \tag{8.8}$$

则对应的可能度函数为

$$\begin{cases} \pi(x) < \dfrac{x-(M-m_0)}{m_0}, & M-m_0 \leqslant x < M, \\ 1, & x=M \\ \pi(x) \leqslant \dfrac{-x+(M+n_0)}{n_0}, & M < x \leqslant M+n_0 \end{cases} \tag{8.9}$$

利用取大算子对式 (8.9) 进行处理, 得

$$\pi(x) = \begin{cases} \left(\dfrac{x-(M-m_0)}{m_0}\right), & M-m_0 \leqslant x < M \\ 1, & x=M \\ \left(\dfrac{-x+(M+n_0)}{n_0}\right), & M < x \leqslant M+n_0 \end{cases} \tag{8.10}$$

下面采用上述方法来求取 $\pi_{\tilde{M}}$, 具体步骤如下:

步骤 1 根据式 (8.1) 和 (8.2) 计算某一指标在 l 个 Δt 时间内标准化数据的均值 $\tilde{M}_k$ $(k=1,2,\cdots,l)$, 其中, $l \geqslant 3$, 确定均值的支撑集

$$[M_a, M_b] = [\min(M_1, M_2, \cdots, M_l), \max(M_1, M_2, \cdots, M_l)] \tag{8.11}$$

其中, M_a, M_b 分别为支撑集的两个端点.

步骤 2 将 k 个均值的算术平均值作为模态值, 则其可能度为

$$\pi(M) = \pi\left(\frac{\sum\limits_{k=1}^{l} M_k}{l}\right) = 1.$$

步骤 3 根据式 (8.10) 和 (8.11) 获得 k 个均值 $\tilde{M}_k$ 的可能性分布为

$$\pi(s) = \begin{cases} \left(\dfrac{s-M_a}{M-M_a}\right), & M_a \leqslant s < M \\ 1, & s = M \\ \left(\dfrac{-s+M_b}{M_b-M}\right), & M < s \leqslant M_b \end{cases} \tag{8.12}$$

其中, $s \in [M_a, M_b]$ 为可能性均值的取值空间.

3. 实例分析

现以山西省某铁矿尾矿坝为例对本节算法进行仿真. 该尾矿坝距县城约 30km, 下游为高速公路和村庄, 距离乡镇较近. 该地区属温带季风性气候类型, 夏季炎热雨量集中, 年降水量为 650~800mm. 尾矿坝的初期坝为碾压碎石坝, 坝高 35km, 上游边坡为 1:2, 下游边坡为 1:3; 后期坝采用上游式堆坝法建造, 坝高 50m, 设计总坝高 85m, 坝顶高程为 1220m, 最大干滩长度为 75m.

该尾矿库级别为四等库, 整个矿区内部设有水位监测站、浸润线水位观测孔及位移观测桩装置等. 下面以某一时间段内的库水位、坝体位移、干滩长度等监测数据为例来分别进行分析, 并其分成 3 组, 每组 30 个点, 具体如表 8.1 所示.

对表 8.1 中的库水位、干滩长度、坝体位移数据分别进行标准化处理, 并计算其对应的均值和方差:

三组库水位信息的均值和方差分别为

$$\begin{cases} M_{H1} = 0.3943, \\ \sigma_{H1} = 0.0680, \end{cases} \quad \begin{cases} M_{H2} = 0.4100, \\ \sigma_{H2} = 0.0769, \end{cases} \quad \begin{cases} M_{H3} = 0.4163 \\ \sigma_{H3} = 0.0729 \end{cases}$$

三组干滩长度信息的均值和方差为

$$\begin{cases} M_{G1} = 0.7810, \\ \sigma_{G1} = 0.0769, \end{cases} \quad \begin{cases} M_{G2} = 0.7993, \\ \sigma_{G2} = 0.0846, \end{cases} \quad \begin{cases} M_{G3} = 0.8213 \\ \sigma_{G3} = 0.0745 \end{cases}$$

三组坝体位移信息的均值和方差为

$$\begin{cases} M_{B1} = 0.1937, \\ \sigma_{B1} = 0.0714, \end{cases} \quad \begin{cases} M_{B2} = 0.2070, \\ \sigma_{B2} = 0.0558, \end{cases} \quad \begin{cases} M_{B3} = 0.2473 \\ \sigma_{B3} = 0.0517 \end{cases}$$

表 8.1 某尾矿坝的库水位、干滩长度、坝体位移指标监测数据

库水位数据/m									
390.40	488.00	427.00	475.80	549.00	512.40	585.60	610.00	463.60	353.80
512.40	524.60	427.00	366.00	585.60	451.40	463.60	561.20	341.60	451.40
488.00	463.60	561.20	610.00	305.00	451.40	585.60	439.20	573.40	414.80
475.80	512.40	463.60	597.80	610.00	390.40	378.20	353.80	561.20	610.00
585.60	512.40	475.80	341.60	414.80	475.80	585.60	524.60	366.00	463.60
622.20	597.80	573.40	463.60	305.00	451.40	524.60	561.20	634.40	573.40
512.40	585.60	549.00	463.60	658.80	561.20	390.40	475.80	597.80	634.40
622.20	463.60	341.60	427.00	451.40	500.20	585.60	451.40	305.00	646.60
610.00	475.80	451.40	549.00	585.60	512.40	475.80	463.60	451.40	439.20
干滩长度数据/m									
23.36	29.20	25.55	28.47	32.85	30.66	35.04	36.50	27.74	21.17
30.66	31.39	25.55	21.90	35.04	27.01	27.74	33.58	20.44	27.01
29.20	27.74	33.58	36.50	18.25	27.01	35.04	26.28	34.31	24.82
28.47	30.66	27.74	35.77	36.50	23.36	22.63	21.17	33.58	36.50
35.04	30.66	28.47	20.44	24.82	28.47	35.04	31.39	21.90	27.74
27.23	35.77	34.31	27.74	18.25	27.01	31.39	33.58	37.96	34.31
30.66	35.04	32.85	27.74	39.42	33.58	23.36	28.47	35.77	37.96
37.23	27.74	20.44	25.55	27.01	29.93	35.04	27.01	18.25	38.69
36.50	28.47	27.01	32.85	35.04	30.66	28.47	27.74	27.01	26.28
坝体位移数据/mm									
3.52	4.40	3.85	4.29	4.95	4.62	5.28	5.50	4.18	3.19
4.62	4.73	3.85	3.30	5.28	4.07	4.18	5.06	3.08	4.07
4.40	4.18	5.06	5.50	2.75	4.07	5.28	3.96	5.17	3.74
4.29	4.62	4.18	5.39	5.50	3.52	3.41	3.19	5.06	5.50
5.28	4.62	4.29	3.08	3.74	4.29	5.28	4.73	3.30	4.18
5.61	5.39	5.17	4.18	2.75	4.07	4.73	5.06	5.72	5.17
2.94	3.36	3.15	2.66	3.78	3.22	2.24	2.73	3.43	3.64
3.57	2.66	1.96	2.45	2.59	2.87	3.36	2.59	1.75	3.71
3.50	2.73	2.59	3.15	3.36	2.94	2.73	2.66	2.59	2.52

利用潜在的概率密度函数确定各指标均值的可能度函数，进而构建 x_k ~

$(\tilde{M}_k, \sigma_k^2)$ 的高斯分布, 则各指标信息可看作为具有可能性均值的高斯随机变量, 如图 8.3~图 8.5 所示.

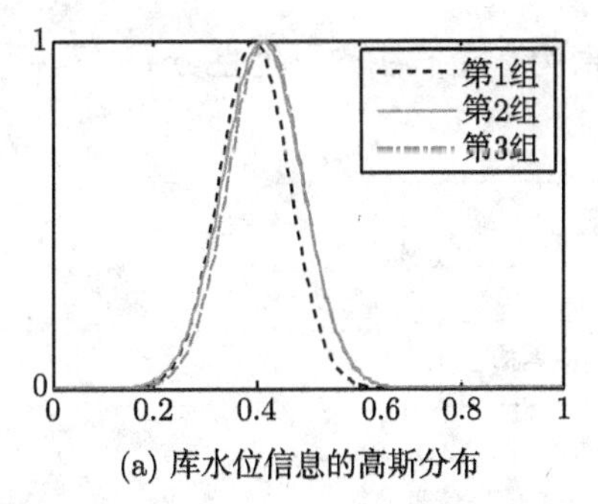

(a) 库水位信息的高斯分布

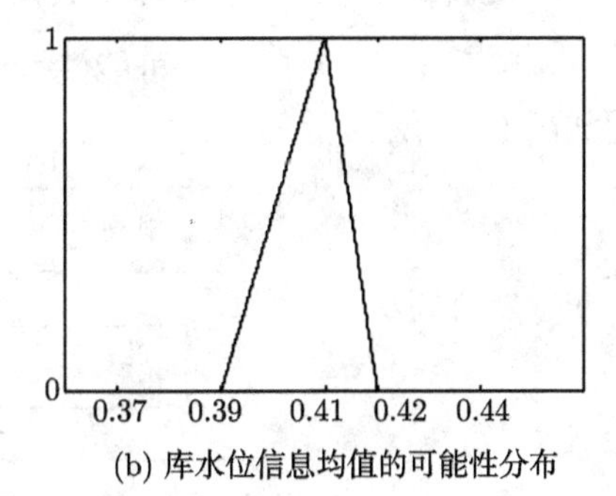

(b) 库水位信息均值的可能性分布

图 8.3 库水位信息的分布

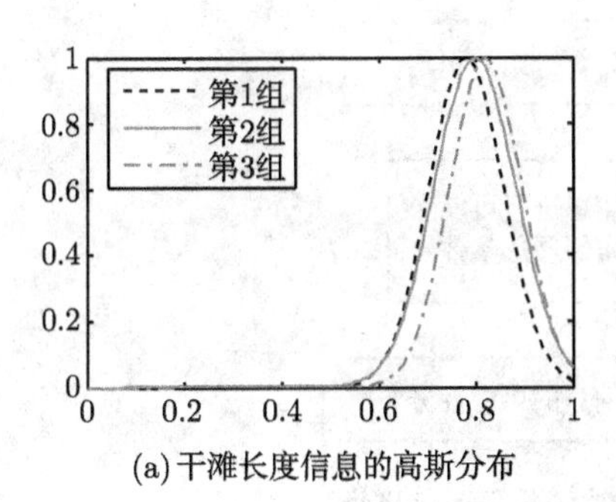

(a) 干滩长度信息的高斯分布

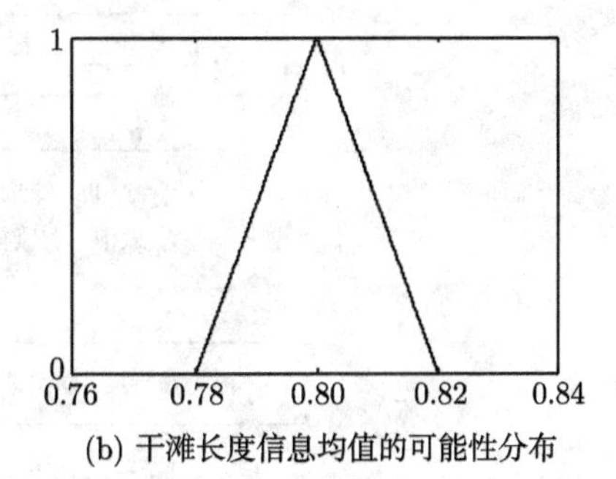

(b) 干滩长度信息均值的可能性分布

图 8.4 干滩长度信息的分布

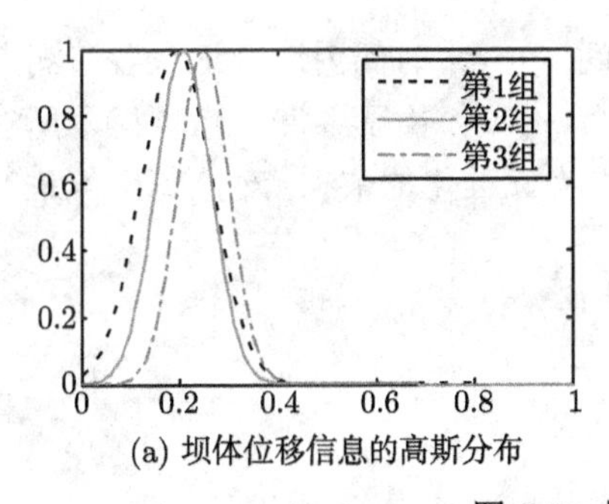

(a) 坝体位移信息的高斯分布

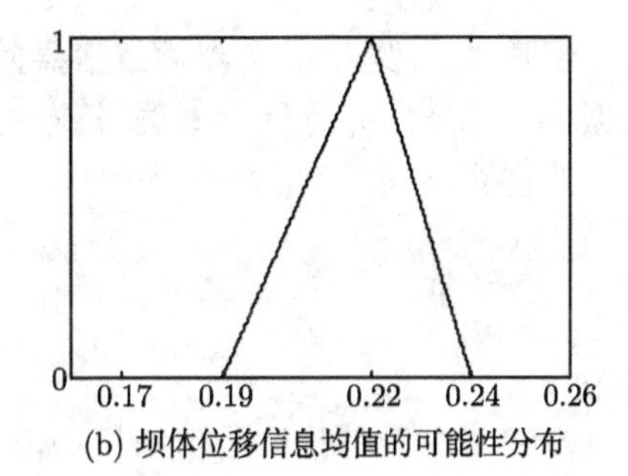

(b) 坝体位移信息均值的可能性分布

图 8.5 坝体位移信息的分布

8.1.2 浸润线的可能性分布

浸润线的监测手段较库水位、干滩长度等复杂, 通常需要在整个坝体的坡面上布置 12~24 个监测点, 多个传感器同时工作. 由于各个传感器彼此独立, 每个监测点获得的数据只能反映该点的状态, 因此在研究浸润线时需要通过信息融合手段来提高信息的准确性.

1. 浸润线数据可能性分布的构造

本节利用 3.4 节的基于可能性均值的方法来构造浸润线的可能性分布. 其流程图如图 8.6 所示.

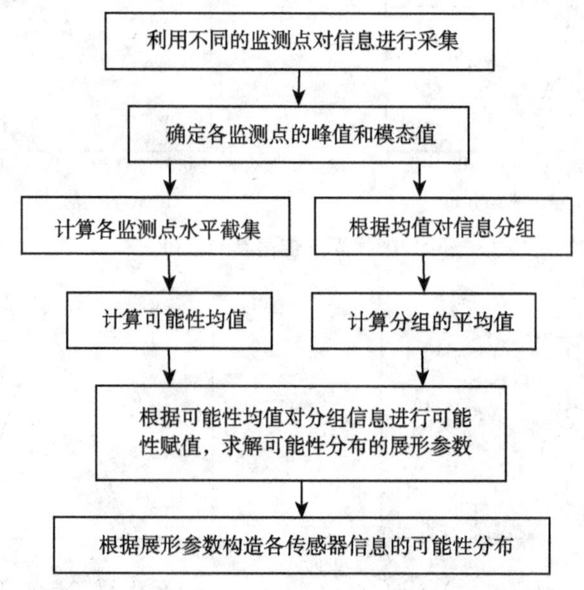

图 8.6　基于可能性均值的可能性分布构造过程

具体实现步骤如下:

步骤 1　设 U_{Hp} 为浸润线信息的取值空间, 在 Δt 时间内连续记录各监测点数据 30~50 次, 并进行预处理得 x_i^* $(i=1,2,3,\cdots,n)$, 由于各浸润点传感器所在坝坡的位置不同, 为了方便, 将坝坡的总高度作为标准化的依据, 对监测数据进行处理:

$$x_i = \frac{x_i^*}{H} \tag{8.13}$$

其中, $n \in [30,50]$.

步骤 2　计算浸润线数据的均值

$$M = \frac{x_1 + x_2 + \cdots + x_n}{n} \tag{8.14}$$

因为 $x_i(i=1,2,\cdots,n)$ 为实数域上的离散不确定性子集, 取可能性分布的模态值为均值 M, 则均值对应的可能度为 1.

步骤 3　计算浸润线数据的 λ 可能性截集

$$\tilde{A}_\lambda = [\tilde{A}_\lambda^-, \tilde{A}_\lambda^+] = [m_0 - \alpha\sqrt{\ln(1/\lambda)}, n_0 + \beta\sqrt{\ln(1/\lambda)}] \tag{8.15}$$

以均值 M 为界, 将各监测点数据分成两组 $X_1 = \{x_j|x_j < M, j = 1,2,\cdots,l\}$ 和 $X_2 = \{x_j|x_j > M, j = 1,2,\cdots,q\}$, 并计算其均值

$$\begin{cases} M_{X_1} = \dfrac{1}{|X_1|}\displaystyle\sum_{x_j \in X_1} x_j \\ M_{X_2} = \dfrac{1}{|X_2|}\displaystyle\sum_{x_j \in X_2} x_j \end{cases} \tag{8.16}$$

其中, $|X_1|, |X_2|$ 分别表示集合 X_1 和 X_2 中的元素个数.

步骤 4 计算浸润线数据的上、下可能性均值和可能性均值 [7], 将可能性均值区间 $[M_{\tilde{A}}^-, M_{\tilde{A}}^+]$ 作为度量 X_1 和 X_2 两组数据均值区间 $[M_{X_1}, M_{X_2}]$ 的一种尺度, 即令 $M_{\tilde{A}}^- = M_{X_1}, M_{\tilde{A}}^+ = M_{X_2}$, 则

$$\begin{cases} M_{X_1} = M - 0.6266\alpha \\ M_{X_2} = M + 0.6266\beta \end{cases} \tag{8.17}$$

进而求出左、右展形

$$\begin{cases} \alpha = (M - M_{X_1})/0.6266 \\ \beta = (M_{X_2} - M)/0.6266 \end{cases} \tag{8.18}$$

步骤 5 根据所得参数构造浸润线的可能性分布

$$\pi_{\tilde{A}}(x) = \begin{cases} \exp\left[-\left(\dfrac{M - x}{\alpha}\right)\right], & x \leqslant M \\ \exp\left[-\left(\dfrac{x - M}{\beta}\right)\right], & x > M \end{cases} \tag{8.19}$$

2. 浸润线信息的融合

针对浸润线信息的不确定性所造成的融合结果精准性低的问题, 提出了基于各向异性二元收缩的浸润线信息融合方法, 其基本原理是将多个传感器获得的浸润线信息看作是提供复杂参数信息的多个信息源, 并假设各信息的不确定性系数为服从零均值高斯分布的广义可能性区间数; 通过各向异性的二元收缩方程对多源浸润线信息进行确定性处理; 利用加权融合法对浸润线信息进行融合.

1) 各向异性二元收缩

多源不确定性信息可看作一个加性运算, 表示为

$$y = x + v \tag{8.20}$$

其中, y 为不确定性信息; v 为信息的不确定性系数; x 为确定性信息.

为了尽可能精确地提取出确定性信息, 必须根据一些标准从不确定信息中去除其不确定性. 将式 (8.20) 中的不确定性抑制问题转化为最优化估计问题, 即求解使 $\sup\limits_{x\in X}\|x-\hat{x}\|$ 最小的 $\hat{x}$. 将 Bayes 理论中的最大后验估计拓展到可能性理论中, 则上述问题可表示为

$$\hat{x}(y)=\arg\max_{x}\pi(x\,|y) \tag{8.21}$$

由式 (8.20) 和 (8.21) 得

$$\hat{x}(y)=\arg\max_{x}[\pi_v(y-x)\cdot\pi_x(x)] \tag{8.22}$$

将式 (8.22) 变化, 得

$$\hat{x}(y)=\arg\max_{x}\{\log[\pi_v(y-x)]+\log[\pi_x(x)]\} \tag{8.23}$$

可见, 估计值 $\hat{x}(y)$ 取决于 x 和 v. 设 t 时刻和 $t-1$ 时刻的不确定性信息分别为

$$\begin{cases}y_1=x_1+v_1\\ y_2=x_2+v_2\end{cases} \tag{8.24}$$

其中, y_1,x_1,v_1 分别为 t 时刻的不确定性信息、确定性信息和不确定性系数; y_2,x_2,v_2 分别为 $t-1$ 时刻的不确定性信息、确定性信息和不确定性系数.

将式 (8.24) 以向量形式表示为

$$\begin{bmatrix}y_1\\ y_2\end{bmatrix}=\begin{bmatrix}x_1\\ x_2\end{bmatrix}+\begin{bmatrix}v_1\\ v_2\end{bmatrix} \tag{8.25}$$

在实际的工程监测中, 由于传感器本身的精度和范围、外界环境的各种干扰 (如机械噪声、电磁波) 等, 常常使传感器信息带有一定的不确定性 [8–11], 假设其不确定性系数是服从 $N(0,\sigma_v)$ 分布的广义可能性区间数, 则两相邻时刻不确定性系数的联合可能性分布函数为

$$\pi_v(v)=\frac{1}{2\pi\sigma_v^2}e^{-\left(\frac{v_1^2+v_2^2}{2\sigma_v^2}\right)} \tag{8.26}$$

由于不同时刻传感器获得的不确定性信息是独立的, 且各时刻近似服从高斯可能性分布 [12–14], 所以需要对信息进行确定性处理, 即确定相邻两组信息的截集水平. 设 X 为确定性信息的取值空间, y_1 和 y_2 分别为截集水平为 λ_1 和 λ_2 时的确定性信息, 则通过下面的方法可获得确定性信息的联合可能性分布, 具体步骤如下:

步骤 1 在 Δt 时间内连续记录某传感器信息 y^* (n 次), 统计监测信息的均值 M' 和方差 σ':

$$\begin{cases} M' = \dfrac{\sum\limits_{i=1}^{n} y_i^*}{n} \\ \sigma' = \sqrt{\sum\limits_{i=1}^{n} (y_i^* - M')^2/n} \end{cases} \tag{8.27}$$

其中, y_i^* 为第 i 个监测信息.

步骤 2 利用 M' 和 σ' 构造 y_i^* 服从 $N(M,\sigma^2)$ 的分布, 令 $y_i = (y_i^* - M)/\sigma$, 得

$$\pi_y(y_i) = \frac{1}{\sqrt{2\pi\sigma^2}} e^{-\left(\frac{y_i^2}{2\sigma^2}\right)} \tag{8.28}$$

步骤 3 利用专家决策法确定式 (8.28) 的截集水平 λ, 对信息进行确定性处理, 可得确定性信息的均值 M 和方差 σ 分别为

$$\begin{cases} M = \dfrac{\sum\limits_{i=1}^{l} y_i}{l} \\ \sigma = \sqrt{\sum\limits_{i=1}^{l} (y_u - M)^2/l} \end{cases} \tag{8.29}$$

步骤 4 对步骤 3 中获得的信息进行归一化处理, 并令 $x = \dfrac{y_i - M}{\sigma}$, 得

$$\pi(x) = \frac{1}{\sqrt{2\pi\sigma^2}} e^{-\left(\frac{x^2}{2\sigma^2}\right)} \tag{8.30}$$

步骤 5 按步骤 1~4 对传感器下一个 Δt 时间内的信息进行处理, 则联合可能性分布为

$$\pi_x(x_1, x_2) = \frac{1}{2\pi\sigma_1\sigma_2} e^{-\left(\sqrt{2}\cdot\sqrt{(x_1^2/\sigma_1)+(x_2^2/\sigma_2)}\right)} \tag{8.31}$$

其中, x_1 和 x_2 分别为传感器相邻两个 Δt 时间内的确定性信息; σ_1 和 σ_2 为相邻两确定性信息的边缘可能性方差.

将式 (8.26) 和 (8.31) 代入式 (8.22), 并分别对 x_1 和 x_2 求偏微分方程, 得

$$\frac{y_1 - \hat{x}_1}{\sigma_v^2} = \frac{\sqrt{2}}{\sigma_1^2} \cdot \frac{\hat{x}_1}{\sqrt{(\hat{x}_1/\sigma_1)^2 + (\hat{x}_2/\sigma_2)^2}} \tag{8.32}$$

$$\frac{y_2-\hat{x}_2}{\sigma_v^2}=\frac{\sqrt{2}}{\sigma_2^2}\cdot\frac{\hat{x}_2}{\sqrt{(\hat{x}_1/\sigma_1)^2+(\hat{x}_2/\sigma_2)^2}} \tag{8.33}$$

由式 (8.32) 和 (8.33) 得

$$\hat{x}_1^4+b\hat{x}_1^3+c\hat{x}_1^2+d\hat{x}_1+e=0 \tag{8.34}$$

其中,

$$Q=\frac{\sigma_2^2}{\sigma_1^2},\quad b=\frac{(-4+6Q-2Q^2)\cdot y_1}{(Q-1)^2},\quad e=\frac{(\sigma_1^2y_1^2+\sigma_2^2y_2^2-2\sigma_u^4)y_1^2}{(Q-1)^2\sigma_1^2}$$

$$c=\frac{(Q^2-6Q+6)\sigma_1^2y_1^2+Q\sigma_1^2y_2^2-2(Q-1)^2\sigma_u^4}{(Q-1)^2\sigma_1^2}$$

$$d=\frac{(2Q-4)\sigma_1^2y_1^2-2Q\sigma_1^2y_1y_2^2-4(Q-1)\sigma_u^4y_1}{(Q-1)^2\sigma_1^2}$$

对式 (8.34) 进行变换, 获得其解为

$$\begin{cases}\hat{x}_{11}=(-f_1+\sqrt{f_1^2-4g_1})/2\\ \hat{x}_{12}=(-f_1-\sqrt{f_1^2-4g_1})/2\\ \hat{x}_{13}=(-f_2+\sqrt{f_2^2-4g_2})/2\\ \hat{x}_{14}=(-f_2-\sqrt{f_2^2-4g_2})/2\end{cases} \tag{8.35}$$

其中,

$$f_1=\frac{b}{2}+\sqrt{\frac{b^2}{4}-c+t_0},\quad f_2=\frac{b}{2}-\sqrt{\frac{b^2}{4}-c+t_0}$$

$$g_1=\frac{t_0}{2}+\left[(bt_0-2d)/\sqrt{b^2-4c+4t_0}\,\right]$$

$$t_0=\sqrt[3]{(-q/2)+\sqrt{D}}+\sqrt[3]{(-q/2)-\sqrt{D}}+\frac{c}{3}$$

$$p=bd-4e-(c^2/3),\quad D=(p^3/27)+(q^2/4)$$

$$q=c(bd-4e)-(2c^2/27)+4ce-b^2e-d^2$$

由于式 (8.35) 中的四个根是方程 $\frac{(y_1-\hat{x}_1)^2}{\hat{x}_1^2\sigma_v^4}=\frac{2}{\sigma_1^4}\cdot\frac{\sigma_v^4}{(\hat{x}_1/\sigma_1)^2+(\hat{x}_2/\sigma_2)^2}$ 的解, 因此, 只有在位于 $[0,y_1)$ 或 $(y_1,0]$ 之间的根才满足式 (8.32), 且文献 [15] 中对其唯一性进行了证明, 则各向异性二元收缩方程为

$$\hat{x}=\begin{cases}\hat{x}_{1,k}, & \exists\hat{x}_{1,k}\in[0,y_1),k=1,2,3,4\\ \hat{x}_{1,k}, & \exists\hat{x}_{1,k}\in(y_1,0],k=1,2,3,4\\ 0, & \text{其他}\end{cases} \tag{8.36}$$

其对应的抑制区域 D 为

$$D = \{(y_1, y_2) : \sigma_1^2 y_1^2 + \sigma_2^2 y_2^2 \leqslant 2\sigma_v^2\} \tag{8.37}$$

特殊地, 当 $\sigma_1 = \sigma_2 = \sigma$ 时, 式 (8.32) 和 (8.33) 可写为

$$\hat{x}_1 \cdot \left(1 + \frac{\sqrt{2}\sigma_v^2}{\sigma\sqrt{\hat{x}_1^2 + \hat{x}_2^2}}\right) = y_1 \tag{8.38}$$

$$\hat{x}_2 \cdot \left(1 + \frac{\sqrt{2}\sigma_v^2}{\sigma\sqrt{\hat{x}_1^2 + \hat{x}_2^2}}\right) = y_2 \tag{8.39}$$

由于 $\sqrt{x_1^2 + x_2^2} > 0$, 则各向异性二元收缩方程为

$$\hat{x}_1 = \begin{cases} \left(\sqrt{y_1^2 + y_2^2} - \dfrac{\sqrt{2}\sigma_v^2}{\sigma}\right) \cdot y_1, & \sqrt{y_1^2 + y_2^2} > \dfrac{\sqrt{2}\sigma_v^2}{\sigma} \\ 0, & \sqrt{y_1^2 + y_2^2} \leqslant \dfrac{\sqrt{2}\sigma_v^2}{\sigma} \end{cases} \tag{8.40}$$

为了获得 $\hat{x}_1$, 需要根据先验知识对不确定性系数方差 σ_v 及边缘方差 σ_1 和 σ_2 进行参数估计. 假设不确定性系数服从 $N(0, \sigma_v)$ 分布, 因此利用二阶中心矩来估计其方差为

$$\hat{\sigma}_v = v^2 \tag{8.41}$$

由式 (8.26) 可知, 边缘可能性方差 σ_1 和 σ_2 可表示为

$$\begin{cases} \hat{\sigma}_1 = \max(\sigma_{y_1} - \hat{\sigma}_v, 0) \\ \hat{\sigma}_2 = \max(\sigma_{y_2} - \hat{\sigma}_v, 0) \end{cases} \tag{8.42}$$

其中, σ_{y_1} 和 σ_{y_2} 分别为 y_1 和 y_2 的可能性方差, 可通过以下方法来估计

$$\begin{cases} \hat{\sigma}_{y_1}^2 = \dfrac{1}{l_1} \displaystyle\sum_{y_{i1} \in L_1(\lambda_1)} y_{i1} \\ \hat{\sigma}_{y_2}^2 = \dfrac{1}{l_2} \displaystyle\sum_{y_{i2} \in L_2(\lambda_2)} y_{i2} \end{cases} \tag{8.43}$$

其中, l_1 和 l_2 分别为截集 $L_1(\lambda_1)$ 和 $L_2(\lambda_2)$ 的长度.

2) 基于各向异性二元收缩的浸润线信息融合

具体步骤如下:

步骤 1 对监测的传感器信息进行分析, 分别获得第 $i = 1, 2, \cdots, I$ 个浸润点的信息 $\{y_{i1}, y_{i2}\}$, 其中, y_{i1} 表示当前时刻第 i 个浸润点的不确定性信息; y_{i2} 表示前一时刻第 i 个浸润点的不确定性信息.

步骤 2　利用式 (8.41)~(8.43) 对各浸润点信息进行处理, 获得确定性信息和不确定系数的方差估计 $\hat{\sigma}_i$ 和 $\hat{\sigma}_{vi}$.

步骤 3　利用式 (8.36) 分别对每个浸润点信息进行各向异性二元收缩, 获得 $|\hat{x}_{i1}(i,j)|$.

步骤 4　计算第 i 个浸润点信息的权值

$$\omega_i = \frac{\sum |\hat{x}_{1i}(i,j)|}{\sum\limits_{i=1}^{m} |\hat{x}_{1i}(i,j)|} \tag{8.44}$$

步骤 5　利用加权融合法对浸润点信息进行融合

$$\pi(x) = \omega_1 \pi(x_{11}) + \omega_2 \pi(x_{12}) + \cdots + \omega_m \pi(x_{1m}) \tag{8.45}$$

该方法将多个传感器获得的不确定性信息当作加性运算来处理, 即确定性信息和不确定性系数两个部分组成. 在假设信息的不确定性系数服从零均值高斯分布的情况下, 利用各向异性的二元收缩方程对多源不确定性信息进行融合.

从工程应用方面来说, 该方法具有以下优点:

(i) 在去除不确定性过程中, 通过降低权值的不确定性来提高融合结果的准确性; 利用最大后验估计, 使权值的选取依赖于数据本身所提供的信息量, 使融合后的结果更具客观性和合理性.

(ii) 融合后信息与尾矿坝的其他监测指标信息 (如库水位、干滩长度等) 具有相同的性质, 为降低不同监测指标与坝体风险模态间映射的不确定性提供了基础.

3. 实例分析

以 8.1.1 节中尾矿坝的监测数据为例来进行浸润线可能性分布的仿真, 选取某时间段内 4 个浸润点的监测数据, 连续记录 50 次, 并对其进行预处理和标准化处理, 如表 8.2 所示.

首先, 利用基于可能性均值的方法对表 8.2 中的浸润线数据进行可能性分布的构造, 如图 8.7(a) 所示. 为了便于各浸润点信息的融合, 将图 8.7(a) 中的各浸润点信息转化为服从均值为 0 的高斯模糊数, 如图 8.7(b) 所示.

利用二阶中心矩对 4 个浸润点不确定性系数的方差进行参数估计, 得

$$\hat{\sigma}_{1v} = \sqrt{0.20}, \quad \hat{\sigma}_{2v} = \sqrt{0.26}, \quad \hat{\sigma}_{3v} = \sqrt{0.21}, \quad \hat{\sigma}_{3v} = \sqrt{0.20}$$

则各浸润点不确定性系数的联合可能性分布如图 8.8 所示.

表 8.2 某尾矿坝各浸润点的监测数据

1 号监测点									
65.40	58.86	68.67	81.75	58.86	78.48	58.86	45.78	94.83	98.10
68.67	81.75	98.10	49.05	68.67	55.59	65.40	75.21	81.75	62.13
78.48	85.05	52.32	68.67	75.21	71.94	58.86	49.05	60.10	81.75
68.67	75.27	58.86	81.75	62.13	65.40	68.20	81.75	65.40	55.59
75.21	71.94	52.32	65.40	81.75	68.67	58.86	98.10	71.94	101.37
2 号监测点									
175.56	206.91	200.64	163.02	200.64	269.61	231.99	200.64	163.02	200.64
231.99	219.45	188.10	150.48	206.91	225.72	213.18	288.42	231.99	238.26
163.02	188.10	255.72	257.07	282.15	213.18	206.91	219.45	181.83	213.18
213.18	225.70	231.99	263.34	144.21	200.64	169.29	200.64	225.72	231.99
144.21	213.18	206.91	137.94	169.29	263.34	231.99	206.91	219.45	163.02
3 号监测点									
417.15	426.42	407.88	472.77	482.04	407.88	417.15	500.58	482.04	519.12
444.96	407.88	509.85	509.85	528.39	509.85	472.77	407.88	472.77	398.61
491.31	537.66	537.66	444.96	454.23	491.31	537.66	454.23	417.15	407.88
528.39	398.61	574.74	482.04	472.77	500.58	491.31	435.69	556.20	444.96
454.23	482.04	491.31	519.12	500.58	528.39	556.20	537.66	621.09	463.50
4 号监测点									
232.17	238.71	209.28	196.20	209.28	232.17	245.25	238.71	241.98	222.36
209.28	241.98	241.98	212.55	255.06	222.36	225.63	235.44	251.79	228.90
255.06	222.36	219.09	252.79	209.28	232.17	209.28	251.79	212.55	241.98
245.25	212.55	235.44	241.98	238.71	241.98	219.09	209.28	228.90	245.25
251.79	232.14	228.90	238.71	241.98	222.36	215.82	235.44	209.28	206.01

利用专家决策法对每个浸润点的两组信息进行分析和处理, 并对其方差进行参数估计, 得

$$\begin{cases} \hat{\sigma}_{11} = 0.7, \\ \hat{\sigma}_{12} = 0.8, \end{cases} \quad \begin{cases} \hat{\sigma}_{21} = 0.9, \\ \hat{\sigma}_{22} = 0.85, \end{cases} \quad \begin{cases} \hat{\sigma}_{31} = 0.6, \\ \hat{\sigma}_{32} = 0.7, \end{cases} \quad \begin{cases} \hat{\sigma}_{41} = 0.7 \\ \hat{\sigma}_{42} = 0.75 \end{cases}$$

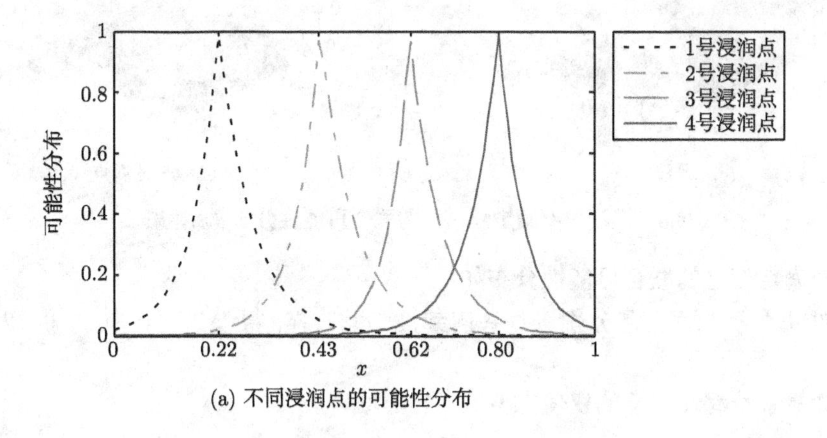

(a) 不同浸润点的可能性分布

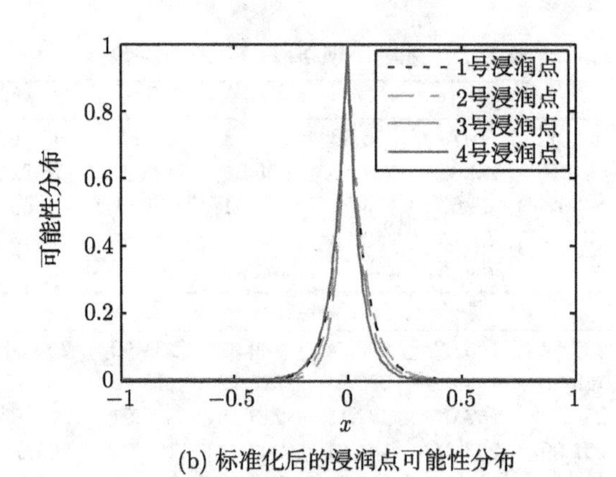

(b) 标准化后的浸润点可能性分布

图 8.7　某尾矿坝不同浸润点的可能性分布

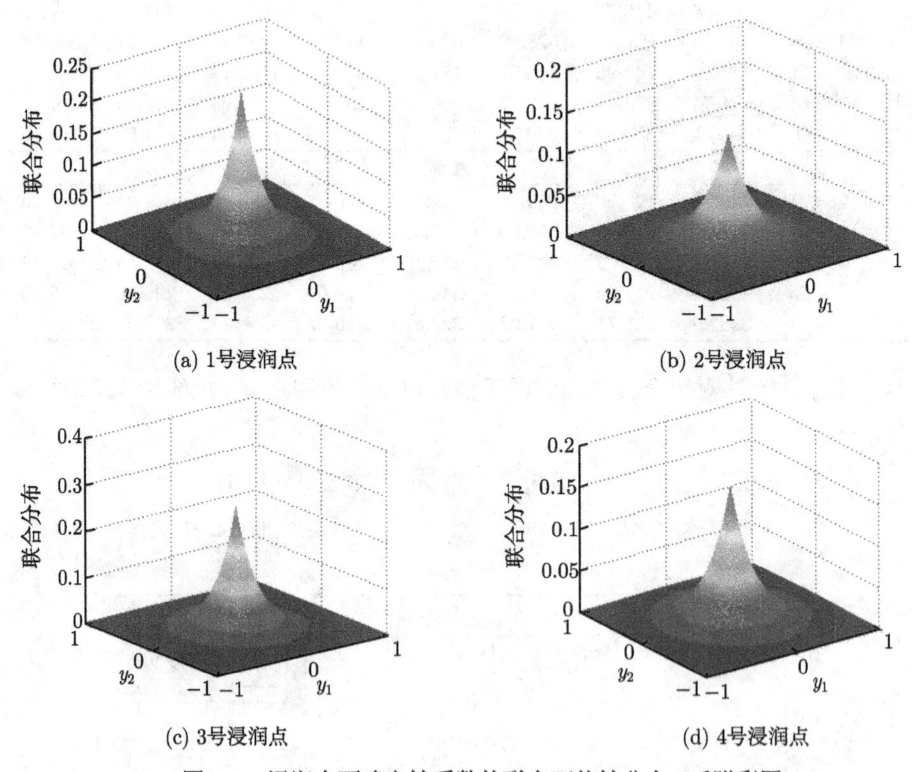

图 8.8　浸润点不确定性系数的联合可能性分布 (后附彩图)

则各浸润点信息的联合可能性分布如图 8.9 所示.

对 4 个浸润点信息分别进行各向异性二元收缩, 得 $|\hat{x}_{*y}|$ (其中 $* = 1, 2, 3, 4$), 如图 8.10 所示.

计算各浸润点信息的权值, 得

$$\omega_1 = 0.277, \quad \omega_2 = 0.282, \quad \omega_3 = 0.230, \quad \omega_4 = 0.211$$

利用式 (8.45) 对各传感器信息进行融合, 融合结果如图 8.11 所示.

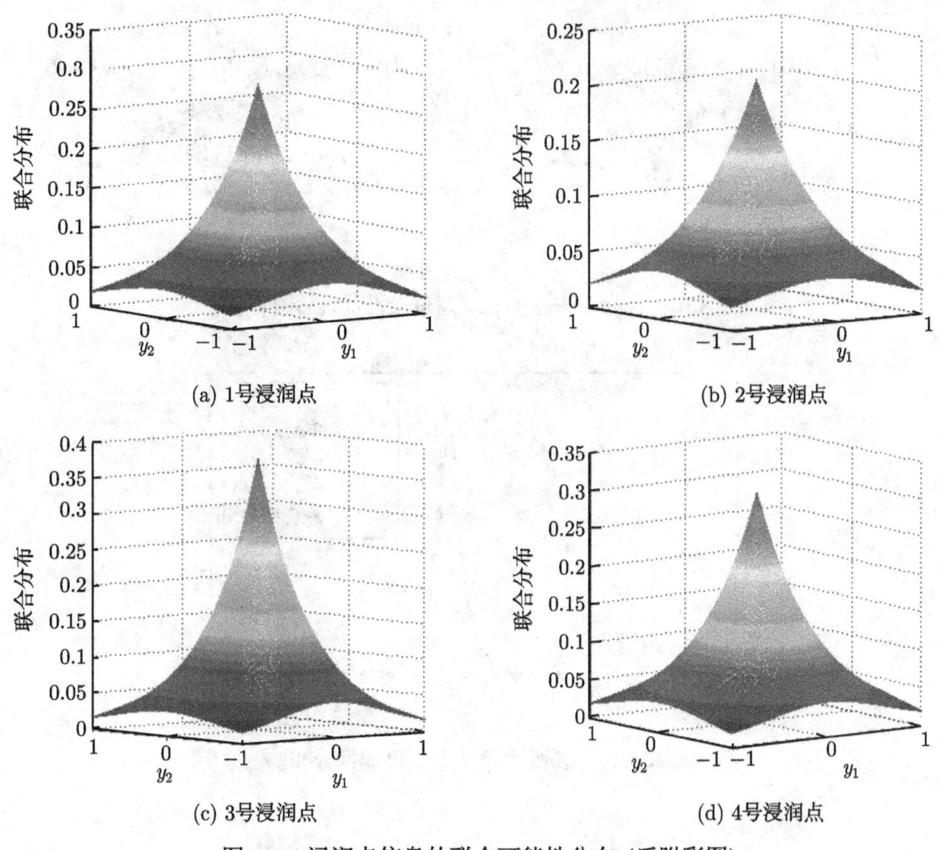

(a) 1号浸润点　(b) 2号浸润点

(c) 3号浸润点　(d) 4号浸润点

图 8.9　浸润点信息的联合可能性分布 (后附彩图)

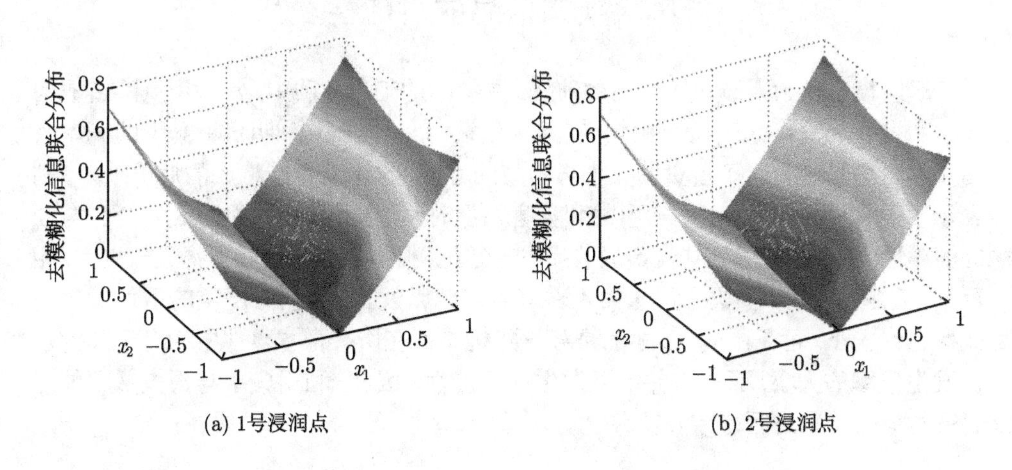

(a) 1号浸润点　(b) 2号浸润点

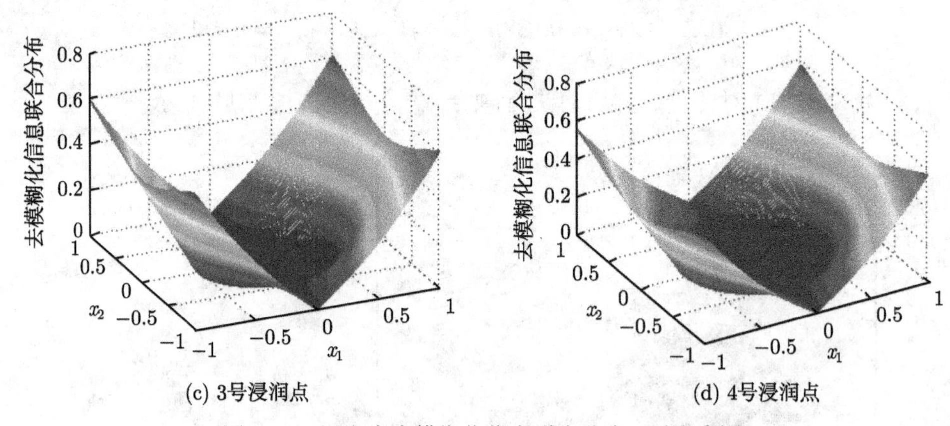

(c) 3号浸润点 (d) 4号浸润点

图 8.10 浸润点去模糊化信息联合分布 (后附彩图)

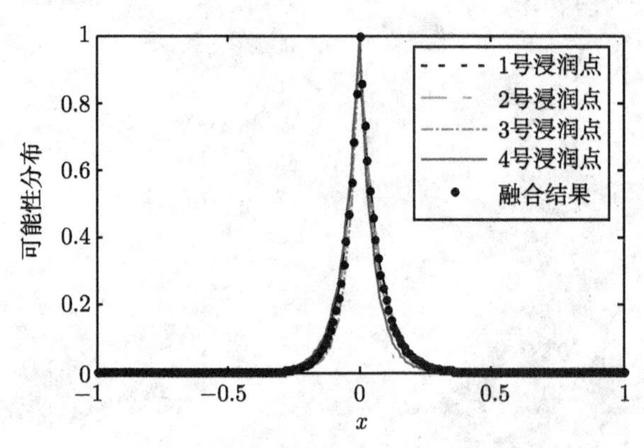

图 8.11 各浸润点及融合可能性分布

8.2 风险模态信息的可能性表征

风险模态作为系统风险评估的前提, 在实际的工程实践中, 常常用风险造成的损失和发生的概率来表征. 例如, 在天气预报中, 常常听到 “明日下暴雪的概率为 65%”, 这里暴雪表示了雪量的大小与密集的程度, 预示着可能造成的后果, 概率则表示了下雪的概率大小. 但在事故和灾害发生时, 损失和发生的概率是两个完全独立的属性, 概率小并不意味着造成的损失一定小, 概率大也不意味着损失一定大. 相反, 在实际情况中, 损失不严重的事件有可能时常发生, 而损失严重的事件发生的概率也许较小. 可见, 概率描述的是某一随机事件在所有样本事件中相对于其他事件发生概率的大小, 而非事件本身发生的可能性. 因此, 利用概率与损失并不能对研究对象的状态进行有效表征.

针对以上问题, 本节从研究对象本身特点出发, 以突变–流变理论 [16–18] 为基础, 从事件发生的可能性和造成的损失两个方面来研究尾矿坝风险模态的表征.

1. **尾矿坝的失效机理**

由于尾矿坝的实际运行中常常伴随着失效现象, 即溃坝事故的发生, 且事故的发生呈现出如图 8.12 所示的流变–突变过程. 其中, 第 1 阶段为坝体变形慢速增加阶段 (OP 段); 第 2 阶段为坝体变形等速增加阶段 (PQ 段); 第 3 阶段为坝体变形加速增加阶段 (QR 段); 第 4 阶段为坝体变形突变阶段 (RS 段).

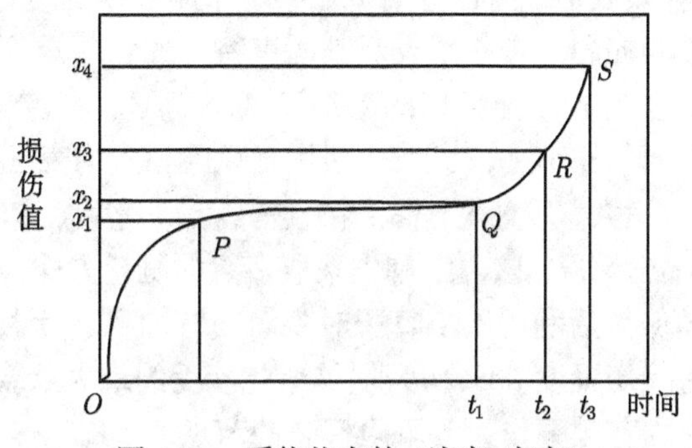

图 8.12 系统状态的 “流变–突变”

若该尾矿坝在经过一段时间的运行后, 对其采取了一定的加固、维护措施, 这时后续的投入效果将随着时间的推移也发生 “流变–突变” 的基本过程, 如图 8.13 所示.

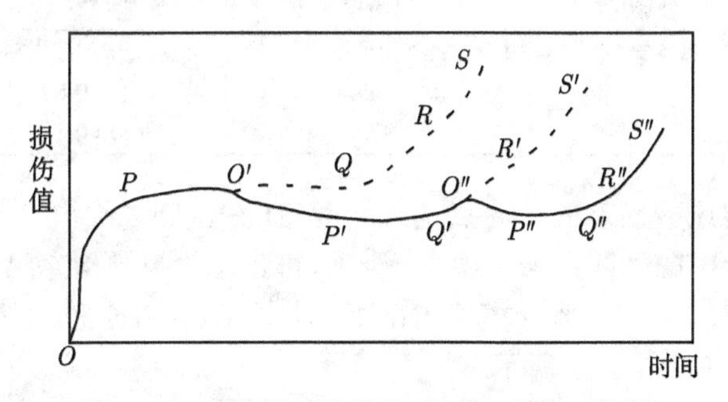

图 8.13 后期投入效果的 “流变–突变” 过程

若尾矿坝在 O' 点时进行了第一次加固措施, 这时初期投入效果的流变–突变过程将发生变化, 即由 OS 变为 OS'. 详细过程如下: 经过第一次加固后的尾矿坝在开始运行初期, 会发生逐渐衰退的现象, 即 $O'P'$ 为损伤值减速降低阶段, 该阶段是第一次加固效果的发挥, 坝体的风险值逐渐降低; 当到达 P' 时, 损伤值逐渐趋于稳定, 即 $P'Q'$ 段为损伤值稳定发展阶段; $Q'R'$ 段为损伤值加速发展阶段, 其中

R' 点为损伤值突变的预警点, 这时若不对尾矿坝采取相应的安全措施, 坝体将进入坝体变形及突变阶段, 即 $R'S'$, S' 为安全突变点, 超过 S' 点坝体将发生溃坝事故. 同理, 若坝体在后期又进行了第二次加固, 则坝体将发生第二次流变–突变过程, 过程与第一次流变–突变过程类似, 以此类推. 可见, 尾矿坝在整个生产运行中遵循安全–危险–事故的演变过程, 直至造成溃坝事故的发生.

2. 风险模态的可能性分布

由图 8.12 和 8.13 可知, 在流变–突变过程中只有确定了各时间节点才能对坝体的风险模态进行有效表征. 但各时间节点跟整个尾矿坝的运行情况有很大关系, 且不易确定, 而尾矿坝的固有频率是表示其固有特性的物理量, 当坝体出现损伤时, 其稳定性就会降低, 固有频率随损伤的增加而减小, 损伤程度越大, 其降低速度越快. 因此, 本节结合一阶固有频率 [19−21] 来进行风险模态的表征.

结合尾矿坝的体积大、质量大、渗流特性等特点, 利用多点激励的实验方案来获得尾矿坝整体的损伤情况. 该方案首先采取多点的测量方式, 利用采集器获得多个测点的固有频率值; 然后利用取小算子对多个固有频率进行融合, 获得坝体的整体损伤程度. 在此将损伤程度 50%作为坝体所能接受的最大承载力, 以 10%, 20%, 30%, 50%所对应的固有频率作为各风险模态的节点.

为了保证与其他指标量纲上的统一, 对固有频率进行标准化处理, 将标准化处理后的损伤程度作为各风险模态分界点所对应的风险值, 如表 8.3 所示.

表 8.3 尾矿坝的风险模态及其对应的风险值

风险模态	风险模态 A	风险模态 B	风险模态 C	风险模态 D
流变阶段	坝体变形减速增加	坝体变形稳定发展	坝体变形加速发展	坝体变形突变
标准化固有频率	0.95~1	0.89~0.95	0.84~0.89	0.71~0.84
风险值	0~0.2	0.2~0.4	0.4~0.6	0.6~1

这时尾矿坝风险模态的分界点是某一确定的值, 则风险模态及其对应的风险值可用经典集合中的区间数来描述 [22,23], 即可表示为风险模态 A$[0,a]$、风险模态 B$(a,b]$、风险模态 C$(b,c]$、风险模态 D$(c,1]$, 其中, $a,b,c,d \in [0,1]$ 为风险模态分界点, 其可能性分布如图 8.14 所示.

由于尾矿坝的 "流变–突变" 特性与系统的维护次数和时间密切相关, 且固有频率在监测和处理过程中也存在很大的不确定性, 坝体的风险值和风险模态各分界点之间都存在一定的交叉区域. 为了不失一般性, 考虑两相邻风险模态间交叉处的不确定性, 将风险模态用可能性区间来表述, 即风险模态 A$[0,a_1]$、风险模态 B$[b_0,b_1]$、风险模态 C$[c_0,c_1]$、风险模态 D$[d_0,1]$, 其中, $0 \leqslant b_0 \leqslant a_1 \leqslant c_0 \leqslant b_1 \leqslant d_0 \leqslant c_1 \leqslant 1$.

风险模态可能性分布如图 8.15 所示.

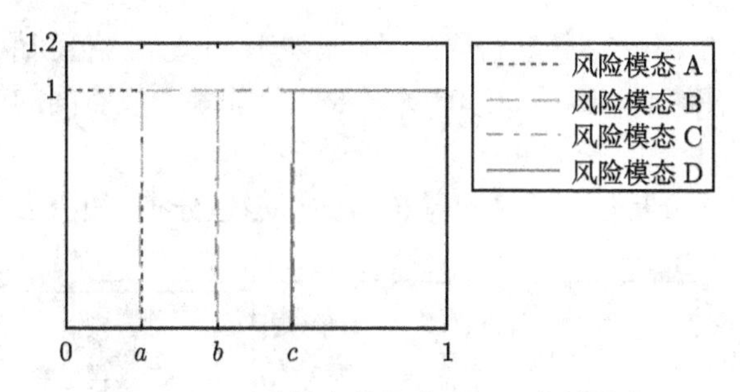

图 8.14 风险模态的经典区间可能性分布

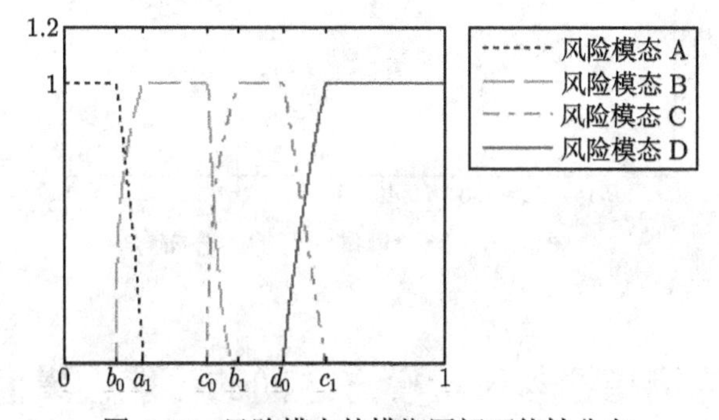

图 8.15 风险模态的模糊区间可能性分布

构建风险模态可能性分布的具体步骤如下:

步骤 1 对第 $l(l \geqslant 3)$ 次加固后的尾矿坝流变–突变过程进行分析, 获得相应的特性曲线, 计算第 i 个特性曲线各风险模态所对应的标准化固有频率 f_{ij} 和其对应的风险值 $r_{ij}(j = \text{A,B,C,D})$.

步骤 2 计算风险模态的 i 个风险值 r_{ij} 的最大值和最小值, 则风险模态区间分别为

$$[0, \max r_{i\text{A}}], \quad [\min r_{i\text{B}}, \max r_{i\text{B}}], \quad [\min r_{i\text{C}}, \max r_{i\text{C}}], \quad [\min r_{i\text{D}}, \max r_{i\text{D}}]$$

步骤 3 利用层次分析法对任一风险值属于的风险模态的可能度进行赋值, 进而构建风险模态的可能性分布.

下面仍以 8.1.1 节中的尾矿坝为例来分析 3 个不同时间段内的流变–突变机理. 首先, 对尾矿坝每条特性曲线对应点的固有频率进行监测, 计算其对应的风险值, 如表 8.4 所示.

表 8.4 风险模态与风险值之间的对应关系

风险模态	A	A′	A″	B	B′	B″	C	C′	C″	D	D′	D″
风险值	0.20	0.14	0.21	0.40	0.14	0.46	0.60	0.38	0.69	1	0.58	0.69

然后, 根据表 8.4 中数据, 获得同一风险模态风险值最大值和最小值, 则风险模态区间为 $[0,0.21],[0.14,0.46],[0.38,0.69],[0.58,1]$. 相邻两模态间的交叉区间分别为 $[0.14,0.21],[0.38,0.46],[0.58,0.69]$.

最后, 利用层次分析法来构建风险模态的可能性分布, 如图 8.16 所示.

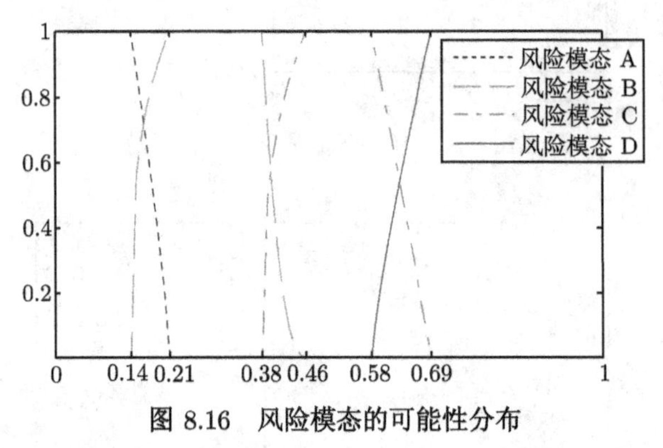

图 8.16　风险模态的可能性分布

8.3　监测指标与风险模态之间的可能性集值映射

8.3.1　监测指标集和风险模态集的构建

根据尾矿坝各风险模态的主要因素分析, 以及各监测指标的分析和研究, 可将与尾矿坝安全有关的监测指标进行归类, 建立尾矿坝的监测指标集. 尾矿坝的监测指标集应遵循以下原则: 可操作性原则、简明性原则、独立性原则、可比性原则、理论服务于实践的原则和系统性原则作为建立监测指标集的依据.

设尾矿坝的监测指标集为 P, 其主要由库水位 P_H、浸润线 P_{Hp}、干滩长度 P_G 和坝体位移 P_B 组成, 即 $P=\{P_H,P_{Hp},P_B,P_G\}$.

风险模态集合的建立则以 8.2 节中的尾矿坝风险模态为划分标准, 对风险模态进行划分. 设尾矿坝的风险模态集为 R, 其主要由 $R_{\rm A},R_{\rm B},R_{\rm C}$ 和 $R_{\rm D}$ 组成, 即 $R=\{R_{\rm A},R_{\rm B},R_{\rm C},R_{\rm D}\}$.

8.3.2　监测指标集与风险模态集之间映射关系的建立

1. 映射的描述

由于监测指标和风险模态的取值是变化的, 所以两个集合是可变的, 而非单值元素和确定性集合, 且可变集合的大小取决于各集合元素的截集水平. 当截集水平的取值越大时, 集合元素的不确定性就越小; 相反, 不确定性就越大. 特别地, 对于单核分布的集合元素来说, 当截集水平为 1 时, 相当于单个元素.

2. 映射的建立

映射的目的是要找到库水位、浸润线、干滩长度等监测指标与坝体风险模态间的对应关系. 但监测指标与风险模态信息的不确定性, 使得各指标与坝体风险模态间的函数关系是复杂多变的. 该复杂多变主要体现在以下两个方面: 一是在同一时刻, 两者间可能存在多个函数关系, 且具有并存性; 二是随着时间的变化, 两者间的函数关系也在变化, 而不是确定不变的. 因此, 利用确定性的函数关系根本无法反映各指标与风险模态间的这种复杂多变性映射关系, 以至于造成坝体风险评估的误判、错判. 因此, 通过两集合间映射关系的建立研究监测指标与风险模态间的复杂多变性映射, 是把溃坝事故控制在萌芽状态的前提条件.

由于尾矿坝的风险评估模型是利用各监测指标与风险模态间的关系来判断所处的风险模态, 所以下面来研究监测指标集中的单一指标与风险模态间映射关系的建立. 由第 6 章可知, 可能性集值映射是描述两类不确定性信息间映射关系的重要方法, 它克服了确定性映射关系无法描述不确定性集合间映射关系的缺点. 因此, 为了有效描述单一指标与风险模态间的复杂多变性映射关系, 本节利用可能性集值映射 [24] 来建立两者间可能存在的多种函数关系, 具体步骤如下:

步骤 1　假设 $(X,\mathcal{P}),(Y,\mathcal{R})$ 分别为某监测指标和坝体风险模态信息的两个随机模糊场, 两类信息的可能性分布分别为 π_P 和 π_R.

步骤 2　利用可能性合成规则对多组指标信息和风险模态信息进行合成

$$\begin{cases}\pi_P(x)=\vee\pi_{P_i}(x_i)\\ \pi_R(x)=\vee\pi_{R_j}(y_j)\end{cases}\tag{8.46}$$

其中, $i=1,2,\cdots,l$ 为 l 组指标信息; $j=\mathrm{A,B,C,D}$ 为坝体的风险模态信息.

步骤 3　建立指标与坝体风险模态间的复杂多变性映射关系.

分别确定监测指标和风险模态信息的可能性落影

$$\begin{cases}\lambda\mapsto P_\lambda\\ \alpha\mapsto R_\alpha\end{cases}\tag{8.47}$$

其中, $\lambda\in[0,1]$, P_λ 分别为指标信息的可能性截集和可能性落影; $\alpha\in[0,1]$, R_α 分别为坝体风险模态信息的可能性截集和可能性落影.

步骤 4　利用扩张原理将点的映射扩展到集合间的映射 ζ, 在 $Z:X=Y$ 轴上获得监测指标和风险模态间的联合落影 $(\lambda,\alpha)\mapsto(P_\lambda^{\mathrm{C}}\times Y)\cup(P_\lambda\times R_\alpha)$. 对任意的 $x_0\in X$ 来说, 监测指标与风险模态间的可能性集值映射可表示为

$$\pi_{P\to R}(x_0,y)=(1-P(x_0))\vee P(x_0)R(y)\tag{8.48}$$

其中, $\vee$ 为取大运算符; $P(x_0) = \{\pi_P(x_0)\,|x_0 \in P(\lambda,\alpha)\} = \{\pi_P(x_0)\,|x_0 \in P_\lambda\}$; $R(y) = \{\pi_R(y)\,|y \in R(\lambda,\alpha)\} = \{\pi_R(y)\,|y \in R_\alpha\}$.

当 $x_0 \in X$ 一定时, Y 随着 α 的变化而变化, 且综合了多种风险可能性值并存的现象, 导致尾矿坝的风险值不唯一. 同时, X 的取值范围也随着 λ 的变化也在变化, 而 λ 的变化则恰好反映了指标信息的不确定性. 也就是说, 当 λ 取值不同时, 随着 α 值的变化, 可获得指标与坝体风险模态间的多个可能性集值映射关系, 且该集值映射是一系列的广义可能性分布, 即 $\max(\pi_{P\to R}) \in [0,1]$. 因此, 可能性集值映射为集合与集合间映射关系的建立提供了新方法, 解决了确定性函数关系在描述不确定性信息间复杂多变性关系时无法随信息的变化而变化的问题.

3. **实例分析**

根据 8.1 节方法获得尾矿坝的 3 组库水位、干滩长度、坝体位移、浸润线各监测指标信息的可能性分布, 如表 8.5 和图 8.17 所示. 根据 8.3 节方法获得坝体风险模态信息的可能性分布, 如表 8.6 和图 8.18 所示.

下面以库水位为例, 将库水位和坝体风险模态的落影统一到 $Z: X = Y$ 轴, 获得其联合落影 $(\lambda,\alpha) \mapsto (P_\lambda^{\mathrm{C}} \times Y) \cup (P_\lambda \times R_\alpha)$, 如图 8.19 所示.

表 8.5　监测指标信息的可能性分布

可能性分布	图 (a) 表达式	图 (b) 表达式	图 (c) 表达式	图 (d) 表达式
π_1	$(0.38, 0.41, 0.41, 0.42)$	$(0.78, 0.80, 0.80, 0.82)$	$(0.19, 0.22, 0.22, 0.24)$	$\begin{cases}\exp(x/0.09), & x<0\\ \exp(x/0.06), & x\geqslant 0\end{cases}$
π_2	$(0.37, 0.39, 0.39, 0.40)$	$(0.75, 0.78, 0.78, 0.81)$	$(0.17, 0.20, 0.20, 0.24)$	$\begin{cases}\exp(x/0.07), & x<0\\ \exp(x/0.15), & x\geqslant 0\end{cases}$
π_3	$(0.39, 0.41, 0.41, 0.44)$	$(0.79, 0.82, 0.82, 0.82)$	$(0.20, 0.22, 0.22, 0.23)$	$\begin{cases}\exp(x/0.13), & x<0\\ \exp(x/0.1), & x\geqslant 0\end{cases}$

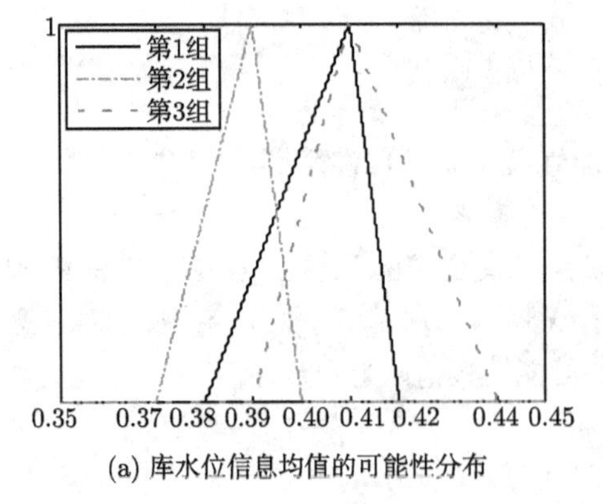

(a) 库水位信息均值的可能性分布

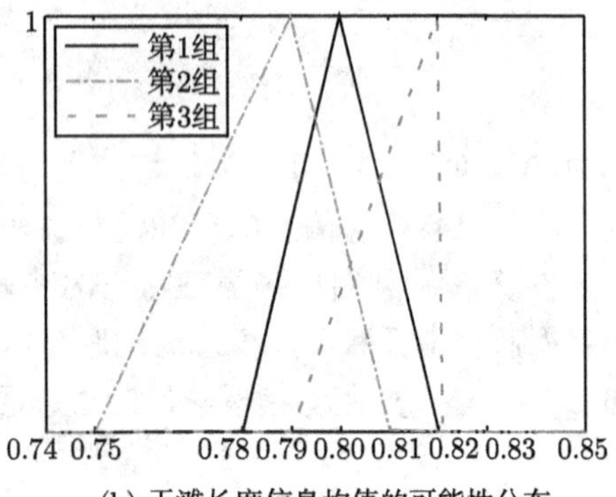

(b) 干滩长度信息均值的可能性分布

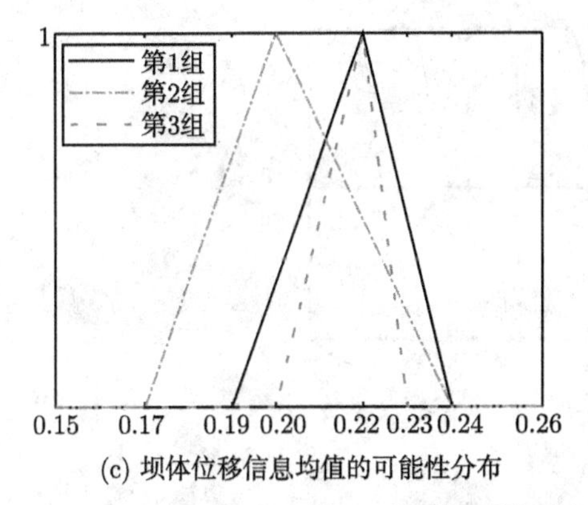

(c) 坝体位移信息均值的可能性分布

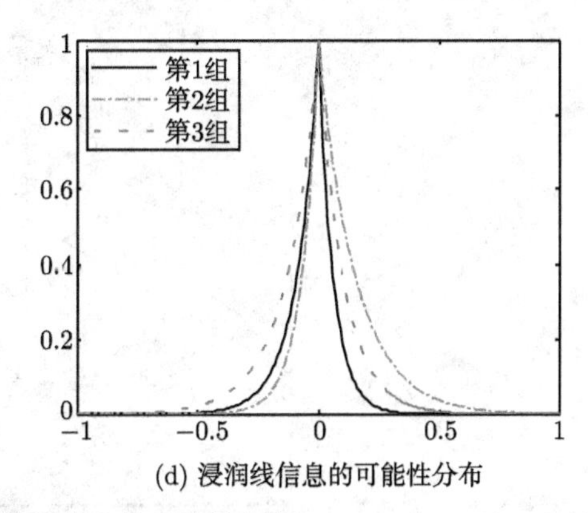

(d) 浸润线信息的可能性分布

图 8.17 某尾矿坝监测指标信息的可能性分布

表 8.6 风险模态信息的可能性分布

可能性分布	表达式
π_{A}	$(0, 0, 0.14, 0.21; 1, 0.8)$
π_{B}	$(0.14, 0.21, 0.38, 0.46; 0.3, 2.5)$
π_{C}	$(0.38, 0.46, 0.58, 0.69; 0.35, 1)$
π_{D}	$(0.58, 0.69, 1, 1; 0.8, 1)$

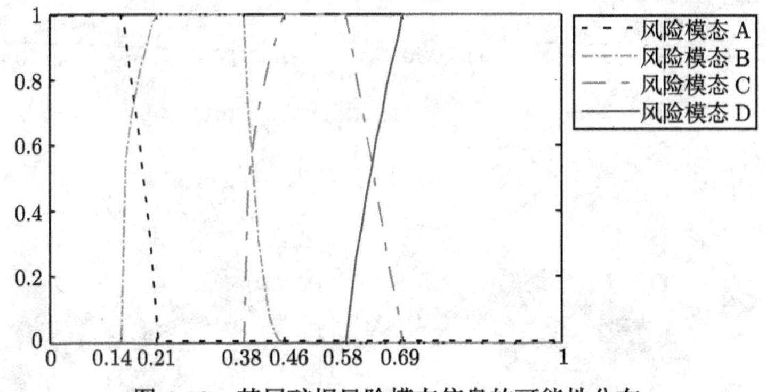

图 8.18 某尾矿坝风险模态信息的可能性分布

若 $\lambda_H = 0.35$, 即 $x_0 \in [0.377, 0.39]$, 则当 $\alpha = 0$ 时, 利用式 (8.48) 获得库水位与坝体风险模态间的映射关系如图 8.20(a) 所示. 当 $\alpha = 0.85$ 时, 获得库水位与坝体风险模态间的映射关系如图 8.20(b) 所示.

由图 8.19 和图 8.20 可知, 当 λ 和 α 变化时, 库水位与坝体风险模态间的可能性集值映射也在发生变化. 因此, 在坝体的不同时期, 利用 λ 和 α 的相互变化可以合理地反映坝体模态的动态变化性. 同理, 当 $\lambda_H = 0.35$, α 取值分别为 0 和 0.85 时, 其他指标与坝体风险模态间的映射关系如图 8.21~图 8.23 所示.

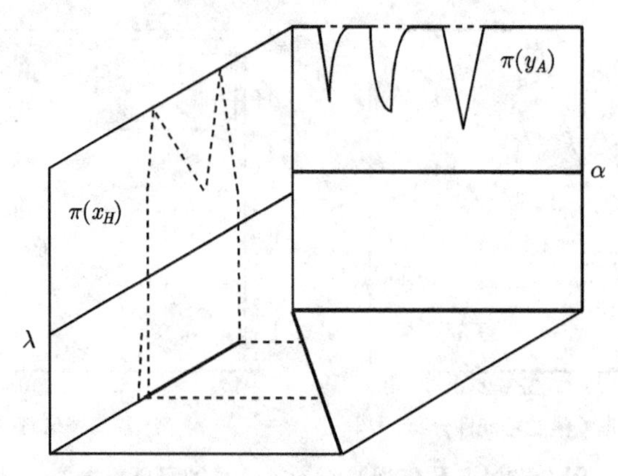

图 8.19　库水位与各风险模态信息间联合落影

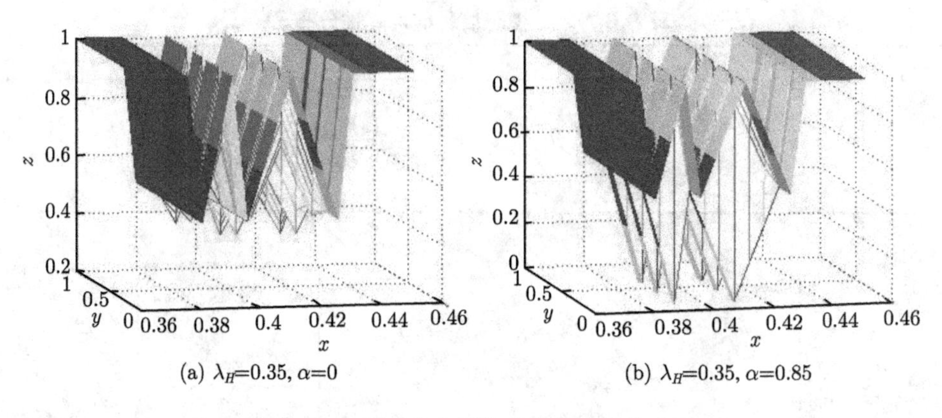

(a) λ_H=0.35, α=0　　(b) λ_H=0.35, α=0.85

图 8.20　库水位与坝体风险模态间的映射

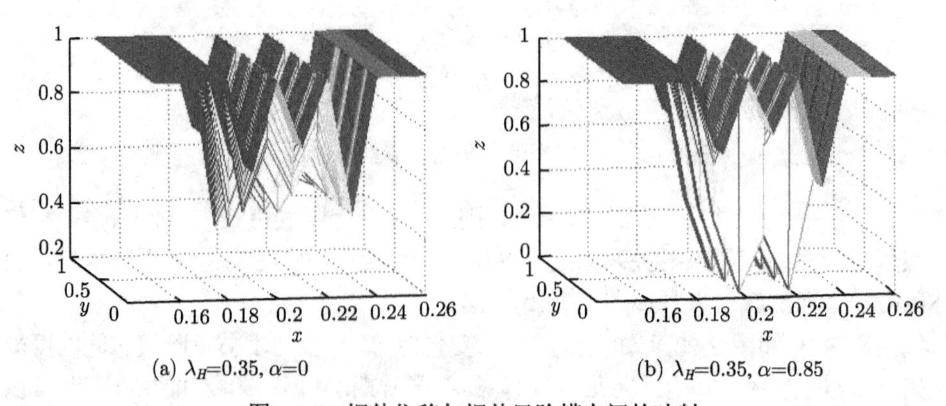

(a) λ_H=0.35, α=0　　(b) λ_H=0.35, α=0.85

图 8.21　坝体位移与坝体风险模态间的映射

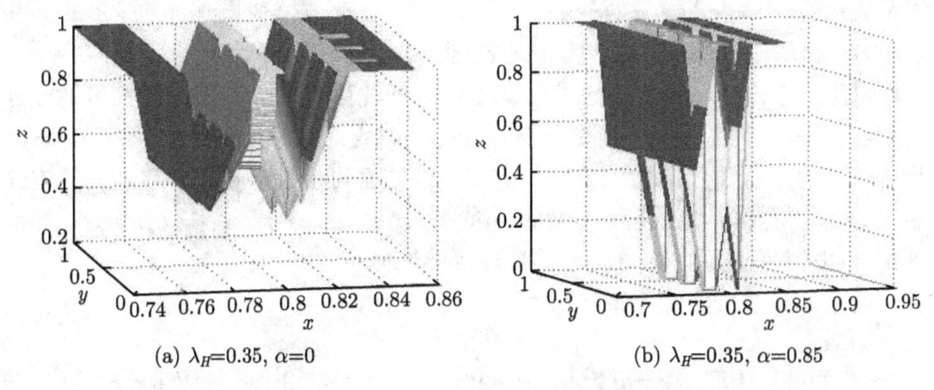

(a) λ_H=0.35, α=0　　　(b) λ_H=0.35, α=0.85

图 8.22　干滩长度与坝体风险模态间的映射

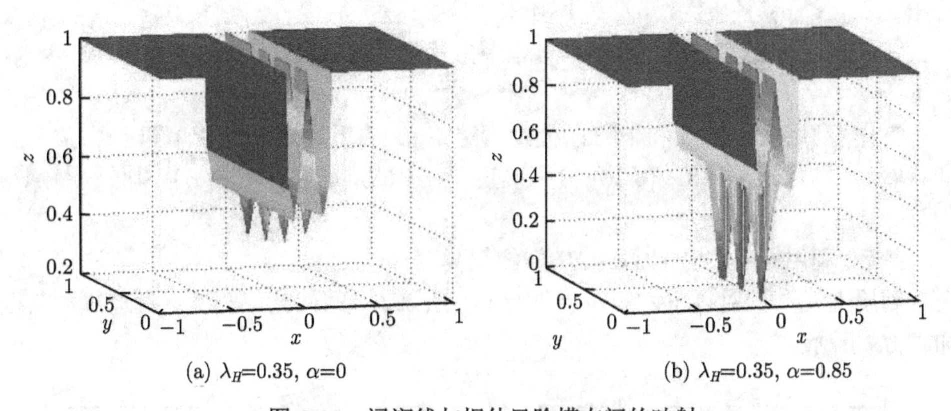

(a) λ_H=0.35, α=0　　　(b) λ_H=0.35, α=0.85

图 8.23　浸润线与坝体风险模态间的映射

8.4　基于可能性分布相似测度的信息融合风险评估模型

8.4.1　可能性分布之间相似测度的计算

在系统的风险评估过程中, 常常需要利用相似测度来判定系统状态信息与各风险模态间的关系 [25−28], 以此来判定所处的风险模态等级. 由 8.2 节可知, 风险模态信息的可能性分布常常不满足对称性 [29−31], 在此设 $\tilde{A}$ 为一般意义上的非线性可能性分布, 其表达式为

$$\pi_{\tilde{A}}=\begin{cases}\left(\dfrac{x-a_1}{a_2-a_1}\right)^m, & a_1\leqslant x<a_2\\ w_{\tilde{A}}, & a_2\leqslant x<a_3\\ \left(\dfrac{a_4-x}{a_4-a_3}\right)^n, & a_3\leqslant x\leqslant a_4\\ 0, & \text{其他}\end{cases}\tag{8.49}$$

上式可表示为 $\tilde{A}=[a_1,a_2,a_3,a_4;w_{\tilde{A}};m,n]$. 其中, x 为取值变量, $0<w_{\tilde{A}}\leqslant 1$, m,n 为正实数; a_1,a_2,a_3,a_4 为实数, 且 $a_1\leqslant a_2\leqslant a_3\leqslant a_4$.

特殊地, 当 $m=n=1$ 时, 式 (8.49) 由非线性可能性分布变为线性可能性分布, 且当 $w_{\tilde{A}}=1$ 时为正则可能性分布, $a_2\neq a_3$ 时为广义梯形可能性分布, $a_2=a_3$ 时为广义三角可能性分布; 当 $m=n\neq 1$ 时, 非线性可能性分布即为自适应可能性分布, 因此, 可看作是自适应可能性分布的扩展; 当 $a_1=a_2$, $a_3=a_4$, $w_{\tilde{A}}=1$ 及 $m=n=1$ 时为描述经典集合元素的矩形可能性分布.

设两个非线性可能性分布分别为

$$\tilde{A}=[a_1,a_2,a_3,a_4;w_{\tilde{A}};m_{\tilde{A}},n_{\tilde{A}}] \quad 和 \quad \tilde{B}=[b_1,b_2,b_3,b_4;w_{\tilde{B}};m_{\tilde{B}},n_{\tilde{B}}]$$

且 $0\leqslant a_1\leqslant a_2\leqslant a_3\leqslant a_4\leqslant 1$, $0\leqslant b_1\leqslant b_2\leqslant b_3\leqslant b_4\leqslant 1$, $0<w_{\tilde{A}},w_{\tilde{B}}\leqslant 1$, $m_{\tilde{A}},n_{\tilde{A}},m_{\tilde{B}},n_{\tilde{B}}$ 为正实数, 则由 4.3 节方法可计算出 $\tilde{A},\tilde{B}$ 间的相似测度, 具体如下:

首先, 利用式 (4.31) 和 (4.32) 分别确定 $\tilde{A},\tilde{B}$ 的质心点 $(x^*_{\tilde{A}},y^*_{\tilde{A}})$ 和 $(x^*_{\tilde{B}},y^*_{\tilde{B}})$;

然后, 利用式 (4.33)~(4.36) 分别确定 $\tilde{A}$, $\tilde{B}$ 的周长 $P(\tilde{A}),P(\tilde{B})$ 和面积 $A(\tilde{A})$, $A(\tilde{B})$;

最后, 利用式 (4.30) 计算 $\tilde{A},\tilde{B}$ 间相似测度.

利用上述过程对以下六组可能性分布 (图 8.24) 间的相似测度进行计算, 结果如表 8.7 所示.

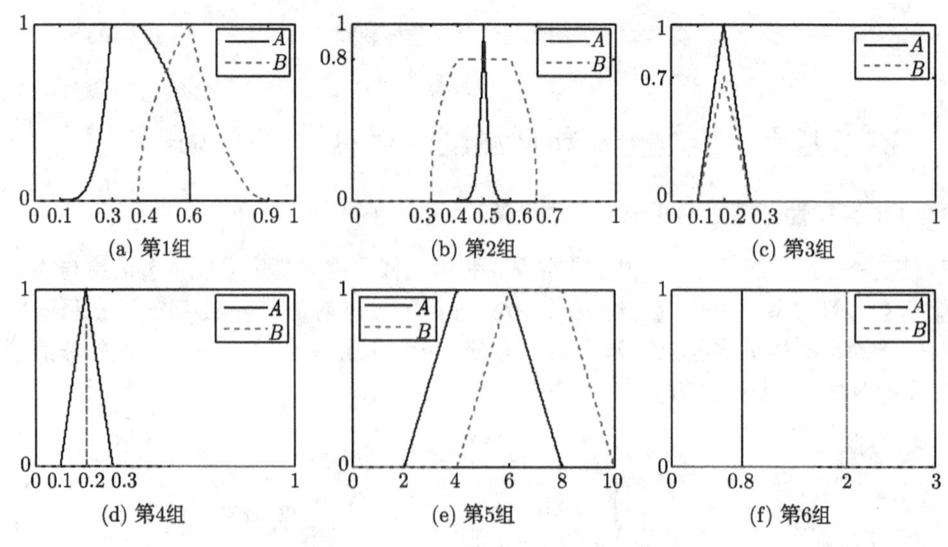

图 8.24 六组典型的非线性可能性分布

表 8.7 六组可能性分布间的相似测度

组数	可能性分布	相似测度
1	$\tilde{A}=[0.1,0.3,0.4,0.6;1;4,0.4],\tilde{B}=[0.4,0.6,0.6,0.9;1;0.5,2]$	0.827
2	$\tilde{A}=[0.4,0.5,0.5,0.6;1;5,5],\tilde{B}=[0.3,0.4,0.6,0.7;0.8;0.4,0.4]$	0.734
3	$\tilde{A}=[0.1,0.2,0.2,0.3;1;1,1],\tilde{B}=[0.1,0.2,0.2,0.3;0.7;1,1]$	0.720
4	$\tilde{A}=[0.1,0.2,0.2,0.3;1;1,1],\tilde{B}=[0.2,0.2,0.2,0.2;0.7;1,1]$	0.634
5	$\tilde{A}=[2,4,6,8;1;1,1],\tilde{B}=[4,6,8,10;1;1,1]$	0.135
6	$\tilde{A}=[0.8,0.8,0.8,0.8;1;1,1],\tilde{B}=[2,2,2,2;1;1,1]$	0.301

8.4.2 可能性证据体的生成

设某尾矿坝风险模态的可能性分布如图 8.25(a) 所示, 风险模态的区间性以及信息的不确定性, 使得评估信息与风险模态间的映射常常以不同的可能度隶属于各风险值, 而非各风险模态, 如图 8.25(b) 所示. 因此, 在利用 D-S 合成规则 [32,33] 对坝体进行融合评估时, 必须将评估信息与风险模态间的映射转化为风险模态超幂集上的 mass 函数.

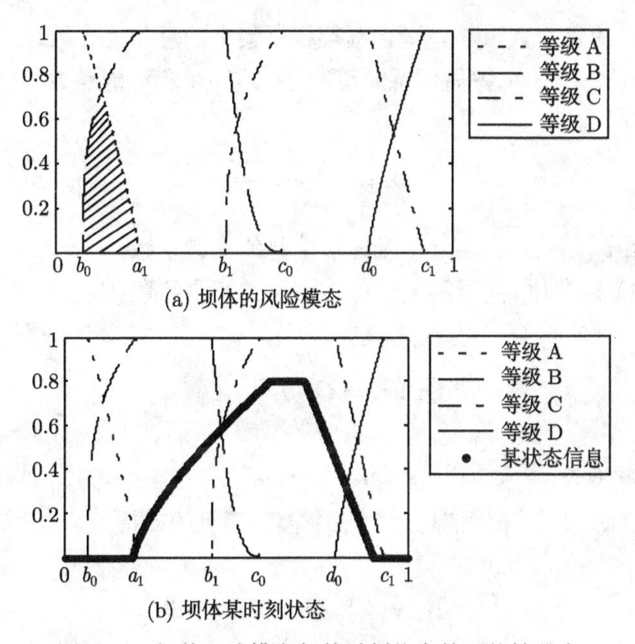

(a) 坝体的风险模态

(b) 坝体某时刻状态

图 8.25 坝体风险模态与某时刻状态的可能性分布

下面利用评估信息的变异系数来诱导有序矩阵 [34], 以生成该信息隶属于模态等级的可能性证据体, 具体步骤如下:

步骤 1 确定识别框架即尾矿坝的风险等级 $\Theta = \{R_\mathrm{A}, R_\mathrm{B}, R_\mathrm{C}, R_\mathrm{D}\}$, 则其幂集为 $2^\Theta = \{\{R_A\}, \{R_\mathrm{B}\}, \{R_\mathrm{C}\}, \{R_\mathrm{D}\}, \{R_\mathrm{A}R_\mathrm{B}\}, \{R_\mathrm{A}R_\mathrm{C}\}, \cdots, \{R_\mathrm{A}R_\mathrm{B}R_\mathrm{C}R_\mathrm{D}\}, \varnothing\}$, 对坝体的实际监测数据进行深入剖析和研究, 获得坝体的模态等级信息, 并将其分别转化为可能性分布来表示; 利用 8.3 节方法建立各监测指标信息和风险模态信息间可能性集值映射, 并结合层次分析法确定尾矿坝某时刻的状态信息, 将其作为评估信息.

步骤 2 模态等级的交叉区域用相交部分的可能性分布来表示, 如图 8.25(a) 中阴影部分的可能性分布表示为 AB 的可能性分布, 其他类似. 对于不相交的模态等级, 认为其联合模态等级的可能度为 0, 即彼此间是相互独立且不相关的.

步骤 3 计算评估信息与各模态等级信息间的相似性测度, 建立相似性矩阵

$$S'_{N\times M} = \begin{bmatrix} S'_{11} & S'_{12} & \cdots & S'_{1M} \\ S'_{21} & S'_{22} & \cdots & S'_{2M} \\ \vdots & \vdots & & \vdots \\ S'_{N1} & S'_{N2} & \cdots & S'_{NM} \end{bmatrix} \tag{8.50}$$

其中, N 为评估信息个数; M 为识别框架超幂集中的总焦元个数.

步骤 4 计算第 i 个评估信息的可能性均值 E_i 和可能性方差 D_i [35], 获得诱导函数 Q_i 为

$$Q_i = \frac{1}{CV_i} = \frac{E_i}{D_i} \tag{8.51}$$

其中, CV_i 为第 i $(i = 1, 2, \cdots, N)$ 个评估信息的变异系数.

将式 (8.51) 标准化, 获得第 i 个评估信息的有序函数

$$\mathrm{Order}_i = Q_i \Big/ \sum_{i=1}^{N} Q_i \tag{8.52}$$

建立有序矩阵 $\mathrm{Order}_{1\times N} = [\mathrm{Order}_1 \quad \mathrm{Order}_2 \quad \cdots \quad \mathrm{Order}_N]$, 将其与相似矩阵 $S'_{N\times M}$ 相乘, 获得 N 个评估信息对第 j 个模态等级的支持

$$\mathrm{Sup}(j) = Q_{1\times N} \times S'_{N\times M}, \quad j = 1, 2, \cdots, M \tag{8.53}$$

将式 (8.53) 标准化, 获得第 j 个模态等级的可信度

$$\mathrm{Crd}(j) = \mathrm{Sup}(j) \Big/ \sum_{j=1}^{M} \mathrm{Sup}(j) \tag{8.54}$$

由于 $\sum_{j=1}^{M} \mathrm{Crd}(j) = 1$, 即可信度 $\mathrm{Crd}(j)$ 可看作是证据分配给第 j 个模态等级的基本信任分配函数 $m(j)$. 对于空集来说, 其基本信任分配函数为 0.

8.4.3 风险评估模型的建立

风险评估模型的基本流程如图 8.26 所示, 具体实现步骤如下 [36,37]:

步骤 1 根据 8.2 节中的坝体风险模态的划分及量化方法确定各模态等级的识别框架为 $\Theta = \{R_{\mathrm{A}}, R_{\mathrm{B}}, R_{\mathrm{C}}, R_{\mathrm{D}}\}$, 并获得模态等级信息的可能性分布函数.

步骤 2 根据 8.1 节中库水位、浸润线、干滩长度、浸润线信息的可能性分布表征法获得各指标信息的可能性分布函数.

步骤 3 利用 8.3 节的可能性集值映射法获得各监测指标与风险模态间的复杂多变性映射, 利用层次分析法对不同截集下的映射进行分析, 获得坝体某时刻所处的风险状态, 将其作为评估信息, 计算评估信息与各模态等级间的相似测度, 并生成诱导有序的 mass 函数.

步骤 4 利用 D-S 合成规则融合上一步的 mass 函数, 进而根据融合结果对坝体所处的模态等级进行判断.

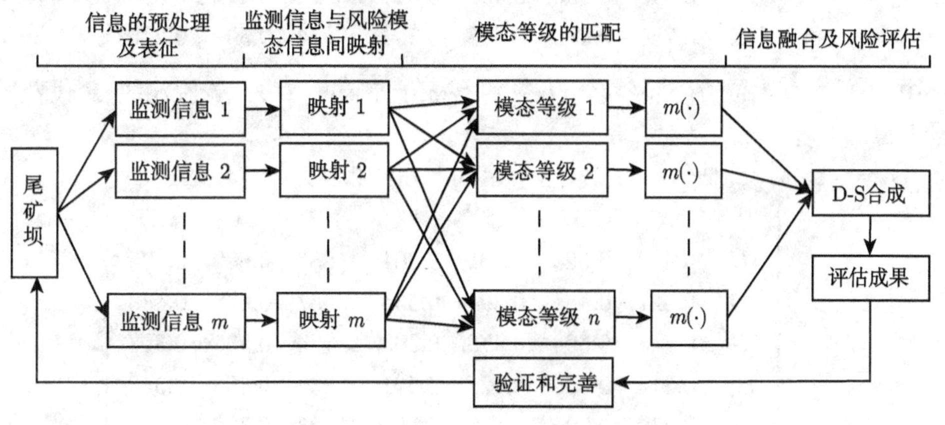

图 8.26 风险评估模型基本流程图

8.4.4 实例分析

仍以 8.1 节中的尾矿坝为例来对 8.4.3 节构建的信息融合风险评估模型进行分析.

由 8.2 节可知, 该尾矿坝各模态等级的可能性分布如图 8.16 所示, 各模态等级幂集元素的可能性分布函数如表 8.8 所示.

表 8.8 模态等级幂集元素的可能性分布函数

模态等级	A	B	C
可能性分布	(0, 0, 0.14, 0.21; 1; 1, 0.8)	(0.14, 0.21, 0.38, 0.46; 1; 0.3, 2.5)	(0.38, 0.46, 0.58, 0.69; 1; 0.35, 1)
模态等级	D	AB	BC
可能性分布	(0.58, 0.69, 1, 1; 1; 0.8, 1)	(0.14, 0.12, 0.12, 0.21; 0.72; 0.3, 0.8)	(0.43, 0.46, 0.46, 0.57; 0.57; 0.35, 2.5)
模态等级	CD		
可能性分布	(0.79, 0.85, 0.85, 0.93; 0.54; 0.8, 1)		

当 $\lambda = 0.35$ 时, 将 $\alpha = 0, \alpha = 0.85$ 和 $\alpha = 0.9$ 三种情况下监测指标与风险模态间的映射分别作为 3 组评估信息, 则

$\alpha = 0$ 时, 评估信息与各模态等级间的相似测度为

$$S_1' = \begin{bmatrix} & \mathrm{A} & \mathrm{B} & \mathrm{C} & \mathrm{D} & \mathrm{AB} & \mathrm{BC} & \mathrm{CD} \\ H & 0.628 & 0.573 & 0.545 & 0.436 & 0.689 & 0.730 & 0.485 \\ B & 0.867 & 0.612 & 0.417 & 0.309 & 0.898 & 0.499 & 0.329 \\ G & 0.701 & 0.856 & 0.584 & 0.308 & 0.648 & 0.432 & 0.285 \\ Hp & 0.848 & 0.630 & 0.430 & 0.324 & 0.912 & 0.471 & 0.314 \\ S & 0.756 & 0.680 & 0.328 & 0.304 & 0.874 & 0.502 & 0.245 \end{bmatrix}$$

其中 H 代表库水位, B 代表坝体位移, G 代表干滩长度, Hp 代表浸润线, S 代表视频图像.

$\alpha = 0.85$ 时, 评估信息与各模态等级间的相似测度为

$$S_2' = \begin{bmatrix} & \mathrm{A} & \mathrm{B} & \mathrm{C} & \mathrm{D} & \mathrm{AB} & \mathrm{BC} & \mathrm{CD} \\ H & 0.418 & 0.625 & 0.605 & 0.301 & 0.887 & 0.682 & 0.275 \\ B & 0.527 & 0.481 & 0.394 & 0.535 & 0.537 & 0.678 & 0.488 \\ G & 0.743 & 0.694 & 0.478 & 0.368 & 0.779 & 0.596 & 0.398 \\ Hp & 0.314 & 0.505 & 0.421 & 0.561 & 0.734 & 0.488 & 0.550 \\ S & 0.802 & 0.796 & 0.451 & 0.321 & 0.687 & 0.302 & 0.217 \end{bmatrix}$$

$\alpha = 0.9$ 时, 评估信息与各模态等级间的相似测度为

$$S_3' = \begin{bmatrix} & \mathrm{A} & \mathrm{B} & \mathrm{C} & \mathrm{D} & \mathrm{AB} & \mathrm{BC} & \mathrm{CD} \\ H & 0.497 & 0.453 & 0.468 & 0.507 & 0.589 & 0.930 & 0.613 \\ B & 0.427 & 0.678 & 0.966 & 0.447 & 0.392 & 0.454 & 0.409 \\ G & 0.709 & 0.719 & 0.507 & 0.359 & 0.741 & 0.581 & 0.386 \\ Hp & 0.660 & 0.618 & 0.525 & 0.454 & 0.699 & 0.706 & 0.440 \\ S & 0.734 & 0.826 & 0.351 & 0.347 & 0.708 & 0.349 & 0.307 \end{bmatrix}$$

利用式 (8.51) 和 (8.52) 获得评估信息诱导的有序函数, 建立 3 组评估信息的有序矩阵:

$$\text{Order}_1 = [0.19 \quad 0.12 \quad 0.15 \quad 0.49 \quad 0.05]$$
$$\text{Order}_2 = [0.21 \quad 0.14 \quad 0.08 \quad 0.51 \quad 0.06]$$
$$\text{Order}_3 = [0.17 \quad 0.16 \quad 0.11 \quad 0.45 \quad 0.11]$$

利用式 (8.53) 和 (8.54) 生成可能性证据体的 mass 函数, 进而利用 D-S 合成规则对坝体进行融合评估, 并与部分相似测度赋值法获得的 mass 函数和评估结果进行比较与分析, 如表 8.9 所示.

表 8.9 基于不同相似测度确定的 mass 函数及融合评估结果

		基本信任函数								评估结果
		m(A)	m(B)	m(C)	m(D)	m(AB)	m(BC)	m(CD)	$m(\Theta)$	风险模态
文献 [30]	证据体 1	0.324	0.301	0.205	0.146	0	0	0	0.024	不确定
	证据体 2	0.296	0.204	0.224	0.230	0	0	0	0.046	不确定
	证据体 3	0.148	0.287	0.298	0.201	0	0	0	0.066	不确定
	融合结果	0.286	0.321	0.252	0.141	0	0	0	0	不确定
文献 [31]	证据体 1	0.412	0.368	0.163	0.055	0	0	0	0.002	不确定
	证据体 2	0.308	0.317	0.252	0.121	0	0	0	0.002	不确定
	证据体 3	0.264	0.306	0.305	0.115	0	0	0	0.011	不确定
	融合结果	0.407	0.431	0.152	0.010	0	0	0	0	不确定
柔性相似测度赋值法 (本节方法)	证据体 1	0.199	0.166	0.119	0.087	0.210	0.132	0.087	0	不确定
	证据体 2	0.117	0.153	0.126	0.129	0.202	0.151	0.123	0	不确定
	证据体 3	0.153	0.159	0.142	0.111	0.160	0.164	0.112	0	不确定
	融合结果	0.151	0.615	0.159	0.027	0.025	0.019	0.004	0	B

由表 8.9 可知, 由本节方法得到的坝体模态等级为 B, 这与专家组给出的结论一致; 但用现有的相似测度赋值法却无法判定坝体的模态等级, 表 8.9 中列出了由 Hejazi[30] 和 Wen[31] 提出的相似性度量法经计算得到的 mass 函数. 实际上, 表中列出的 2 种不同相似度量方法得到的 mass 函数只是实际情况的近似, 原因在于现有相似度量方法都无法处理非线性可能性分布, 因此在计算时都将非线性可能性分布转化为了线性可能性分布, 这在一定程度上降低了融合结果的有效性. 同时, 也进一步说明了本节方法更适合于处理实际工程中的非线性信息, 且避免了由信息的近似产生的二次不确定性以及其对评估结果的影响.

8.5 本章小结

本章将可能性理论应用于尾矿坝的风险评估中, 并提出了一种基于可能性分布相似测度的信息融合风险评估模型. 介绍了库水位、浸润线、干滩长度、坝体位移监测指标的信息度量方法, 并基于可能性均值、模糊统计等构造了各监测指标信息的可能性分布; 介绍了尾矿坝风险模态的度量方法, 基于流变–突变理论等将风险模态划分为四大类; 利用可能性集值映射方法建立了监测指标与风险模态信息间的函数关系; 构建了一种信息融合风险评估模型, 并通过实例分析了模型有效性.

参考文献

[1] Duan H M, Xie F, Zhang K B, Ma Y, Shi F. Signal trend extraction of road surface profile measurement[C]. The 2nd International Conference on Signal Processing System, 2010, 07: 694-698.

[2] Huang N E, Zheng S H, Steven R L, et al. The empirical mode decomposition and the Hilbert spectrum for nonlinear and non-stationary time series analysis[J]. Proceedings of the Royal Society London A, 1998, 454(1971): 903-995.

[3] Yoshida Y, Yasuda M, Nakagami J, et al. A new evaluation of mean value for fuzzy numbers and its application to American put option under uncertainty[J]. Fuzzy Sets and Systems, 2006, 157(19): 2614-2626.

[4] 樊庆英. 基于可能性理论的尾矿坝风险评估研究 [D]. 中北大学硕士学位论文, 2013.

[5] Fullér R, Majlender P. On weighted possibilistic mean and variance of fuzzy numbers[J]. Fuzzy Sets & Systems, 2003, 136(3): 363-374.

[6] Chen W, Tan S H. On the possibilistic mean value and variance of multiplication of fuzzy numbers[J]. Journal of Computational and Applied Mathematics, 2009, 232(4): 327-334.

[7] Bede B, Gal S G. Generalizations of the differentiability of fuzzy-number-valued functions with applications to fuzzy differential equations[J]. Fuzzy Sets and Systems, 2005, 151(3): 581-599.

[8] Yin S F, Cao L C, Ling Y S, Jin G F. Image denoising with anisotropic bivariate shrinkage[J]. Signal Processing, 2011, 91: 2078-2090.

[9] Yin S F, Cao L C, Ling Y S, Jin G F. Fusion of noise infrared and visible images based on anisotropic bivariate shrinkage[J]. Infared Physcis and Technology, 2011, 54: 13-20.

[10] Xing S, Xu Q, Jin G W, He Y. SAR image denoising using bivariate shrinkage functions and dual-tree complex wavelet[J]. Journal of System Simulation, 2008, 20(1): 40-45.

[11] Sendur L, Selesnick I W. Bivariate shrinkage functions for wavelet-based denoising exploiting interscale dependency[J]. IEEE Transactions on Signal Processing, 2002, 50(11): 2744-2756.

[12] Vivona D, Divari M. Fuzzy setting: Fuzziness of general information[J]. Communications in Computer and Information Science, 2012, 298(2): 1-3.

[13] Pal N R, Bustince H, Pagola M, et al. Uncertainties with Atanassov's intuitionistic fuzzy sets: Fuzziness and lack of knowledge[J]. Information Sciences, 2013, 228: 61-74.

[14] Si X S, Wang W B, Hu C H, Zhou D H. Remaining useful life estimation based on a nonlinear diffusion degradation process[J]. IEEE Transactions on Reliability, 2012, 61(1): 50-67.

[15] 付云鹏, 马树才, 宋琪. 基于截集的加权可能性均值–方差模型的应用 [J]. 统计与决策, 2013(8): 12-15.

[16] Wang X X, Yang F B, Ji L N, Shi D M. A partition and quantitative method of risk level based on rheology and mutation theory [J]. International Conference on Modern Engineering Solutions for the Industry, 2015, 8(4): 1523-1530.

[17] 何学秋, 王云海, 梅国栋. 基于流变–突变理论的尾矿坝溃坝机理及预警准则研究 [J]. 中国安全科学学报. 2012, 22(9): 74-78.

[18] Yang W J, Wang P, Yang Y D. Safety accident law of bridge construction based on the rheology and mutation theory[J]. Journal of Civil Architectural & Environmental Engineering, 2013-1: 40-44.

[19] 王柏生, 何宗成, 赵琛. 混凝土大坝结构损伤检测振动法的可行性 [J]. 建筑科学与工程学报, 2005, 22(2): 51-56.

[20] 陈玲莉, 彭海强, 陈振茂. 裂纹损伤对塔壳结构动态特性的影响研究 [J]. 应用力学学报, 2011, 28(3): 299-303.

[21] 司秀勇, 施洲. 混凝土桥梁裂缝特性及其对结构固有振动的影响分析 [J]. 铁道建筑, 2011, (10): 14-18.

[22] Mirkin B, Nascimento S. Additive spectral method for fuzzy cluster analysis of similarity data including community structure and affinity matrices[J]. Information Sciences, 2012, 183(1): 16-34.

[23] Marcello B, Gionata C, Marco F, Francesco Z. Data classification and MTBF prediction with a multivariate analysis approach[J]. Reliability Engineering and System Safety, 2012, 97(1): 27-35.

[24] Wang X X, Yang F B, Wei H, Ji L N. A risk assessment model of uncertainty system based on set-valued mapping[J]. Journal of Intelligent & Fuzzy Systems, 2016, 31: 3155-3162.

[25] Wu D, Mendel J M. A vector similarity measure for linguistic approximation: Interval type-2 and type-1 fuzzy sets[J]. Information Sciences, 2008, 178(2): 381-402.

[26] Zhang H Y, Zhang W X, Mei C L. Entropy of interval-valued fuzzy sets based on distance and its relationship with similarity measure[J]. Knowledge-Based Systems, 2009, 22(6): 449-454.

[27] Guha D, Chakraborty D. A new approach to fuzzy distance measure and similarity measure between two generalized fuzzy numbers[J]. Applied Soft Computing, 2010, 10(1): 90-99.

[28] Xu Z S. Some similarity measures of intuitionistic fuzzy sets and their applications to multiple attribute decision making[J]. Fuzzy Optimization and Decision Making, 2007,

6(2): 109-121.

[29] Wei S H, Chen S M. A new approach for fuzzy risk analysis based on similarity measures of generalized fuzzy numbers[J]. Expert System with Application, 2009, 36(1): 581-588.

[30] Hejazi S R, Doostparast A, Hosseini S M. An improved fuzzy risk analysis based on a new similarity measures of generalized fuzzy numbers[J]. Expert Systems with Applications, 2011, 38(8): 9179-9185.

[31] Chen S J, Chen S M. Fuzzy risk analysis based on similarity measures of generalized fuzzy numbers[J]. IEEE Transactions on Fuzzy Systems, 2003, 11(1): 45-56.

[32] 王肖霞, 杨风暴, 吉琳娜, 等. 基于柔性相似度量和可能性歪度的尾矿坝风险评估方法 [J]. 上海交通大学学报, 2014, 48(10): 1440-1445.

[33] Wang X X, Yang F B, Wei H. A method of group decision-making for dynamic cloud model based on cumulative prospect theory[J]. International Journal of Grid and Distributed Computing, 2016, 9(10): 283-290.

[34] 王肖霞, 杨风暴, 蔺素珍, 史冬梅. 诱导有序的基本信任分配及其在坝体风险评估中的应用 [J]. 应用基础与工程科学学报, 2014(4): 830-839.

[35] 万树平, 张小路, 王凌, 等. 基于加权可能性均值的直觉梯形模糊数矩阵博弈求解方法 [J]. 控制与决策, 2012, 27(8): 1121-1126.

[36] Wang X X, Yang F B, Wei H, Zhang L. A new ranking method based on TOPSIS and possibility theory for multi-attribute decision making problem[J]. OPTIK, 2015, 126(20): 4852-4860.

[37] 史冬梅, 杨风暴, 王肖霞. 尾矿坝风险评估中指标相关性权重的确定 [J]. 金属矿山, 2014, (11): 143-146.

第9章　可能性理论在 LIDAR 数据车辆区域提取中的应用

机载激光扫描测距系统 (light detection and ranging, LIDAR) 的点云扫描数据能够描述地球表面的三维地形剖面, 多角度、更细致地还原地物分布, 且该技术不受地形起伏和位移的影响、能够穿透树冠并且激光束对光强变化不敏感. 因此, 机载 LIDAR 近年来成为地质灾害快速勘察、轰炸目标确定、恶劣天气飞机降落导航、城市三维建模等应用领域所依赖的重要遥感监测手段 [1,2]. LIDAR 数据地物分类是 LIDAR 数据应用于实际工程的前提, 如何准确有效地提取地物是 LIDAR 数据处理的核心技术之一.

地物种类材质多样、结构形状复杂、分布稀疏不均, 加上气候季节变化、天气日照不同、地物之间交叉遮挡, 使地物之间往往难以区分; LIDAR 系统扫描方式的局限、数据获取中噪声的干扰、不同传感器间物理机理和探测特性的差异, 使地物数据之间混淆现象突出, 降低了分类结果的准确性和精确性、甚至产生矛盾的分类结果. 因而, LIDAR 数据地物分类受到信息不确定性的严重影响, 需要采用不确定性信息的理论和方法去处理. LIDAR 数据地物分类本质上是利用光谱信息、纹理特征、空间结构、拓扑关系等建立地物属性的判别准则, 寻找数据信息与地物属性之间的可能对应关系, 是可能性评估的一个方面, 所以, 可能性理论是提高地物分类精确性的一种有效手段.

一般城市机载遥感地物分类的地物主要有建筑、道路、草地、树木、水体等等. 相对于这些地物类型, 车辆的尺寸小、移动性大、颜色和背景多变, 且在各种 LIDAR 数据中的灰度特征不明显, 使地物分类的不确定性增加、很难将其与其他地物分离开来, 其分类结果的可能性更是变化多样, 具有典型性. 本章以车辆区域提取为例, 探索可能性理论在 LIDAR 数据地物分类中的应用.

9.1　LIDAR 数据车辆区域特征提取方法

9.1.1　基于可能性理论的方法流程

本方法以 LIDAR 数据及其车辆目标为例, 以可能性分布构造、可能性分布合成等方法作为技术手段, 面向复杂地物环境下系统对分类精度需求的问题, 开展 LIDAR 数据车辆地物提取方法探索. 具体方法流程如图 9.1 所示.

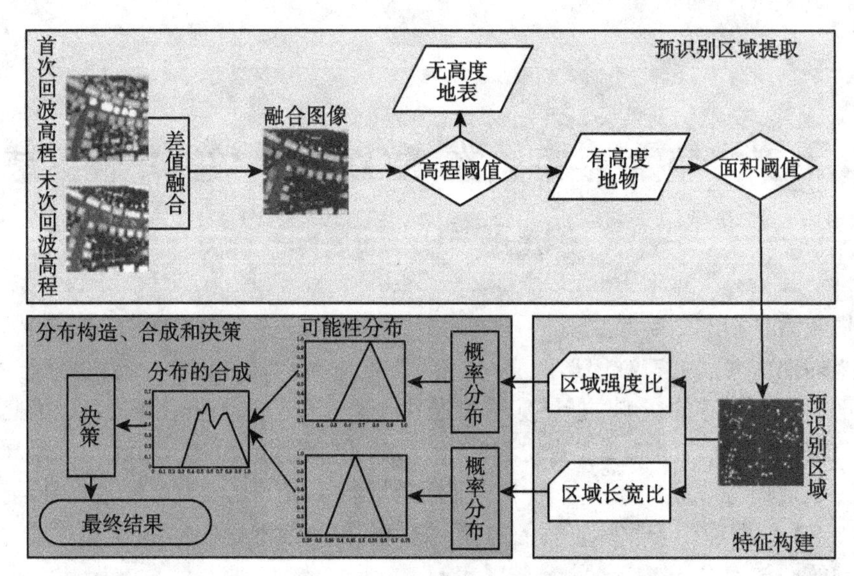

图 9.1　车辆提取方法流程图

首先, 进行地物的粗划分, 利用差值融合方法对首末次高程回波进行融合, 得到包含地物高程信息的融合图像. 分别利用基于统计信息得到的高程阈值与面积阈值对融合图像进行划分, 得到车辆的粗分类结果. 其次, 构建区域强度比和区域长宽比两种特征, 并分别构造相应的可能性分布 [3]. 最后, 利用 T-模、S-模等算子构造可能性分布合成规则进行分布的合成, 决策得到最终的分类结果. 可能性分布的构造及合成主要针对特征值与类别属性对应不明确的特征, 因此本章仅对区域强度比和区域长宽比两种特征进行可能性分布的构建及合成.

本章所有实验所使用的 LIDAR 数据由英国雷丁大学提供 [4], 由 TopoSys 系统拍摄, 表 9.1 为 LIDAR 数据获取时的系统参数, 表 9.2 为 LIDAR 数据波长. 该组数据由 Falcon Ⅱ传感器获取得到, 使用光纤方式扫描, 激光脚点密度和点间距分别为 4 点/m^2 和 0.5m.

表 9.1　LIDAR 数据获取系统参数

数据获取系统	参数
LIDAR 系统	TopoSys Falcon Ⅱ
飞行高度	600m
扫描频率	653Hz
数据获取时间	2004 年 04 月
扫描角	±7.0
脉冲频率	83kHz

表 9.2 LIDAR 数据波长

数据	波长/nm
首末次回波	1560
强度	1560
红色波段	580～660
绿色波段	500～580
蓝色波段	450～490
近红外波段	770～890

图 9.2 为实验所用到的 LIDAR 数据, 相关参数在表 9.1 和表 9.2 中给出, 图像大小为 300×300. 根据特征的构造原理, 在该车辆提取过程中, 只用到了 5 种 LIDAR 数据, 分别为首次回波高程图像、末次回波高程图像、强度图像、高程差图像及 RGB 图像.

(a) 首次回波高程图像 (b) 末次回波高程图像 (c) 强度图像

(d) 高程差图像 (e) RGB 图像

图 9.2 LIDAR 数据源图像

9.1.2 车辆区域特征分析

根据 LIDAR 数据中车辆与树木、建筑等其他地物的差异, 构建了以下四种车辆识别特征 [5].

(1) 高度特征.

车辆的高度处于地面和建筑之间, 而且与两者有着明显的高度差, 因此在高程图像中的特征较明显, 可根据统计信息设立阈值将车辆区域识别出来. 表 9.3 中统计了常见车辆的尺寸信息 [5], 车辆高度范围一般为 1.3~2.2m.

表 9.3 常见车辆的外形信息 (单位：m)

车辆类型	长度	宽度	高度
小型两厢轿车	3.6~4.0	1.5~1.7	1.3~1.5
小型三厢轿车	4.1~4.4	1.6~1.7	1.3~1.5
中型轿车	4.3~4.7	1.7~1.8	1.3~1.5
大型轿车	4.8~5.2	1.8~2.0	1.4~1.6
中型越野车	4.5~4.9	1.7~2.0	1.7~2.0
皮卡	4.7~5.0	1.6~1.8	1.4~1.6
SUV	5.0~5.5	1.8~2.2	1.8~2.2

(2) 区域面积特征.

从表 9.3 中可看出, 常见车辆的长度范围在 3.6~5.5m, 宽度范围在 1.5~2.2m, 因此车辆区域的面积范围为

$$5.4 < A < 12.1 \tag{9.1}$$

(3) 长宽比特征.

这是一个表征车辆轮廓信息的统计特征, 由于车辆的俯视图外形近似于长方形, 且其长度和宽度都在一定范围内, 因此其长宽比范围也较固定. 首先确定车辆所在区域的外接矩形, 并根据表 9.3 确定车辆区域的长宽比的范围.

$$\mathrm{RLW} = \mathrm{width/length} \tag{9.2}$$

(4) 区域强度比特征.

该特征的构建利用了车辆材质不同于其他地物的特点, 车辆车顶的材质一般为金属, 而激光在金属上的反射率较大, 使得在强度图像中, 车辆区域有较大的灰度值. 另外, 将可见光图像从 RGB 颜色空间转化为 HIS 空间, 由于光反射原理, 车辆的亮度值较大. 以结构相似度为基础构建区域强度比特征如下：

$$\mathrm{IIP} = \left(\frac{2m_i m_j}{m_i^2 + m_j^2 + 1} \times \frac{2\sigma_i \sigma_j}{\sigma_i^2 + \sigma_j^2 + 1}\right) \tag{9.3}$$

其中, m 为均值, σ 为方差; i 为 HIS 空间中的 I 分量, j 为 LIDAR 强度值.

9.2 预识别区域提取

以首次回波高程图像 (图 9.2(a))、末次回波高程图像 (图 9.2(b)) 为基础, 利用车辆的高度和面积两个特征对车辆预识别区域进行提取. 目的是将所有近似为车辆的区域提取出来, 同时剔除一些不满足高程和面积条件的地物区域, 为后续的车辆提取和判别提供基础.

9.2.1 高度阈值分类

首次回波 (First Echo, FE) 和末次回波 (Last Echo, LE) 两种特征在大部分地物中都表现出较强的一致性, 常将二者相减构建高度差 (height difference, HD) 特征, 以突显建筑边缘及树木顶端等差异特征. 虽然 FE 与 LE 在汽车区域的特征相近, 但 FE 受到树木遮挡的影响, 使得部分汽车无法识别. 因此本章提出了一种针对高程图像中车辆提取的差值融合方法, 具体公式如下:

$$\mathrm{Fusion} = \max(\mathrm{FE}, \mathrm{LE}) - \mathrm{Imdilate}(\mathrm{HD}) \tag{9.4}$$

首先对于两种特征进行取大处理, 以获得所有地物点在两幅特征图像中的最大高程值, 融合图像可包含较好的车辆高程信息, 且去除了首末次回波中的差异信息. 同时, 由于 HD 中建筑边缘特征明显, 通过相减处理可将位置与建筑极为相近的车辆分开, 避免利用面积阈值进行划分时, 将建筑与车辆化为同一区域. 经过形态学膨胀处理的 HD 图像和融合结果分别如图 9.3(a), (b) 所示.

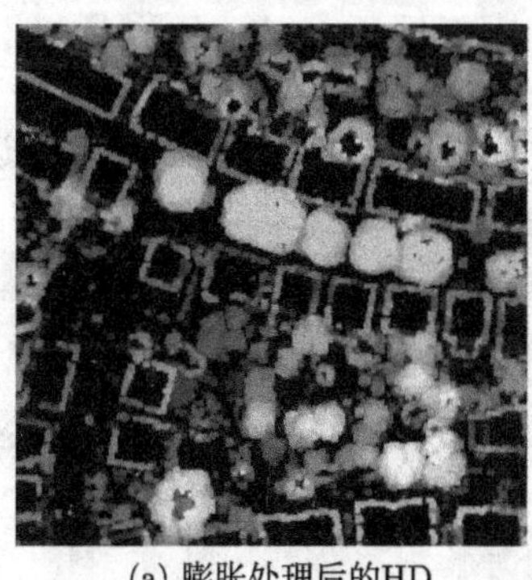

(a) 膨胀处理后的HD

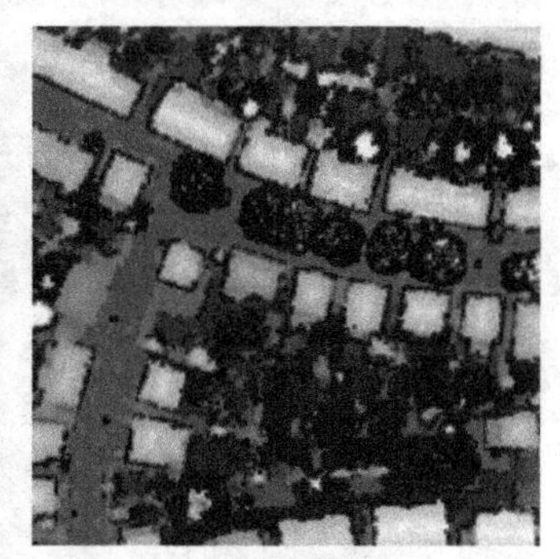

(b) 融合图像

图 9.3 高程阈值分类结果

图 9.4 为首次回波高程图像与经过插值融合后的图像的部分放大图, 从图中可看出, 与源图像相比, 融合结果图中车辆与建筑边缘不再粘连, 可有效保证后续车辆识别的准确性.

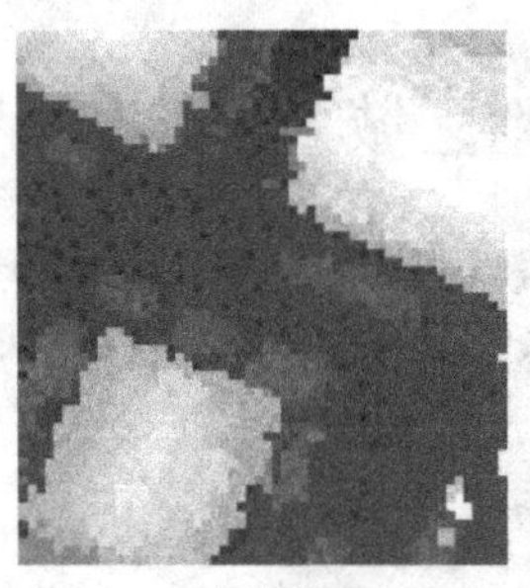

(a) FE

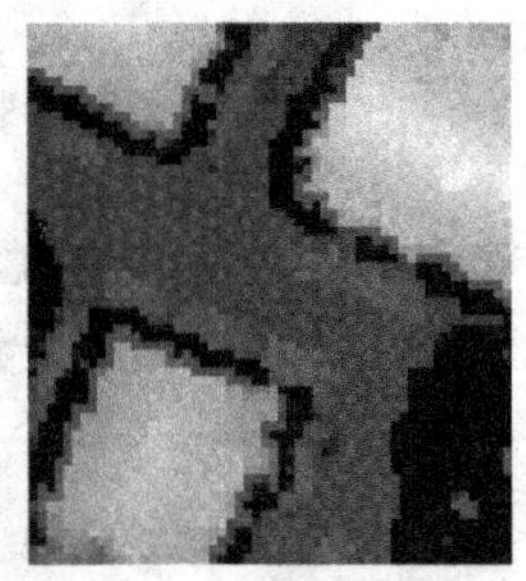

(b) 融合图像

图 9.4 局部放大图

根据表 9.3 中数据统计可知, 车辆高度下限为 1.3m 左右, 以此为阈值将低于 1m 的地物像素赋值为 0, 得到二值化图像, 如图 9.5(a) 所示.

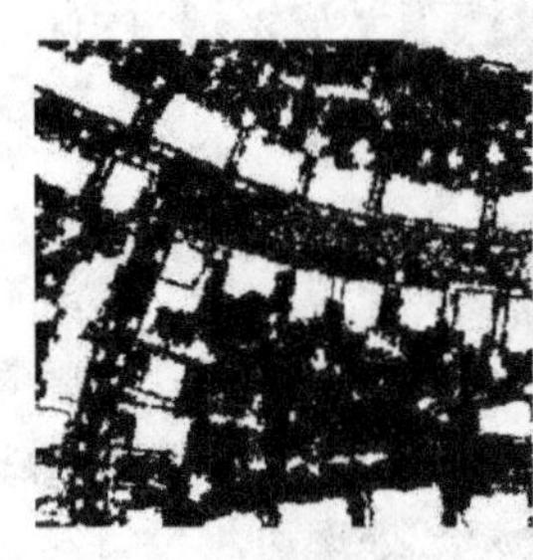

(a) 二值化图像

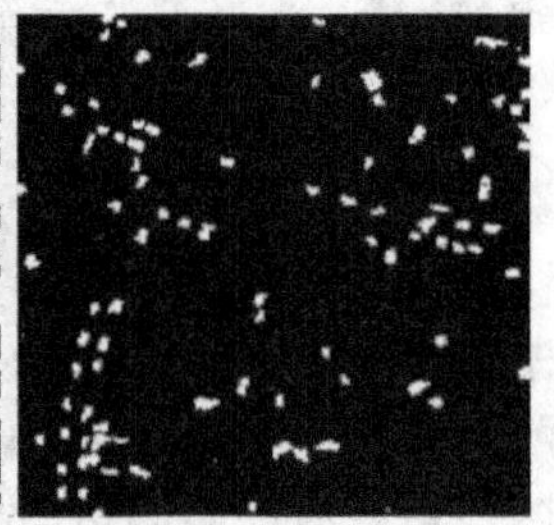

(b) 车辆预识别区域

图 9.5 面积阈值分类结果

9.2.2 面积阈值分类

根据描述的面积特征, 提取满足车辆面积范围的区域, 作为车辆预识别区域. 首先对图 9.5(a) 中所有连通区域进行标记, 统计每个区域内地物点个数, 由于使用的 LIDAR 数据分辨率为 0.5m, 因此每个像素所代表的区域面积为 0.25m^2, 根据面积阈值对所有连通区域进行分类, 大于或小于阈值范围的连通区域, 将区域内所有像素值赋值为 0. 最后, 进行形态学的腐蚀–膨胀处理, 以修正区域的边缘, 突显特征, 得到的车辆预识别区域如图 9.5(b) 所示.

9.3 可能性分布构造与合成方法的选择

9.3.1 可能性分布的构造

从第 3 章可知, 利用概率分布可以转化为可能性分布. 本章所使用的两种区域特征, 均可通过统计得到其概率分布, 且由于区域数量较多, 因此使用适用于大量样本的概率分布–可能性分布的转化方法进行可能性分布的构造.

采用如式 (3.11) 的最优转换通常有较为全面的信息, 因此在实际应用往往难以实现. 在实际工程中, 针对信息不完全或获取数据的准确性低等限制, 可以直接应用截性三角形转换公式进行近似最优转换, 转换形式见式 (3.13). 这里所选用的特征符合正态分布变化趋势, 截性三角形近似转换参数如表 3.2 所示 [5].

9.3.2 可能性分布的合成

已知测量数据的两个可能性分布 π_1 和 π_2, 根据 5.5 节中关于分布合成的方法, 这里构造如下的可能性分布合成公式:

$$\pi(u)=\begin{cases} M(\min(S(\pi_1(u),\pi_2(u))),1-c), & u\in[a,b) \\ T(\pi_1(u),\pi_2(u))+N_1(1-c), & u\in[b,c) \\ T(\pi_1(u),\pi_2(u))+N_2(1-c), & u\in[c,d) \\ M(\min(S(\pi_1(u),\pi_2(u))),1-c), & u\in[d,e] \end{cases} \tag{9.5}$$

式中, T,S 与 M 分别表示 T-模算子、S-模算子和平均算子. $[b,c)$ 和 $[c,d)$ 为一致区间, $[a,b)$ 和 $[d,e]$ 表示非一致区间, N_1 和 N_2 分别为两个分布的权值系数.

$$c=\sup\min(\pi_1(u),\pi_2(u)) \tag{9.6}$$

其表示两个可能性分布提供信息的一致度, 即两个分布交集的高度.

根据两分布的物理意义可知: 区域长宽比由车辆形状决定, 而区域强度比由车辆材质决定, 两分布 π_1 和 π_2 不相关. 此时, $T(\pi_1,\pi_2)=\pi_1\cdot\pi_2$, $S(\pi_1,\pi_2)=1-T(1-\pi_1,1-\pi_2)=\pi_1+\pi_2-\pi_1\cdot\pi_2$. 同时, 本文根据线性可能性分布的斜率 k 确定分布的权值系数:

$$N_i=\frac{|k_j|}{|k_i|+|k_j|},\quad i,j=1,2,\cdots,n \tag{9.7}$$

则式 (9.5) 可写作:

$$\pi(u)=\begin{cases} \pi_1(u)\cdot\pi_2(u)+\dfrac{|k_2|}{|k_1|+|k_2|}(1-c), & u\in[b,c) \\ \pi_1(u)\cdot\pi_2(u)+\dfrac{|k_1|}{|k_1|+|k_2|}(1-c), & u\in[c,d) \\ M(\min(\pi_1+\pi_2-\pi_1\cdot\pi_2,1-c),\min(\pi_1(u),\pi_2(u))), & u\in[a,b)\cup[d,e] \end{cases} \tag{9.8}$$

9.4　长宽比和区域强度比的可能性表征

9.4.1　长宽比的可能性分布构造

选取 89 个车辆预选区域的上、下、左、右四个方向的边界点, 构建外接矩形, 如图 9.6 所示 [6]. 利用公式 (9.2) 计算各矩形的长宽比, 该指标的统计数据如表 9.4 所示.

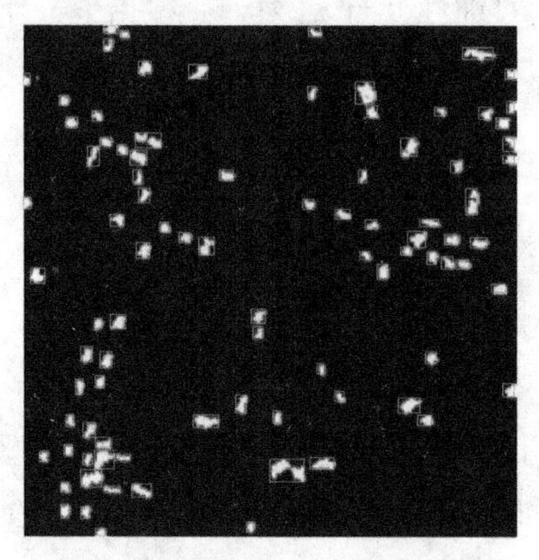

图 9.6　车辆预选区域外接矩形

表 9.4　车辆预选区域的长宽比值

	1	2	3	4	5	6	7	8	9	10
1	0.67	0.71	1	0.83	1	0.83	0.63	0.83	0.86	0.71
2	0.56	0.78	0.77	0.86	0.78	0.71	0.58	1	0.71	0.92
3	0.71	0.67	0.67	0.71	0.78	0.56	0.71	0.4	0.88	0.89
4	0.44	1	0.8	0.9	0.67	0.63	0.56	0.89	1	0.88
5	1	0.86	0.73	0.53	0.9	0.75	0.64	0.67	1	0.71
6	0.62	0.57	0.86	0.71	0.71	0.5	0.67	0.67	0.83	0.92
7	0.71	0.83	0.63	1	0.67	0.69	0.91	0.83	1	0.75
8	0.36	1	0.86	0.83	1	0.75	0.86	0.63	0.37	0.47
9	0.6	0.88	0.63	0.86	0.78	0.71	0.88	1	0.71	/

统计以上数据的概率分布, 由于样本数据量较大, 所以可利用正态分布直接构造其可能性分布, 通过计算可得数据均值为 0.76, 方差为 0.16. 数据的概率分布直方图和分布曲线分别如图 9.7(a), (b) 所示.

根据表 3.1 (正态分布) 求得截性三角形近似转换参数如下:

$$u_m = 0.36,\quad u_n = 1.17,\quad u_{\varepsilon_1} = 0.52,\quad u_{\varepsilon_2} = 1$$

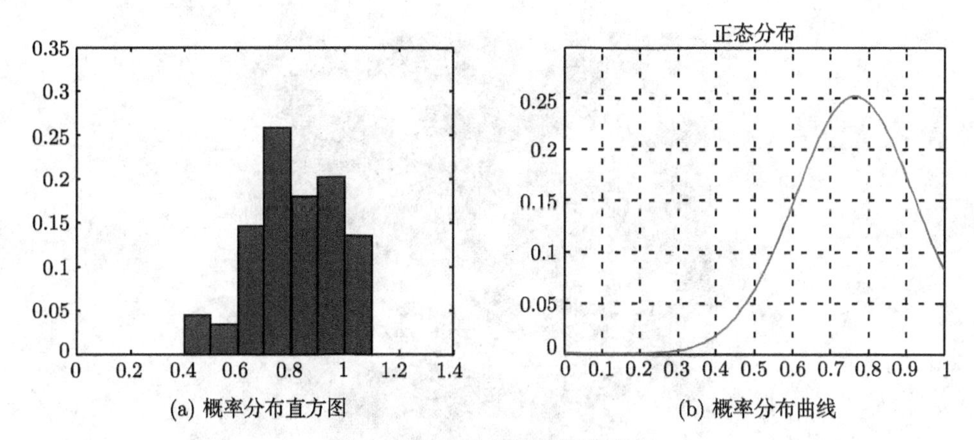

(a) 概率分布直方图　　(b) 概率分布曲线

图 9.7 长宽比特征的概率分布

代入公式 (9.5) 得

$$\pi_1(u)=\begin{cases}0.12, & 0.36\leqslant u\leqslant 0.52\\ 1-\dfrac{1-0.12}{0.5202-0.764}(u-0.76), & 0.52<u\leqslant 0.76\\ 1-\dfrac{1-0.12}{1-0.764}(u-0.76), & 0.76<u\leqslant 1\\ 0.12, & 1<u\leqslant 1.17\end{cases}\tag{9.9}$$

由此得到长宽比的可能性分布如图 9.8 所示.

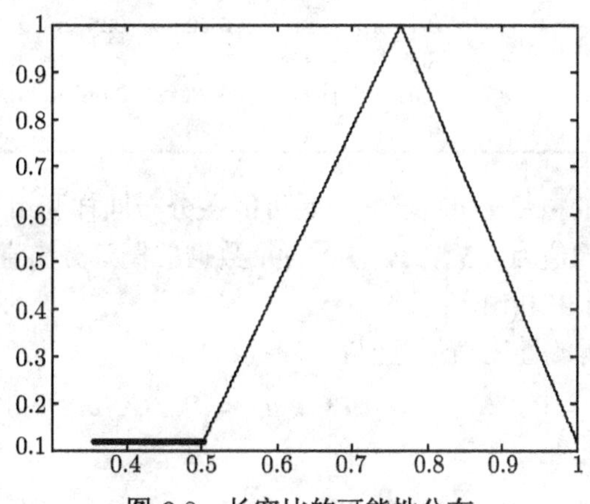

图 9.8 长宽比的可能性分布

9.4.2 区域强度比的可能性分布构造

首先, 将 RGB 图像彩色空间转化为 HIS 空间, 并提取强度成分如图 9.9 所示. 然后, 计算 89 个车辆预选区域的区域强度比, 该指标的统计数据如表 9.5 所示 [7,8].

图 9.9 HIS 空间强度图像

表 9.5 区域强度比

	1	2	3	4	5	6	7	8	9	10
1	0.92	0.76	0.4	0.74	0.87	0.92	0.5	0.64	0.97	0.62
2	1	0.97	0.6	0.39	0.58	0.46	0.45	0.76	0.45	0.43
3	0.98	0.75	0.71	0.41	0.3	0.33	0.03	0.03	0.21	0.49
4	0.72	0.33	0.42	0.27	0.88	0.13	0.95	0.42	0.1	0.97
5	0.65	0.22	0.45	0.74	0.49	0.26	0.16	0.01	0.29	0.57
6	0.93	0.63	0.38	0.43	0.81	0.12	0.27	0.82	0.45	0.93
7	0.02	0.2	0.5	0.5	0.95	0.46	0.25	0.06	0.32	0.2
8	0.01	0.49	0.08	0.94	0.84	0.26	0.06	0.24	1	0.01
9	0.41	0.46	0.13	0.35	0.67	0.86	1	0.63	0.66	—

统计以上数据的概率分布, 该特征的可能性分布同样利用正态分布进行构造, 通过计算可得数据均值为 0.5, 方差为 0.299. 数据的概率分布直方图和分布曲线分别如图 9.10(a) 与图 9.10(b) 所示.

根据表 3.2 求得截性三角形近似转换参数如下:

$$u_m = 0.27, \quad u_n = 0.73, \quad u_{\varepsilon_1} = 0.36, \quad u_{\varepsilon_2} = 0.64$$

代入公式 (9.5) 得

$$\pi_2(u) = \begin{cases} 0.12, & 0.27 \leqslant u \leqslant 0.36 \\ 1 - \dfrac{1-0.12}{0.362-0.5}(u-0.5), & 0.36 < u \leqslant 0.5 \\ 1 - \dfrac{1-0.12}{0.638-0.5}(u-0.5), & 0.5 < u \leqslant 0.64 \\ 0.12, & 0.64 < u \leqslant 0.73 \end{cases} \tag{9.10}$$

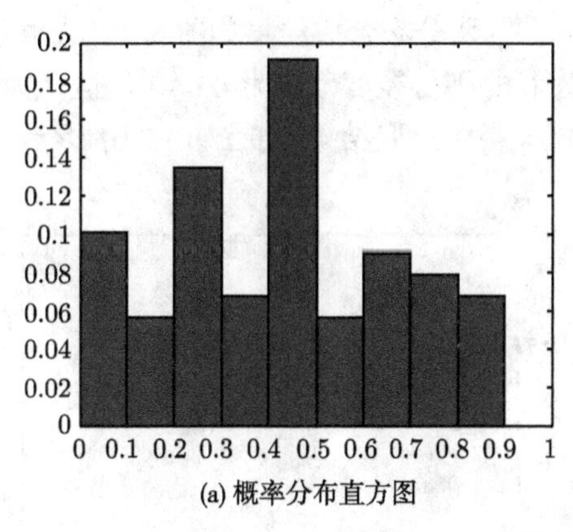

(a) 概率分布直方图

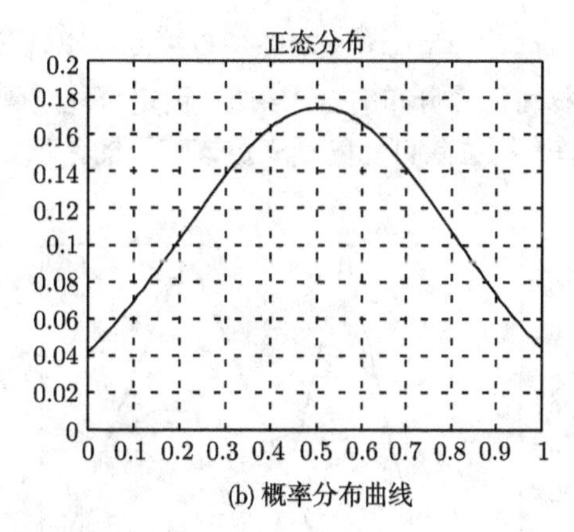

(b) 概率分布曲线

图 9.10 区域强度比的概率分布

由此得到长宽比的可能性分布如图 9.11 所示.

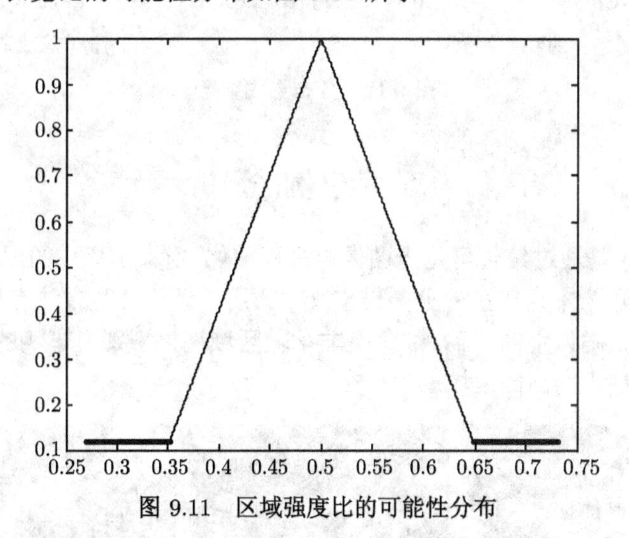

图 9.11 区域强度比的可能性分布

9.4.3 两种分布的合成

根据式 (9.6) 和 (9.7) 计算可得各参数为 $c=1-0.3842=0.6158, N_1=\dfrac{12}{19}, N_2=\dfrac{7}{12}$, 则式 (9.8) 可写为

$$\pi(u)=\begin{cases}\pi_1(u)\cdot\pi_2(u)+\dfrac{12}{19}\times 0.6158, & u\in[b,c)\\ \pi_1(u)\cdot\pi_2(u)+\dfrac{7}{19}\times 0.6158, & u\in[c,d)\\ M(\min(\pi_1+\pi_2-\pi_1\cdot\pi_2,1-c),\min(\pi_1(u),\pi_2(u))), & u\in[a,b)\cup[d,e]\end{cases} \tag{9.11}$$

图 9.12(a) 为两分布位于同一坐标的效果图, 两分布合成结果如图 9.12(b), 根据可能性分布的合成结果, 设定可能度阈值为 0.6, 则可能度范围为 0.6~1 的区域为车辆. 去除可能度不满足该范围的预识别区域即得到提取结果, 如图 9.12(b) 所示.

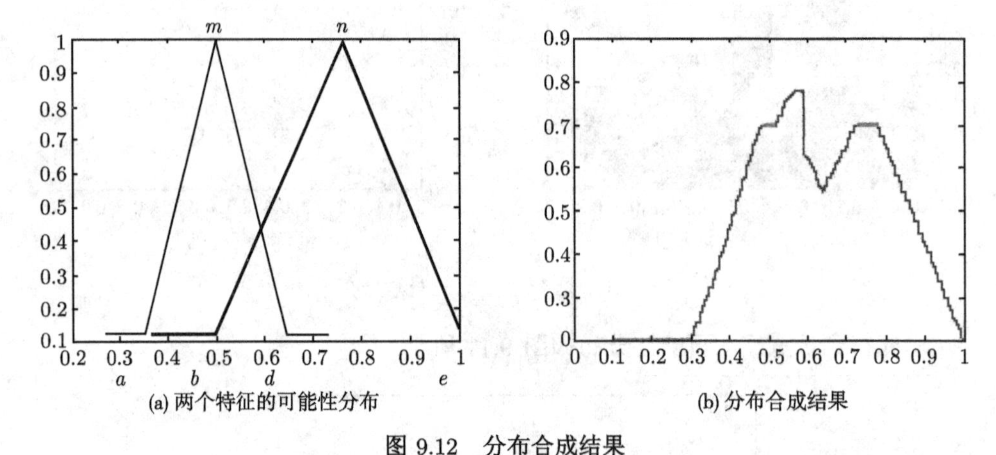

(a) 两个特征的可能性分布　　(b) 分布合成结果

图 9.12　分布合成结果

9.5　实 例 分 析

图 9.13 (a) 是通过结合可见光图像与高程图像, 由人工标注的用于评价分类结果的标准图; (b) 为本章算法的分类结果; (c) 为用于评价分类方法有效性的评价图, 其中蓝色是被正确识别的车辆, 红色是非车辆区域被误识别为车辆的区域, 黄色本应为车辆却未被识别出的区域.

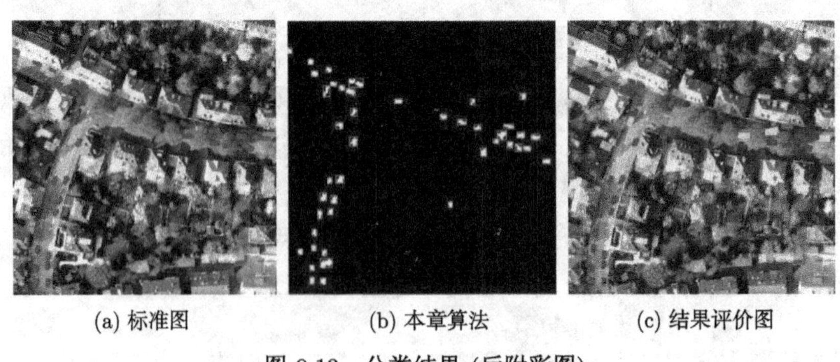

(a) 标准图　　(b) 本章算法　　(c) 结果评价图

图 9.13　分类结果 (后附彩图)

1. 主观评价

由图 9.13(c) 可看出, 大部分的车辆被正确识别出. 图 9.14 为几个漏识别和错识别区域的局部放大图, 其中, (a1), (b1), (c1), (d1), (e1) 为局部 RGB 图像; (a2), (b2), (c2), (d2), (e2) 为相应的末次回波图像; (a3), (b3), (c3), (d3), (e3) 为本文算法分类结果; (a4), (b4), (c4), (d4), (e4) 为结果评价参考图. 下面将分几个方面对识别结果进行分析.

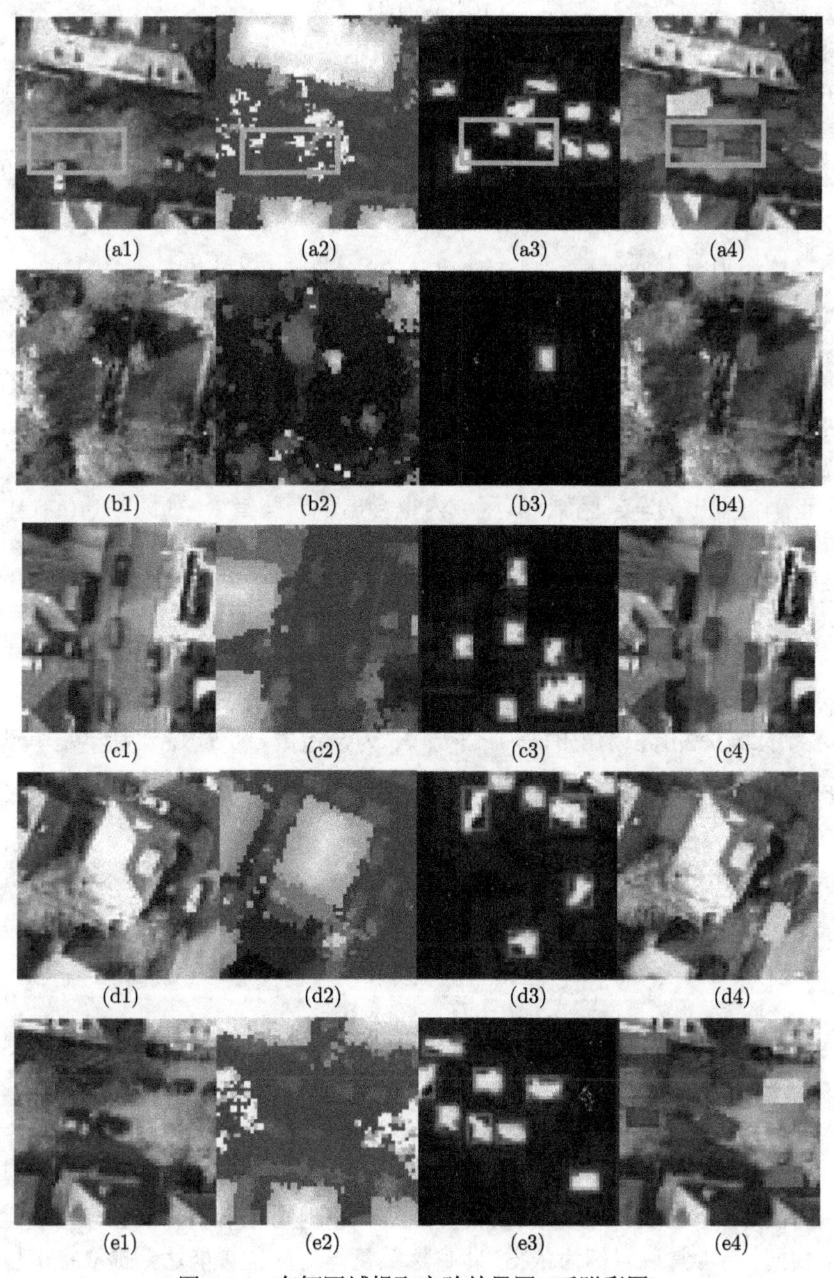

图 9.14 车辆区域提取实验结果图 (后附彩图)

图 9.14(a1)~(a4) 的方框为两辆车辆所在区域. 在可见光图像中, 由于树木的遮挡两辆车完全无法用肉眼识别, 而在末次高程回波图像中车相对于道路的差异较明显, 而本章方法能够将其正确识别出. 误识别区域主要有三种类型:

(1) 与低矮树木混淆. 如图 9.14(b1)~(b4) 和图 9.14(d1)~(d4) 所示, 本章方法均将树木误识别为车辆, 这主要由于这两棵树木相对比较低矮, 与车辆的高度相近, 因此在高程图像中无法将其进行区分; 另外由于这两棵树木是孤立的, 且其顶冠较茂密导致在图像中呈现出类矩形, 导致在识别时产生错误.

(2) 与垃圾桶或工具房等人造物品混淆. 如图 9.14(c1)~(c4) 所示, 在两建筑中间有一块区域, 其材质和高度都与车辆相近, 由其位置推断为垃圾桶或工具房等人造物品被误识别为车辆.

(3) 与建筑周边阴影区混淆. 如图 9.14(d1)~(d4) 和图 9.14(e1)~(e4) 所示, 受到可见光图像中建筑的遮挡而产生的阴影区域也出现了车辆的误识别, 但由于图像的分辨率限制, 无法确定其准确的地物类别.

对于漏识别车辆, 如图 9.14(d4) 和 9.14(e4) 中的黄色区域, 主要原因是两辆车的间隔太小, 或与其他地物相邻太近, 导致利用面积阈值进行判别时被去除. 另外, 即使是正确识别出的车辆区域, 其区域内也会出现一些错误. 如图 9.14(c3) 中右下角的区域, 虽被正确识别为车辆区域, 但由于与低矮树木间距离太近, 使得树木与车辆被划在同一个区域内.

2. 客观评价

以准确率、漏检率与错检率三种评价指标对该方法的有效性进行评价.

D 为本章方法所识别出的车辆个数; K 为错检数, 即 D 中实际不是车辆区域的个数; B 为漏检数, 即未被准确识别出的车辆区域的个数.

$$\text{准确率} = \frac{D-K}{D-K+B} \times 100\% \tag{9.12}$$

$$\text{错检率} = \frac{K}{D+K-B} \times 100\% \tag{9.13}$$

$$\text{漏检率} = \frac{B}{D-K+B} \times 100\% \tag{9.14}$$

统计得到该区域实际车辆数为 38, 本章方法识别出车辆数为 43, 其中错检数为 9, 漏检数为 4, 各指标值如图 9.15 所示.

作为提高快速地物分类方法精度的一种手段, 单一地物提取在实际应用中更为普遍, 与多地物分类方法不同, 单一地物提取更注重对某一特定地物特征的提取和表征, 不用同时考虑多种地物的特点. 另外, 单一地物提取的评价标准与多地物分类也不相同, 前者常以目标为依据, 即目标数量与对应位置能达到提取标准以满足应用需求即可; 而后者则需要逐个像素与真实情况作对比.

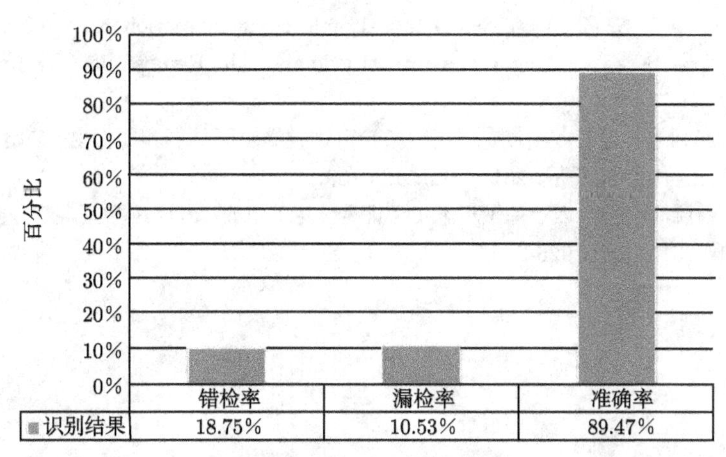

图 9.15 本章方法有效性评价

9.6 本章小结

本章将可能性理论应用于 LIDAR 数据地物分类中, 并提出了一种基于可能性分布合成的单一地物提取方法. 首先介绍了可能性分布合成理论的概念和分布构造方法, 并以 T-模算子和 S-模算子为基础构造了分布合成规则; 其次, 以车辆为例进行了单一地物的提取: 构建差值融合规则对 LIDAR 数据进行融合, 根据面积阈值和高度阈值提取出车辆预识别区域, 构造了长宽比和区域强度比的可能性分布, 进行分布的合成和决策, 得到单一地物的提取结果; 最后, 通过与人工真实值的对比分析及多个评价指标的评判, 证实了该方法的有效性.

参考文献

[1] 梁小伟. 机载 LIDAR 数据特征选择与精确分类技术研究 [D]. 中北大学硕士学位论文, 2015.

[2] 杨风暴, 李大威, 梁若飞, 冯裴裴, 等. 一种类矩形引导的玉米田遥感图像分割方法 [P]. 中国, 201510307309.X. 2015.

[3] Ji L N, Yang F B, Wang X X. An uncertain information fusion method based on possibility theory in multisource detection systems[J]. Optik, 2014, 125: 4583-4587.

[4] Feng P P, Yang F B, Wei H. A fast method for Land-cover Classification from LIDAR data based on Hybrid Dezert-Smarandache Model[J]. ICIC-ELB, 2015, 6(11): 3109-3114.

[5] 冯裴裴. LIDAR 数据快速地物分类的精度提高方法研究 [D]. 中北大学硕士学位论文, 2016.

[6] Sun M L, Li Y S, Chen Q, Cai G L. Automatic car extraction from urban airborne LIDAR data based on height and intensity analysis[J]. Remote Sensing Information, 2014, 29(5): 73-77.

[7] 梁小伟, 杨风暴, 卫红, 李大威. 基于激光雷达数据阴影处理和图像融合的地物分类方法 [J]. 激光与电子学进展, 2014, (04): 125-130.

[8] 冯裴裴, 杨风暴, 卫红, 等. 基于正态 DS 证据理论的机载 LIDAR 数据地物分类方法 [J]. 图学学报, 2015, (06): 926-930.

第10章　可能性理论在地面目标识别中的应用

现代战争信息量需求的增加, 使得多源信息融合成为必然. 将传感器获取的信息进行融合可得到目标精确的位置信息和准确的身份信息. 在战场中, 能够准确定位、跟踪或识别地面目标, 给己方或友方提供可靠的信息支援, 并对敌方进行准确打击, 是态势评估的关键 [1-3].

由于战场目标密集、道路交叉、分叉及目标机动航迹较多等因素的影响, 要判断来自不同局部节点的航迹是否对应于相同的目标较为困难, 当系统的传感器校准、转换和延迟误差较大时, 关联判决中存在较大的不确定性; 传感器量测值和目标库中已有目标特征值间的关系也具有不确定性, 可能性理论为处理目标航迹关联、量测值与已有目标特征值的关系中的不确定性提供了可能. 本章将可能性理论用于地面目标识别中, 从而判决出待识别目标的类别.

10.1　目标信息的运算

由于探测目标的传感器种类多样, 不同类型的传感器得到的特征参数不同. 从多个信息源观测的目标数据既可以是状态信息, 也可以是身份信息, 其中状态信息主要是描述目标运动的特征参数, 身份信息是关于目标身份的描述. 目标身份信息由属性信息、身份说明和传感器信号组成 [4], 如图 10.1 所示.

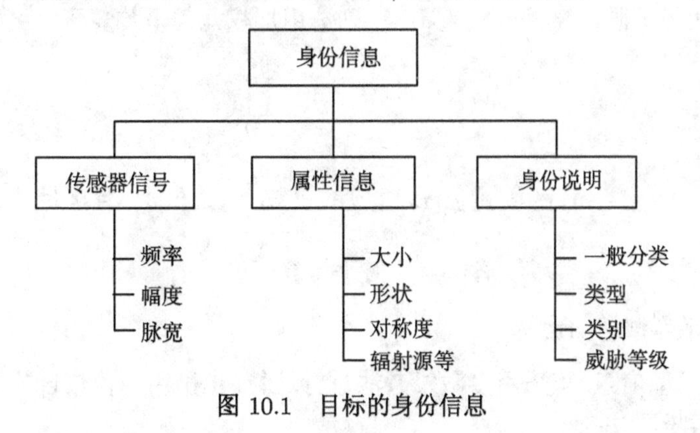

图 10.1　目标的身份信息

目标信息根据处理方式不同分为数值型和枚举型, 数值型数据在目标特征中占绝大多数, 比如目标经度、纬度、高程、速度、航向、目标纵深等, 而枚举型数据多是目标身份说明, 如目标类别、敌我属性、威胁等级、易损性等.

10.1.1 数值型信息的运算

对于数值型信息的运算, 根据实际情况选择合适的算子.

(1) 算术平均算子和加权平均算子.

假设 $x_1, x_2, \cdots, x_n$ 分别是从 n 个不同的信息源获得的某特征量测值, 最终的运算结果为 $f(x_1, x_2, \cdots, x_n)$, 则算术平均算子表示为

$$f(x_1, x_2, \cdots, x_n) = \frac{1}{n}\sum_{i=1}^{n} x_i \tag{10.1}$$

如果各信息源的权重不同, 则加权平均算子表示为

$$f(x_1, x_2, \cdots, x_n) = \sum_{i=1}^{n} w_i x_i \tag{10.2}$$

其中, $w_i(i = 1, 2, \cdots, n)$ 为测量值 x_i 的权重, $w_i \in [0, 1]$, 且满足 $\sum\limits_{i=1}^{n} w_i = 1$. 当 $w_1 = w_2 = \cdots = w_n = \dfrac{1}{n}$ 时, 退化为算术平均算子.

(2) 几何平均算子和加权几何平均算子.

当量测值相差较大时, 利用算术平均算子得到的结果常常存在误差, 此时可选用如下的几何平均算子

$$f(x_1, x_2, \cdots, x_n) = \left(\prod_{i=1}^{n} x_i\right)^{\frac{1}{n}} \tag{10.3}$$

同理, 如果不同信息源的权重不同, 则选用加权几何平均算子

$$f(x_1, x_2, \cdots, x_n) = \prod_{i=1}^{n} x_i^{w_i} \tag{10.4}$$

其中, $w_i(i = 1, 2, \cdots, n)$ 为测量值 x_i 对应的权重, $w_i \in [0, 1]$, 且满足 $\sum\limits_{i=1}^{n} w_i = 1$. 当 $w_1 = w_2 = \cdots = w_n = \dfrac{1}{n}$ 时, 退化为几何平均算子.

10.1.2 枚举型信息的运算

对于枚举型信息, 可采用多数投票法进行运算, 也可用中值聚合算子进行运算.

(1) 多数投票法.

多个不同的信息源分别给出某特征的多个枚举值, 这些枚举值可能并不一致, 多数投票法选取其中出现频率最高的值作为融合结果.

如果不同的专家具有不同的权重，最终的运算结果选取综合评估值最大的枚举值.

(2) 中值聚合算子.

假设 n 个信息源获得的某特征的枚举值集合为 $D=\{x_1,x_2,\cdots,x_n\}$, 并对其进行由大到小排序 $D'=\{x'_1,x'_2,\cdots,x'_n\}$, 中值算子的运算结果为

$$f(D)=\begin{cases} x'_{(n+1)/2}, & n\ 为奇数 \\ x'_{n/2}, & n\ 为偶数 \end{cases} \tag{10.5}$$

(3) 加权中值聚合算子.

对于上述中值聚合算子，如不同的信息源具有不同的权重，此时 $D=\{(x_1,w_1),(x_2,w_2),\cdots,(x_n,w_n)\}$, $w_i(i=1,2,\cdots,n)$ 为 x_i 对应的权重，$w_i\in[0,1]$, 且满足 $\sum_{i=1}^{n}w_i=1$, 则对 D 中元素按 x_i 从大到小进行排序，得到

$$D'=\{(x'_1,w'_1),(x'_2,w'_2),\cdots,(x'_n,w'_n)\} \tag{10.6}$$

记 $T_i=\sum_{j=1}^{i}w'_j$, 则

$$f(D)=x'_k \tag{10.7}$$

且 k 满足如下条件

$$T_{k-1}<0.5 \quad 且 \quad T_k\geqslant 0.5 \tag{10.8}$$

10.2 可能性航迹关联方法

在多传感器信息融合中，无论是状态估计还是身份识别，首先要解决关联问题，关联效果会影响状态估计与身份识别. 在分布式多传感器系统中，判断来自不同局部节点的航迹是否对应于同一目标，即是航迹关联问题.

航迹指基于源自同一目标的一组测量信息获得的目标状态的估计值 [4]. 传感器测量数据实际上也是以航迹形式出现，即由航迹及其方程做出预测，再将测量值与预测值关联. 由于目标运动方式的不确定性，预测过程中不可避免地引入不确定性.

10.2.1 目标运动模型

不同的多传感器，探测周期与探测的起始时刻并不相同，因此，目标信息的获取时刻也不尽相同，应先进行配准，即根据已知的运动模型，预测关联时刻目标的状态. 下面介绍几种典型运动模型.

(1) 匀速 (constant velocity, CV) 模型.

考虑存在随机干扰且无机动运动时, 目标做匀速运动, 其状态方程为

$$X(k+1)=\Phi X(k)+GV(k) \tag{10.9}$$

其中,

$$X(k)=\begin{bmatrix}x(k)\\ \dot{x}(k)\\ y(k)\\ \dot{y}(k)\end{bmatrix},\quad \Phi=\begin{bmatrix}1&T&0&0\\0&1&0&0\\0&0&1&T\\0&0&0&1\end{bmatrix},\quad G=\begin{bmatrix}T/2&0\\1&0\\0&T/2\\0&1\end{bmatrix},\quad V(k)=[v_1\quad v_2]^{\mathrm{T}}$$

$V(k)$ 为均值为零的高斯随机噪声序列, 方差为 $Q(k)$.

若目标沿 x,y 坐标方向的加速度相互独立, 具有相同的方差 δ_a^2, 故 $Q(k)=\delta_a^2 I$.

(2) 匀加速 (constant acceleration, CA) 模型.

目标作匀加速运动时, 状态方程表示为

$$X(k+1)=\Phi X(k)+GV(k) \tag{10.10}$$

其中, $E[V(k)]=0$, $E\left[V(k)V(j)^{\mathrm{T}}\right]=Q(k)\delta_{kj}$,

$$X(k)=\begin{bmatrix}x'''\\ \dot{x}'''\\ y'''\\ \dot{y}'''\\ \ddot{x}'''\\ \ddot{y}'''\end{bmatrix},\quad \Phi=\begin{bmatrix}1&T&0&0&T^2/2&0\\0&1&0&0&T&0\\0&0&1&T&0&T^2/2\\0&0&0&1&0&T\\0&0&0&0&1&0\\0&0&0&0&0&1\end{bmatrix},\quad G=\begin{bmatrix}T^2/4&0\\T/2&0\\0&T^2/4\\0&T/2\\1&0\\0&1\end{bmatrix}$$

CA 模型预测的误差比较大, 很少单独作为运动模型进行预测. 若对预测的精度要求较低, 可以使用 CA 模型.

(3) 协同转弯 (coordinate turn, CT) 模型.

目标的转弯运动离散方程为

$$X(k+1)=\Phi X(k)+GV(k) \tag{10.11}$$

其中, $X(k)$ 为 k 时刻目标状态向量, Φ 为状态转移矩阵, $V(k)$ 为零均值高斯白噪

声, 且 $X(k)=[x,x',y,y',\omega]^{\mathrm{T}}$, ω 是转弯率, 而

$$\Phi=\begin{bmatrix}1 & \sin\omega T/\omega & 0 & (1-\cos\omega T) & 0\\ 0 & \cos\omega T & 0 & -\sin\omega T & 0\\ 0 & (1-\cos\omega T)/\omega & 1 & \sin\omega T/\omega & 0\\ 0 & \sin\omega T & 0 & \cos\omega T & 0\\ 0 & 0 & 0 & 0 & 1\end{bmatrix},\quad G=\begin{bmatrix}T^2/2 & 0 & 0\\ T & 0 & 0\\ 0 & T^2/2 & 0\\ 0 & T & 0\\ 0 & 0 & T\end{bmatrix}$$

当转弯率 ω 是常量时, CT 模型是线性的, 而 ω 作为状态变量, 通常随着时间变化而变化, 因此, 一般情况下 CT 模型是非线性模型.

(4) “当前” 模型.

“当前” 统计模型假设下一时刻的加速度的取值只能在 “当前” 加速度的邻域内, 并用修正的瑞利分布描述其加速度的 “当前” 概率密度, 均值是 “当前” 加速度预测值. 记

$$\ddot{x}(t)=\bar{a}(t)+a(t) \tag{10.12}$$

$$\dot{a}(t)=-\alpha a(t)+\tilde{v}(t) \tag{10.13}$$

其中, $\bar{a}(t)$ 为机动加速度 “当前” 均值, 通常在某采样周期内为常数.

若令 $a_1(t)=\bar{a}(t)+a(t)$, 则

$$\ddot{x}(t)=a_1(t) \tag{10.14}$$

$$\dot{a}_1(t)=-\alpha a_1(t)+a\bar{a}(t)+\tilde{v}(t) \tag{10.15}$$

“当前” 统计模型用非零均值和修正瑞利分布来表征目标的机动特性, 更客观地反映目标的机动变化, 因而更符合目标实际运动, 是目前较好的实用模型.

CV 模型简单, 适用于短时间间隔内目标运动状态的预测; CA 模型运动过程比较理想, 在允许误差较大时可以采用; CT 模型比较接近目标的真实运动, 但模型较复杂、计算量较大; “当前” 统计模型采用非零均值和修正瑞利分布表征机动及速度特性, 更加符合实际目标的运动模型.

10.2.2 航迹粗关联

地面目标大部分是动态的, 且目标密集, 交叉、分叉以及机动航迹较多, 判断关联通常比较困难. 在密集环境下, 仅使用状态信息进行关联, 关联正确率不高.

根据特征在关联作用的不同, 将影响航迹关联的因素分为两类: 一类由身份说明信息组成, 如目标类型、威胁等级和敌我属性等; 另一类由状态信息组成, 如目标位置间、速度间和航向间的欧氏距离等. 利用身份信息进行关联, 增加了信息的维度, 大大简化了关联复杂度, 改善了关联质量 [5,6].

设用于目标粗关联的身份信息因素集为 $U'=\{u_1,u_2,\cdots,u_s\}$, u_k 表示用于粗关联判决的第 k 个特征. 粗关联的信息为枚举型数据, 包括目标类型、敌我属性、威胁等级、易损性和可观察性等.

局部节点 1 的第 i 条航迹与局部节点 2 的第 j 条航迹的粗关联因素集分别为 $U_i'=\{u_1^i,u_2^i,\cdots,u_s^i\}$ 和 $U_j'=\{u_1^j,u_2^j,\cdots,u_s^j\}$, 对其各关联因素进行比较,

$$b_{ij}^k=\begin{cases}1, & u_k^i=u_k^j,\\ 0, & u_k^i\neq u_k^j,\end{cases}\quad k=1,2,\cdots,s \tag{10.16}$$

b_{ij}^k 表示航迹 i 与 j 之间关于第 k 个因素的一致性程度, 当 $b_{ij}^k=1$ 时, 表示在第 k 个因素上二者给出一致的判断.

$$m_{ij}'=\sum_{k=1}^{s}b_{ij}^k \tag{10.17}$$

并给出如下粗关联判决准则, 如果

$$m_{ij}'\geqslant\varepsilon_1 \tag{10.18}$$

则判决航迹 i 与 j 粗关联成功, 否则 i 与 j 粗关联失败, 认为两个航迹分别对应不同的目标. 此处, ε_1 不宜过大, 否则可能会将两关联航迹排除.

10.2.3 关联特征与权向量的确定

设关联因素集为 $U=\{u_1,u_2,\cdots,u_n\}$, 其中 u_k 表示对航迹关联判决起作用的第 k 个关联特征. 关联因素集包括两目标 x 轴、y 轴上的位置、速度和加速度及方向余弦角之间的欧氏距离等特征. 地面目标在相邻的观测间隔内, 目标的高度变化不大, 因此, 没有将 z 轴方向上的位置间的距离作为关联因素 [7,8].

设 $\hat{X}(l|l)=[\hat{x}(l),\hat{y}(l),\hat{x}'(l),\hat{y}'(l)]$ 为状态估计, 每个局部节点可能有多个航迹存在, 将局部节点 1, 2 的航迹号集合分别表示为 $U_1=\{1,2,\cdots,n_1\}$, $U_2=\{1,2,\cdots,n_2\}$. 计算基于状态估计向量 $\hat{X}_i(l|l)$, $\hat{X}_j(l|l)$ 建立航迹间的关联因素集

$$u_1(l)=|\hat{x}_i(l)-\hat{x}_j(l)|,\quad u_2(l)=|\hat{y}_i(l)-\hat{y}_j(l)|$$

$$u_3(l)=\left|\hat{x}_i'(l)-\hat{x}_j'(l)\right|,\quad u_4(l)=\left|\hat{y}_i'(l)-\hat{y}_j'(l)\right|$$

$$u_5(l)=\left|\cos^{-1}(\hat{x}_i'(l)/\rho_i(l))-\cos^{-1}(\hat{x}_j'(l)/\rho_j(l))\right|$$

$$u_6(l)=\left|\cos^{-1}(\hat{y}_i'(l)/\rho_i(l))-\cos^{-1}(\hat{y}_j'(l)/\rho_j(l))\right|$$

其中, $\rho_*(l)=\sqrt{\hat{x}_*'^2(l)+\hat{y}_*'^2(l)}$ ($*$ 为 i 或 j), $i\in U_1$, $j\in U_2$.

由于这些因素对关联判决的影响是不同的, 直观上, 目标位置 (对应 x, y 方向) 是最重要的, 其次是目标速度 (对应 x, y 方向), 最后是目标方向余弦角. 因此, 应根据对关联判决的重要性, 确定各因素的权重. 在跟踪低速目标时, 传感器观测的航向信息通常摆动较大, 而地面目标速度一般不大, 因而对方向因素赋予较小的权值.

因素集 U 对应的权重集合为 $W-(w_1, w_2, \cdots, w_n)$, 式中 w_k 为第 k 个因素 u_k 所对应的权值, 且满足 $\sum\limits_{k=1}^{n} w_k = 1$.

10.2.4 传感器量测值可能性分布的构造

设传感器观测某一目标, 得到的特征空间 $S = \{s_i | i = 1, 2, \cdots, m\}$, 其中 s_i 表示第 i 个特征量测值, 第 j 个传感器观测得到特征 s_i 的量测值为 $x_{ij}(j = 1, 2, \cdots, n)$, 即得到一组包含 n 个量测值的数组 $\{x_{i1}, x_{i2}, \cdots, x_{in}\}$. 量测值可能性分布的构造过程如下:

步骤 1 对于特征 $s_i(i = 1, 2, \cdots, m)$, n 组量测值的平均值

$$m_{s_i} = \sum_{j=1}^{n} x_{ij}, \quad i = 1, 2, \cdots, m \tag{10.19}$$

步骤 2 计算各组量测值特征分布的 λ-可能性截集 $[\pi_i(x_{ij})]_\lambda (i = 1, 2, \cdots, m)$. 特别地, 若 $(m_-)_i = (m_+)_i = m_{0i}$, 可得三角特征 s_i 的可能性分布的 λ-可能性截集为

$$[\pi_i(x_{ij})]_\lambda = [m_{s_i} - (1-\lambda)\alpha_i, m_{s_i} + (1+\lambda)\beta_i] \tag{10.20}$$

步骤 3 以特征 s_i 的均值 $m_{s_i}(i = 1, 2, \cdots, m)$ 为界, 对 $\{x_{i1}, x_{i2}, \cdots, x_{in}\}$ 进行划分, 得到两个子组

$$G_{i1} = \{x_{ij} | x_{ij} < m_{s_i}, \ j = 1, 2, \cdots, n\} \tag{10.21}$$

$$G_{i2} = \{x_{ij} | x_{ij} \geqslant m_{s_i}, \ j = 1, 2, \cdots, n\} \tag{10.22}$$

求出各子组的平均值

$$m_{s_i *} = \frac{1}{|G_{i1}|} \sum_{x_{ij} \in G_{i1}} x_{ij}, \quad i = 1, 2, \cdots, m \tag{10.23}$$

$$m_{s_i}^* = \frac{1}{|G_{21}|} \sum_{x_{ij} \in G_{i2}} x_{ij}, \quad i = 1, 2, \cdots, m \tag{10.24}$$

其中, $|\cdot|$ 代表集合的基数, 集合是离散集合时为集合中元素的个数.

步骤 4 求出特征 s_i 分布的边界可能性均值 $M_-(\pi_i(x_{ij}))$ 和 $M_+(\pi_i(x_{ij}))$, 得到区间可能性均值 $M(\pi_i(x_{ij}))$ 和清晰可能性均值 $\bar{M}(\pi_i(x_{ij}))$.

步骤 5 采用区间 $[M_-(\pi_i(x_{ij})), M_+(\pi_i(x_{ij}))]$ 作为度量实数域上特征 s_i 的分布均值区间 $[m_{s_i*}, m^*_{s_i}]$ 的一种尺度, 满足

$$M_-(\pi_i(x_{ij})) = m_{s_i} - 2\alpha_i \int_0^1 \lambda L^{-1}(\lambda)\mathrm{d}\lambda = m_{s_i*}, \quad i = 1, 2, \cdots, m \tag{10.25}$$

$$M_+(\pi_i(x_{ij})) = m_{s_i} + 2\beta_i \int_0^1 \lambda R^{-1}(\lambda)\mathrm{d}\lambda = m^*_{s_i}, \quad i = 1, 2, \cdots, m \tag{10.26}$$

特别地, 对于三角可能性分布能够得到

$$m_{s_i} - \frac{\alpha_i}{3} = m_{s_i*}, \quad i = 1, 2, \cdots, m \tag{10.27}$$

$$m_{s_i} + \frac{\beta_i}{3} = m^*_{s_i}, \quad i = 1, 2, \cdots, m \tag{10.28}$$

步骤 6 根据式 (10.25) 和 (10.26), 求出特征 s_i 的分布的参数 α_i, β_i.

步骤 7 根据所得参数构造特征 s_i 的可能性分布

$$\pi_i(x_{ij}) = \begin{cases} L\left(\dfrac{m_{s_i} - x_{ij}}{\alpha_i}\right), & x_{ij} \leqslant m_{s_i}, \\ R\left(\dfrac{x_{ij} - m_{s_i}}{\beta_i}\right), & x_{ij} > m_{s_i}, \end{cases} \quad i = 1, 2, \cdots, m \tag{10.29}$$

式中, $\alpha_i = \dfrac{m_{s_i} - m_{s_i*}}{2\displaystyle\int_0^1 \lambda L^{-1}(\lambda)\mathrm{d}\lambda}$, $\alpha_i = \dfrac{m^*_{s_i} - m_{s_i}}{2\displaystyle\int_0^1 \lambda R^{-1}(\lambda)\mathrm{d}\lambda}$.

根据选择的 L-R 型可能性区间数的不同类型, 可构造不同形状的可能性分布. 特征 s_i 的三角可能性分布为

$$\pi_i(x_{ij}) = \begin{cases} 0, & x_{ij} \leqslant m_{s_i} - \alpha_i, \\ 1 - \dfrac{m_{s_i} - x_{ij}}{\alpha_i}, & m_{s_i} - \alpha_i < x_{ij} \leqslant m_{s_i}, \\ 1 - \dfrac{x_{ij} - m_{s_i}}{\beta_i}, & m_{s_i} < x_{ij} \leqslant m_{s_i} + \beta_i, \\ 0, & m_{s_i} + \beta_i < x_{ij}, \end{cases} \quad i = 1, 2, \cdots, m \tag{10.30}$$

根据式 (10.27) 和 (10.28) 得到 $\alpha_i = 3(m_{s_i} - m_{s_i*})$, $\beta_i = 3(m^*_{s_i} - m_{s_i})$.

高斯型可能性分布为

$$\pi_i(x_{ij}) = \begin{cases} \exp\left[-\left(\dfrac{m_{s_i} - x_{ij}}{\alpha_i}\right)^2\right], & x_{ij} \leqslant m_{s_i}, \\ \exp\left[-\left(\dfrac{x_{ij} - m_{s_i}}{\beta_i}\right)^2\right], & x_{ij} > m_{s_i}, \end{cases} \quad i = 1, 2, \cdots, m \tag{10.31}$$

其中, $\alpha_i = 1.60(m_{s_i} - m_{s_i*})$, $\beta_i = 1.60(m^*_{s_i} - m_{s_i})$.

10.2.5 可能性航迹关联

在关联因素集、特征权集 W 和可能性分布确定以后, 计算两航迹间的综合相似度. 当选择正态分布时, 基于因素 u_k 的两航迹相似的可能度为

$$\pi_k(u_k) = \exp[-\tau_k(u_k^2/\sigma_k^2)], \quad k = 1, 2, \cdots, n \tag{10.32}$$

在得到各因素的可能度之后, 利用其对应权值进行加权平均, 对关联进行综合评价, 可得综合关联度为

$$f_{ij}(l) = \sum_{k=1}^{n} a_k(l)\pi_k, \quad i \in U_1, j \in U_2 \tag{10.33}$$

同理, 可得到来自局部节点 1 的 n_1 条航迹和局部节点 2 的 n_2 条航迹 l 时刻的关联矩阵

$$F(l) = \begin{vmatrix} f_{11}(l) & f_{12}(l) & \cdots & f_{1n_2}(l) \\ f_{21}(l) & f_{22}(l) & \cdots & f_{2n_2}(l) \\ \vdots & \vdots & & \vdots \\ f_{n_11}(l) & f_{n_12}(l) & \cdots & f_{n_1n_2}(l) \end{vmatrix} \tag{10.34}$$

首先确定关联度的阈值 ε_2, 然后从矩阵 $F(l)$ 中找到最大元素 f_{ij}, 如果 $f_{ij} > \varepsilon_2$, 则判定航迹 i 与 j 试验关联; 然后划去矩阵 f_{ij} 所对应的行和列元素, 得到降阶矩阵 $F_1(l)$, 但矩阵行、列号不变. 再对 $F_1(l)$ 重复上述过程, 直到确保 $F_*(l)$ 中所有元素都小于 ε_2, 则剩余元素所对应的行、列号被认为在 l 时刻是不关联航迹 [9].

在航迹关联检验中, 定义两类航迹质量, 一类是航迹关联质量, 一类是航迹脱离质量. $m_{ij}(l)$ 表示航迹 i 和 j 在 l 时刻的关联质量, $D_{ij}(l)$ 表示航迹 i 和 j 在 l 时刻的脱离质量, 其中 $m_{ij}(0) = 0$ 且 $D_{ij}(0) = 0$.

确定两个正数 I 和 R, I 为关联时的航迹关联阈值, 且 $I \leqslant R$. $\forall l = 1, 2, \cdots, R$, 在上面的检验中, 如果试验关联成功, 则

$$m_{ij}(l) = m_{ij}(l-1) + 1 \tag{10.35}$$

$$\begin{cases} D_{ij'}(l) = D_{ij'}(l-1) + 1, & j' \neq j \\ D_{i'j}(l) = D_{i'j}(l-1) + 1, & i' \neq i \end{cases} \tag{10.36}$$

否则 $F_*(l)$ 中所有元素为

$$D_{ij}(l) = D_{ij}(l-1) + 1 \tag{10.37}$$

在进行上述处理后, 分以下几种情况进行讨论.

(1) 在进行 R 次关联检验完成后, 如果满足

$$m_{ij}(R) \geqslant I, \quad i \in U_1, j \in U_2 \tag{10.38}$$

则可判决航迹 i 与 j 为固定关联对, 关联赋值进入固定期, 后面的关联检验中, 不再对航迹 i, j 进行关联检验, 而是直接对航迹进行合成.

(2) 若 $\exists i' \in U_1$ 对任意与其可能试验关联的 $j'(j' \in U_2)$, 都存在

$$m_{ij'}(R) < I \tag{10.39}$$

则可判决航迹 i' 与 j' 不是固定关联对, 则需要进一步对它们进行试验关联检验.

(3) 如果在 $l-1$ 时刻存在

$$D_{ij}(l-1) > R - I \tag{10.40}$$

在 l 时刻可以停止对航迹 i, j 的关联检验, 并令

$$f_{ij}(l) = 0, \quad i \in U_1, j \in U_2 \tag{10.41}$$

同时撤销 i, j 对应的试验系统航迹.

(4) 如果存在 i 使得式 (10.41) 成立的 j 不止一个, 则需要进行多义性处理, 分两种情况.

(i) 当 $l = R$ 时, 若

$$\max_{j_* \in \{j_1, j_2, \cdots, j_q\}} m_{ij}(l = R) \quad 且 \quad m_{ij}(R) \geqslant I, \quad i \in U_1, j \in U_2, \forall j \in \{j_1, j_2, \cdots, j_q\} \tag{10.42}$$

成立, 则 j_* (仅存在一个) 为 i 的关联对; 如果此时 j_* 仍不止一个, 则用 f_{ij} 的范数来评价, 即

$$\max_{j^*} \|f_{ij^*}\|_1 = \sum_{r=1}^{R} \left|f_{ij^*(r)}\right|, \quad i \in U_1, j^* \in \{j_{*1}, j_{*2}, \cdots, j_{*q}\} \tag{10.43}$$

最终确定 i 的关联对 j^*.

(ii) 当 $l < R$ 时, 处理类似于 $l = R$, 将式 (10.46) 中的 R 换成 l, 且不撤销航迹.

10.2.6 实例分析

仿真环境: 假设战场中有 7 个局部节点, 分别对 $10, 20, 30, 40$ 个 (批) 目标 4 种情况进行航迹关联, 目标速度为 30~90km/h 均匀分布, 加速度为 0~5m/s^2 的均匀分布.

目标的状态向量为 $X(t)=[x(t),y(t),x'(t),y'(t),x''(t),y''(t)]^{\mathrm{T}}$, 采样间隔 $T=2\mathrm{s}$, 且

$$\Phi(k)=\begin{bmatrix}1&T&0&0&T^2/2&0\\0&1&0&0&T&0\\0&0&1&T&0&T^2/2\\0&0&0&1&0&T\\0&0&0&0&1&0\\0&0&0&0&0&1\end{bmatrix},\quad G(k)=\begin{bmatrix}T^2/4&0\\T/2&0\\0&T^2/4\\0&T/2\\1&0\\0&1\end{bmatrix}$$

量测向量为 $Z=(x,y)^{\mathrm{T}}$, 且

$$H=\begin{bmatrix}1&0&0&0&0&0\\0&0&1&0&0&0\\0&0&0&0&1&0\end{bmatrix}$$

采用异步信息状态估计融合进行滤波, 分别模拟不同的过程噪声

$$Q(k)=\begin{bmatrix}q_{11}(k)&0&0\\0&q_{22}(k)&0\\0&0&q_{33}(k)\end{bmatrix}$$

进行分析, 对可能性航迹关联算法、K-近邻域法、经典序贯加权法进行航迹关联比较. 取 $\varepsilon_1=3,\varepsilon_2=0.6,I=4,R=8$, 权重向量为 $W=(0.25,0.25,0.15,0.15,0.1,0.1)$.

(1) 当目标密度为 20 个时, 其仿真如图 10.2 和图 10.3 所示.

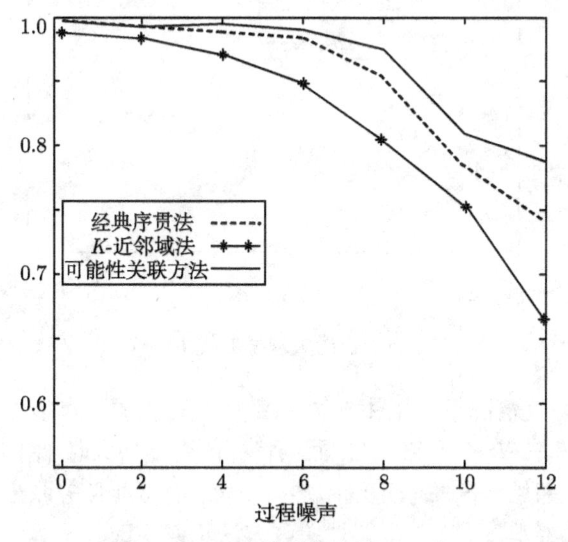

图 10.2 正确关联率曲线 (20 个)

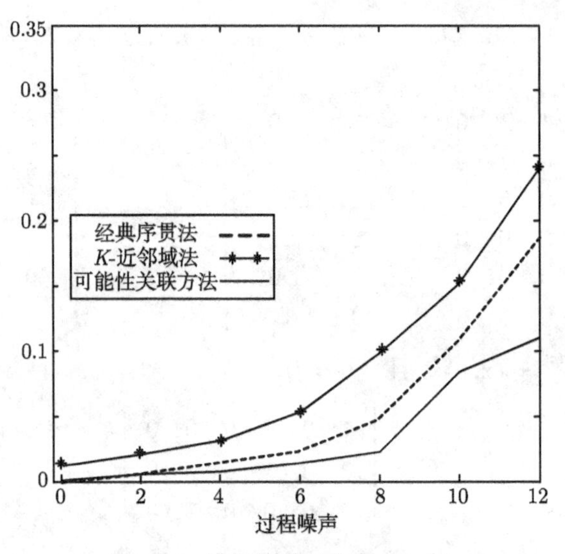

图 10.3　错误关联率曲线 (20 个)

(2) 当目标密度为 40 个时, 仿真如图 10.4 和图 10.5 所示.

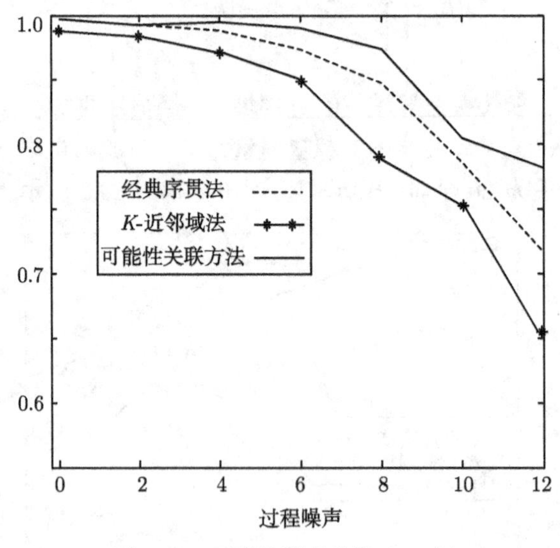

图 10.4　正确关联率曲线 (40 个)

从两种目标密度情况下, 由图 10.2∼ 图 10.5 可以看出可能性关联方法的性能明显好于经典序贯法和 K-近邻域法, 而当目标的密度增大时 (由 20 增加到 40), 经典序贯法和 K-近邻域法的关联正确率均有下降, 而可能性关联方法关联正确率基本保持不变, 相比经典序贯法, 可能性关联方法正确率改善了大约 7%, 较 K-近邻域法正确率改善了 13%. 三种方法随着过程噪声的增大, 错误关联率均有不同程度的提高, 但可能性关联方法性能相对稳定, 而经典序贯法次之, K-近邻域法稳定性最差.

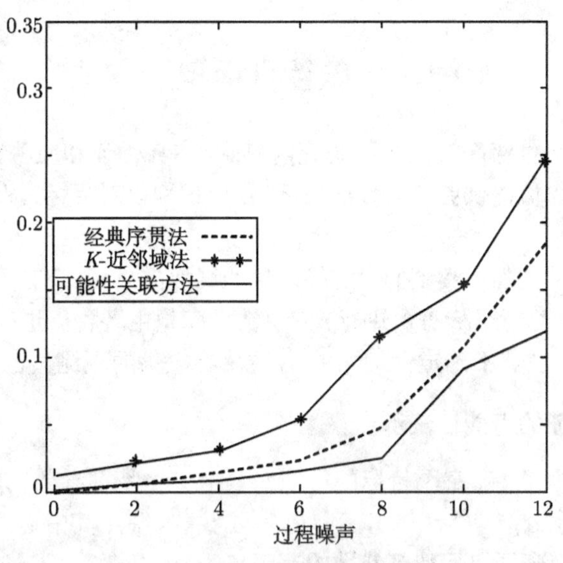

图 10.5 错误关联率曲线 (40 个)

在目标关联中, 关联的实时性是评价关联的一个重要指标, 为了考察可能性关联方法的关联时间性能, 分别对目标数量是 10 个、20 个、30 个和 40 个的关联情况进行蒙特卡罗仿真, 仿真次数是 100 次, 其仿真结果见图 10.6.

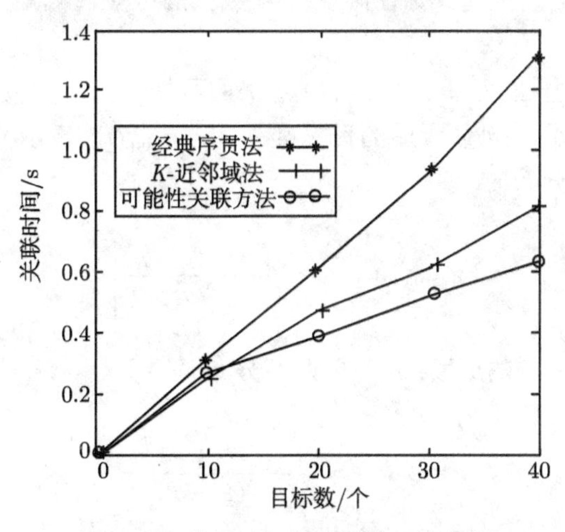

图 10.6 关联时间与目标数目关系图

由图 10.6 可以看出, 三种关联方法的关联时间都随着目标数量的增加而增加. 相比经典序贯法, 可能性关联方法和 K-近邻域法平均处理时间更短. 目标数量较多时, 可能性方法的关联时间并未成指数增加, 当目标数量为 40 个 (批) 时, 关联时间仅为 0.643s, 能够很好地满足实时性的要求.

10.3 可能性目标识别方法

目标识别是属性级融合的主要研究内容, 是态势估计和威胁评估的基础, 目标身份估计可为指挥员提供更多的目标信息. 目标识别以对目标属性的度量为基础进行识别 [10,11].

目标识别常常依靠侦察到的目标辐射源的属性信息, 与已有数据库中的辐射源信息进行匹配, 从而对目标身份进行判断. 数据库是由各种渠道获得的各辐射源属性参数形成的, 存在着不确定性. 同时, 各传感器提供的观测值也具有不确定性.

10.3.1 目标特征的可能性表示

假设共有 n 类目标, 每个目标的特征向量由 k 个特征参数构成, 构成了描述目标的特征矢量. 令 $U_1 = \{1, 2, \cdots, n\}$, $U_2 = \{1, 2, \cdots, k\}$, 其中 U_1 表示 n 个目标类别号的有序集, U_2 表示目标特征参数的有序集. $U_3 = \{1, 2, \cdots, n_{\max}\}$, $U = U_1 \times U_3$, 其中 $n_{\max} = \bigvee\limits_{i \in U_1} n_{ij}$.

$\forall i \in U_1, j \in U_2$, 设第 $i(i = 1, 2, \cdots, n)$ 类目标在第 $j(j = 1, 2, \cdots, k)$ 个特征方向上存在 n_{ij} 个取值, $\theta_{ij}^m(m = 1, 2, \cdots, n_{ij})$ 为第 i 类目标在第 j 个参数方向上的第 m 个取值, $\tilde{X}_j$ 是被识别目标在第 j 个参数上的可能性测量值, $\tilde{\Theta}_{ij}^m$ 和 $\tilde{X}_j$ 的主值分别为 θ_{ij}^m 和 x_j.

目标识别是把由 $X_j(j = 1, 2, \cdots, k)$ 组成的可能性向量归入一个由已知可能性分布构成的可能性分布向量所属的目标类别. 设 $\pi_{\tilde{\Theta}_{ij}^m}(u)$ 表示 $\tilde{\Theta}_{ij}^m$ 的可能性分布, 若该分布为正态型分布时, 即

$$\pi_{\tilde{\Theta}_{ij}^m}(u) = \exp\left[-\frac{(u - \theta_{ij}^m)^2}{2\sigma_{ij}^2}\right] \tag{10.44}$$

其中, σ_{ij} 表示 $\pi_{\tilde{\Theta}_{ij}^m}(u)$ 的展度. 若为柯西型分布时, 即

$$\pi_{\tilde{\Theta}_{ij}^m}(u) = \frac{\sigma_{ij}^2}{\sigma_{ij}^2 + (u - \theta_{ij}^m)^2} \tag{10.45}$$

在航迹关联的基础上, 将多传感器对同一辐射源的测量数据关联到一起. 利用多个关联数据构造 $\tilde{X}_j$ 的可能性分布 $\pi_{\tilde{X}_j}(u)$, 为了确定目标的类别, 首先要确定 $\tilde{\Theta}_{ij}^m$ 和 $\tilde{X}_j$ 之间的相似性测度 d_{ij}^m.

令 $Y_j(\forall j \in U_2)$ 是 R 上的变量, 则命题 "Y_j 是 $\tilde{X}_j$" 和 "Y_j 是 Θ_{ij}^m" 的一致性度量为

$$\begin{aligned}\text{Cons}\{Y_j \text{ 是 } \tilde{X}_j, Y_j \text{ 是 } \Theta_{ij}^m\} &= \text{Poss}\{Y_j \text{ 是 } \tilde{X}_j | Y_j \text{ 是 } \Theta_{ij}^m\} \\ &= \bigvee_{u\in R}(\mu_{\tilde{\Theta}_{ij}^m}(u) \wedge \pi_{\tilde{X}_j}(u))\end{aligned} \tag{10.46}$$

由上述一致性来表示相似性度量

$$d_{ij}^m = \text{Cons}\{Y_j \text{ 是 } \tilde{X}_j, Y_j \text{ 是 } \Theta_{ij}^m\} \tag{10.47}$$

d_{ij}^m 是 $\mu_{\tilde{\Theta}_{ij}^m}(u)$ 和 $\pi_{\tilde{X}_j}(u)$ 相交的上确界, 即两分布曲线在 X_j 和 Θ_{ij}^m 之间相交的高度, 如图 10.7 所示.

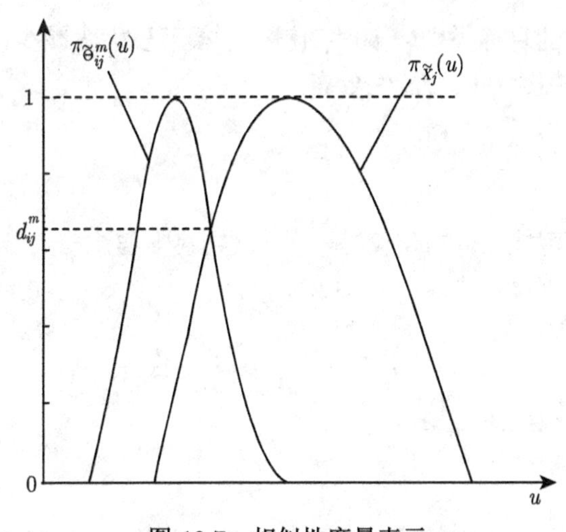

图 10.7 相似性度量表示

10.3.2 基于可能性运算的目标识别

令 $Z = (I, M)$ 是 U 上的二元变量, $\forall(i,m) \in U$, d_{ij}^m 反映了在得到 $\tilde{X}_j$ 后, Z 取值为 (i,m) 的可能性大小. 于是 Z 的二元可能性分布 π_Z^j 为

$$\pi_Z^j = \sum_{(i,m)\in U} \frac{d_{ij}^m}{(i,m)} \tag{10.48}$$

令 I 是 U_1 上的变量, 则由 π_Z^j 可以诱导出 $\tilde{X}_j$ 类别的可能性分布, 它是关于 I 的可能性分布, 即边缘可能性分布 π_I^j, 可由 π_Z^j 在 U_1 上投影得到

$$\pi_I^j = \text{proj}U_1^{\pi_Z^j} = \text{proj}U_1^{\pi^j_{(I,M)}} \tag{10.49}$$

投影后 π_Z^j 的可能性分布为

$$\pi_I^j(i) = \bigvee_{m\in U_3} \pi_Z^j(i,m) = \bigvee_{m=1}^{n_{ij}} d_{ij}^m \tag{10.50}$$

记式 (10.50) 为

$$\pi_I^j(i) = d_{ij} \tag{10.51}$$

观测值类别的可能性分布由 π_I 来表示, 如待识别目标属于某一类, 则观测模式的 k 个特征参数与已知模式的相应参数相似. 由各特征观测值类别属性的可能性分布 $\pi_I^j(j\in U_2)$ 通过如下规则进行运算, 可得到 π_I, 即

$$\pi_I = \bigcap_{j\in U_2} \pi_I^j \tag{10.52}$$

当数据库已知的目标类别较多时, 使用 T-模可以大大减少计算量. 通过运算最终得到待识别目标类别的可能性分布为

$$\pi_I(i) = \sum_{i\in U_1} \frac{\pi_I(i)}{i} \tag{10.53}$$

该方法得到的可能性分布仅仅是一种 "软判决", 要想确定最终的判决结果, 按可能性最大的原则进行判决, 如 $\exists i_0 \in U_1$, 使得

$$\pi_I(i_0) = \max\{\pi_I(i) : i\in U_1\} \tag{10.54}$$

则判定待识别目标属于第 i_0 类.

10.3.3 实例分析

以雷达辐射源识别为例, 假设雷达辐射源特征库中含 20 个雷达类, 选择 3 个参数作为特征参数集{射频、脉宽、脉冲重复频率}. 各雷达类的频段在区间 $[0.03, 40]$ (单位: GHz) 上均匀分布, 假设脉冲重复频率和脉宽分别服从正态分布, $\mu_1 = 0.96\text{kHz}$, $\sigma = 0.36\text{kHz}$; $\mu_1 = 0.72\mu\text{s}$, $\sigma = 0.57\mu\text{s}$. 将上述特征参数随机地分配给已知的 20 个雷达类. 其正态分布的函数为

$$f(x) = \frac{1}{\sqrt{2\pi}\sigma x}\exp\left[-\frac{(x-\mu)^2}{2\sigma^2}\right], \quad x > 0 \tag{10.55}$$

在测量过程中存在测量噪声, 假定噪声为高斯白噪声, 且噪声误差标准差 σ(包含各参数标准偏差) 为对应已知特征参数的 3%.

采用本节方法与 D-S 证据合成方法 [12]、Bayes 方法分别进行 100 次仿真, 对目标的敌我属性、目标类型、目标种类进行识别. 仿真结果如表 10.1 所示.

表 10.1 正确识别率对比

识别方法 \ 正确率		类型准确率	属性准确率	种类准确率	平均正确率
可能性识别方法	T_0-模	0.83	0.92	0.71	0.82
	T_1-模	0.88	0.95	0.77	0.87
	T_2-模	0.85	0.93	0.76	0.85
D-S 方法		0.73	0.85	0.64	0.74
Bayes 方法		0.68	0.70	0.63	0.67

由表 10.1 可以看出, 在三种身份信息中, 属性准确率明显高于类型准确率和种类准确率, 而在野战战场中, 敌我属性是最迫切需要确定的, 较高的属性准确率有助于指挥员做出指挥部署. 可能性识别方法的平均识别正确率明显高于 D-S 证据合成方法和 Bayes 方法.

在可能性目标识别方法中采用不同的 T-模时, 正确识别率也不同, 当采用 T_0-模时, 平均正确识别率为 82%, 当采用 T_1-模时, 平均识别率为 87%, 采用 T_2-模时, 平均识别率为 85%. T_0-模是直接合取模式, 运算相对比较粗糙, 丢失了大量信息, 因此识别率较低.

为了更好地说明方法的性能, 针对不同噪声方差对上述三种方法进行仿真, 统计其正确识别率, 如图 10.8 所示, 其中可能性识别方法取 T_0-模.

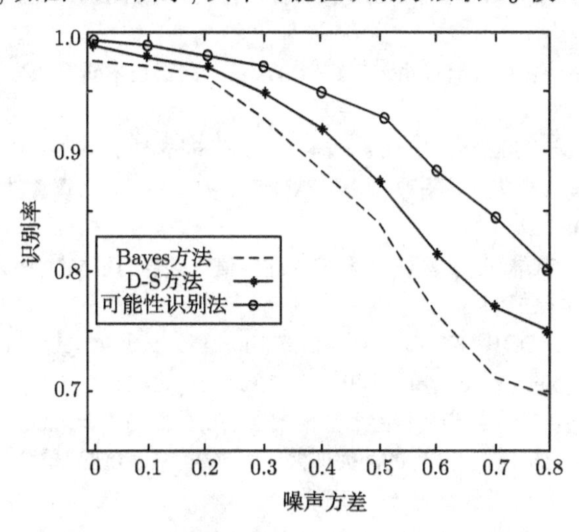

图 10.8 不同噪声方差下不同方法目标识别率

当测量误差标准差为 3%时, 可能性目标身份识别方法平均识别准确率可达到 82%以上, 比 D-S 证据合成方法提高 8%, 比 Bayes 方法提高 15%, 明显改善了目标识别准确率.

10.4 本章小结

本章针对地面目标信息融合中的航迹关联、身份识别问题, 建立了可能性地面目标航迹关联方法、目标识别方法, 其中基于可能性理论的航迹关联方法揭示了目标与航迹间的不确定对应关系, 从而提高关联的正确率; 可能性目标识别方法, 通过可能性分布的相似性度量, 以及多个参数特征的分布间的运算, 提高了目标识别的准确率. 最后对地面目标的典型环境构建其仿真模型, 将本章方法与传统 D-S 证据合成方法及 Bayes 方法进行比较, 仿真结果证明了融合方法的有效性.

参考文献

[1] Llinas J, Waltz E. Multisensor Data Fusion[M]. Norwood: Artech House, 1990.
[2] 吉琳娜, 杨风暴, 周新宇, 李香亭. 加宽中位数与接近系数的数据融合算法 [J]. 火力与指挥控制, 2013, 38(1): 114-116.
[3] 何友, 王国宏, 关欣, 等. 信息融合理论及应用 [M]. 北京: 电子工业出版社, 2010: 102-557.
[4] 杜雄杰. 系统误差与残差环境下多传感器数据融合新方法 [D]. 清华大学博士学位论文, 2012.
[5] 周新宇, 杨风暴, 吉琳娜. 一种新的地面目标多特征关联方法 [J]. 通信技术, 2011, 44(9): 132-134.
[6] 黄友澎. 多传感器多目标航迹相关与数据合成若干关键技术研究 [D]. 哈尔滨工程大学博士学位论文, 2009.
[7] Smith J F. A fuzzy logic multisensor association algorithm[J]. SPIE, 1997, 3068: 76-87.
[8] 周新宇, 杨风暴, 吉琳娜, 李香亭. 拓展 TOPSIS 的地面目标关联算法 [J]. 火力与指挥控制, 2012, 37(3): 107-109.
[9] 周新宇, 杨风暴, 吉琳娜, 李香亭. 一种多传感器信息融合的可能性关联方法 [J]. 传感器与微系统, 2012, 31(4): 33-35.
[10] Bar-Shalom Y, Li X R, Kirubarajan T. Estimation with Application to Tracking and Navigation[M]. New York: John Wiley & Sons, Inc, 2001.
[11] 王洁, 韩崇昭, 李晓榕. 异步多传感器数据融合 [J]. 控制与决策, 2001, 16(6): 877-881.
[12] 杨风暴, 王肖霞. D-S 证据理论的冲突证据合成方法 [M]. 北京: 国防工业出版社, 2010.

第 11 章　可能性理论在红外图像融合中的应用

红外图像融合可以将多个波段、多种模态红外图像的不同互补信息综合到一幅图像中, 形成对场景更精确、更全面的描述, 在场景侦测、目标探测、瞄准跟踪等领域有非常重要的作用. 常见的红外图像融合包括可见光和红外、红外短波或中波和长波、中波细分、红外与紫外等图像间的融合 [1].

红外图像融合的核心技术是将不同图像间的有效差异特征综合到一幅图像上, 目前, 双模态红外图像融合一般依据图像差异的先验估计信息来确定算法, 即针对一些已知的图像差异特征进行融合 [2,3]. 事实上, 在真实的目标检测识别中, 图像间的差异特征很难提前有效确定, 必须依靠具体的成像条件和探测系统实时获取; 并且图像的差异特征类型、差异幅度是随机变化的, 尤其是动态图像, 图像帧间变化更为复杂, 事先确定的融合算法很难发挥有效作用, 不可避免地出现许多失效的情况. 出现问题的原因是不同模态图像间的差异特征是变化的, 而融合方法是固定的, 后者没有随着前者变化类型、幅度而变化; 只有建立差异特征与融合算法之间的联系, 才能得到自适应的融合方法.

差异特征和融合算法间的联系是复杂的, 一般要建立差异特征类集和融合算法集, 进而确定二者之间的映射关系. 类集和集之间的映射不是简单映射而是集值映射 [4], 且这种映射具有一定的不确定性, 加上图像及其场景的动态性, 使其差异特征的类、类集都具有不确定性, 根据差异特征寻找图像的可能有效融合算法需要采用可能性集值映射才能完成 [5].

本章以红外光强图像和红外偏振图像的融合为例, 研究融合图像间差异特征和融合算法之间的可能性集值映射, 进而建立差异特征驱动的融合模型, 探索新的红外图像融合方法.

11.1　差异特征类集与融合算法集

11.1.1　差异特征类集构建

由于探测过程中拍摄场景、成像条件及环境因素的影响, 所以图像差异特征是随机且动态变化的, 一般来说, 单一的差异特征无法准确、全面地描述源图像间的差异信息, 通常需要多个差异特征同时对其进行描述, 然而多个差异特征之间存在一定程度上的相关性, 不同的差异特征描述源图像差异信息的程度也有所不同, 若利用所有的差异特征参与融合, 不可避免地造成计算量大、耗时长的问题, 因此需要对差异特征进行有效选择和提取, 从而构建差异特征集.

对于红外偏振与光强图像来说, 由于需要考虑信息差异的类别层次以及类别层次中嵌入的图像特征信息, 因此采用分类树的方法 [6] 来构建差异特征类集.

首先, 差异特征分类 "树" 的第一层应按照红外偏振和光强成像的偏振特性和辐射特性进行分类 [7]. 在进行偏振红外成像时, 可按照分类对象的偏振特性不同分为人工目标、自然景物. 常见的人工目标的表面材料一般是混凝土、金属或类似材料 (如建筑物、道路、桥梁和机场等). 常见的自然景物有树木、草地、砂石、岩地、水等, 而目标的辐射强度特性也与物质的表面温度相关 (如体温等). 因此, 构建差异特征分类 "树"T 时, 首先 "树" 的第一层可得到的类别 C 为{C1, C2, C3}, 其中 C1 为 "自然景物", C2 为 "人工目标", C3 为 "人".

其次, 针对差异特征分类 "树" 第二层差异信息类别的划分, 对训练图像进行差异特征分类, 同时把分类结果转化为分类树的类别划分的结果. 本章选取了不同场景的 (a1, b1) 到 (a8, b8) 8 组红外偏振和光强图像, 其中前 2 组图像为本课题组采集, 大小均为 256×256 像素, 如图 11.1 所示.

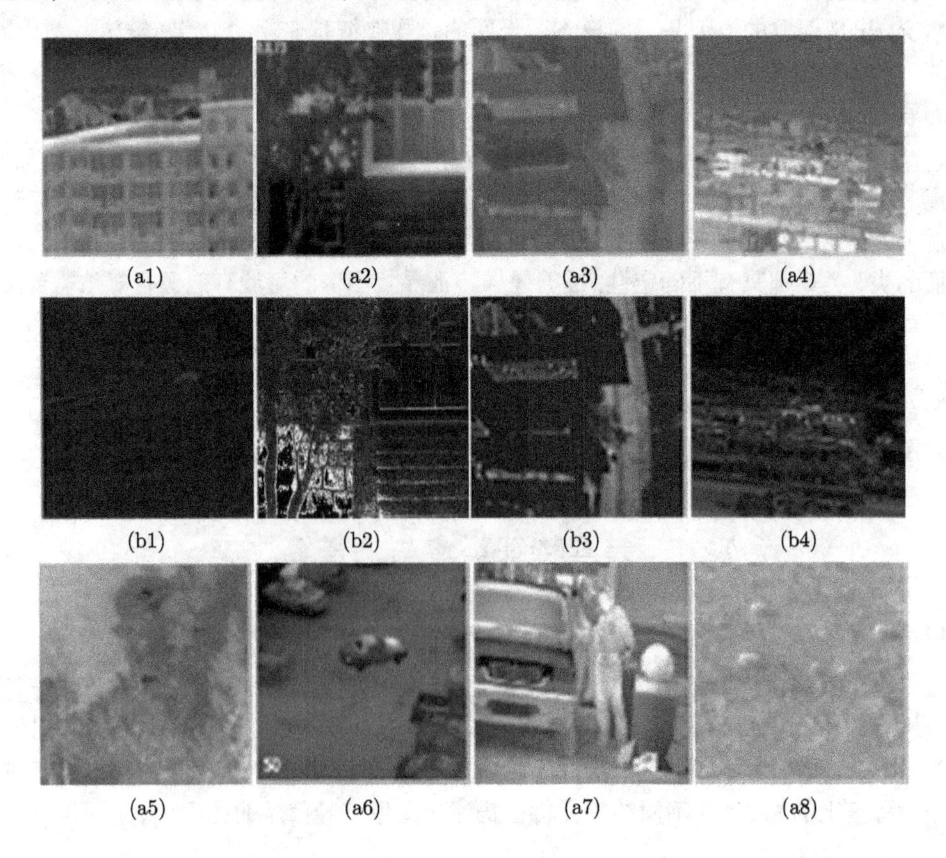

(a1) (a2) (a3) (a4)

(b1) (b2) (b3) (b4)

(a5) (a6) (a7) (a8)

图 11.1 红外光强和偏振图像

从人眼视觉特性可以看出, 红外偏振和红外光强图像上存在许多差异的部分. 例如, 同一目标在光强图像中, 亮度高的目标温度高, 反之温度低, 且目标轮廓比较模糊, 而红外偏振图像中目标的几何形状信息 (如边缘和轮廓) 较丰富. 因此, 本章从 C1, C2, C3 类别角度分别辨别两类图像差异信息类别并进行统计划分, 统计结果见表 11.1. 将其转化为差异特征分类 "树" 示意图如图 11.2 所示, 图像差异的类别与差异特征的分类结果及示意图如表 11.2 和图 11.3 所示.

表 11.1 红外偏振和光强图像差异信息的类别

类别	图像差异信息的划分类别	
C1：自然景物	C1-1 远景 (山、云等) 信息量	C1-2 景物 (树叶) 的层次感
	C1-3 地面明暗对比度	C1-4 地面粗糙、平滑程度
	C1-5 草地的信息量	C1-6 树影明暗对比度
C2：人工目标	C2-1 目标 (建筑物、屋顶、汽车、轮胎、飞机、玻璃窗、地雷等) 边缘	C2-2 目标 (建筑物、屋顶烟囱、车顶、玻璃、地雷等) 亮度
	C2-3 目标 (建筑物、屋顶、汽车、飞机等) 局部细节	C2-4 目标 (车灯、路灯、屋里照明灯等) 亮度
	C2-5 目标 (汽车、汽车等) 局部明暗对比度	C2-6 目标 (窗帘、衣服等) 线条、纹理
C3：人	C3-1 人体边缘	C3-2 人体亮度

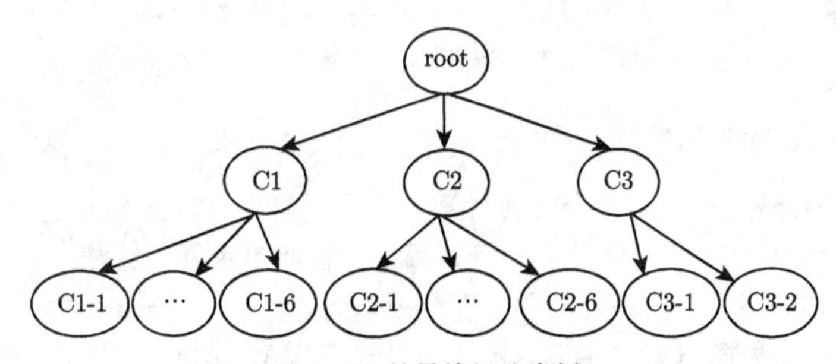

图 11.2 差异特征分类树

表 11.2 图像差异的类别与差异特征的分类

图像差异信息的类别	差异特征分类
C1-1 远景 (山、云等) 信息量	T6, T12
C1-2 景物 (树叶) 的层次感	T5, T8, T9, T14, T15
C1-3 地面明暗对比度	T7, T10, T13
C1-4 地面粗糙、平滑程度	T5, T8, T9, T14, T15
C1-5 草地的信息量	T6, T12
C1-6 树影明暗对比度	T4, T7, T10, T13
C2-1 目标 (建筑物、屋顶、汽车、轮胎、飞机、玻璃窗、地雷等) 边缘	T2, T3, T11, T13
C2-2 目标 (建筑物、屋顶烟囱、车顶、玻璃、地雷等) 亮度	T6, T12
C2-3 目标 (建筑物、屋顶、汽车、飞机等) 局部细节	T1, T10, T11
C2-4 目标 (车灯、路灯、屋里照明灯等) 亮度	T2, T3, T11, T13
C2-5 目标 (汽车、汽车等) 局部明暗对比度	T4, T7, T10, T13
C2-6 目标 (窗帘、衣服等) 线条、纹理	T5, T8, T9, T14, T15
C3-1 人体边缘	T2, T3, T11, T13
C3-2 人体亮度	T6, T12

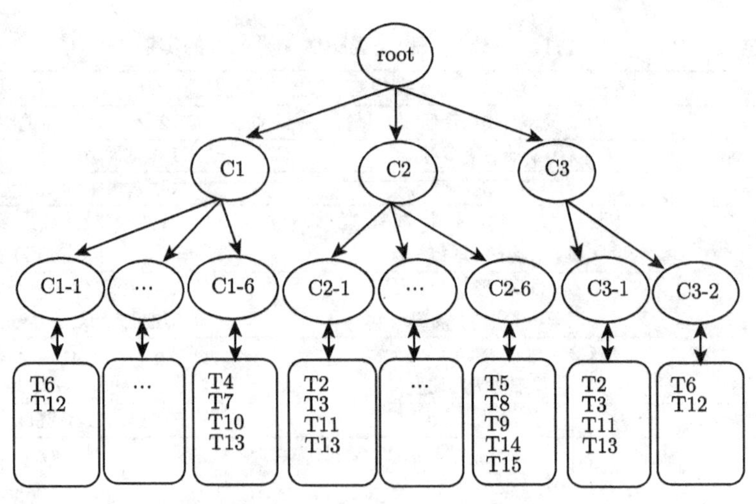

图 11.3 差异特征分类树示意图

11.1.2 融合算法集构建

常见的融合算法很多, 本节按照处理方式不同将融合算法分为五类, 分别是基于数学/统计学算法、基于多分辨率分析算法、智能图像融合算法、基于压缩感知的融合算法 [8]、基于亮暗特征的融合算法 [9].

其中, 基于数学/统计学算法, 包括加权法 (WA)、调和法 (HA)、主成分分析 (PCA) 等; 基于多分辨率分析算法, 包括离散小波变换 (DWT)、小波包 (WPT)、非下采样轮廓波变换 (NSCT)[10]、多分辨率奇异值分解 (MSVD) 等; 智能图像融合算法, 包括支持度变化 (SVT) 等; 基于压缩感知的融合算法, 包括稀疏表示等; 基于亮暗特征的融合算法, 包括形态学顶帽变换 (Top-Hat) 等, 将上述 10 个融合算法建立成融合算法集, 依次记为 $A_j, j \in \{1, 2, \cdots, 10\}$.

11.2 差异特征对融合算法的融合有效度分布

11.2.1 融合有效度分布的构造

随着拍摄场景、成像条件等的不同, 图像差异特征的变化呈现不确定性, 同时融合算法融合各种图像特征的能力具有不确定性, 使得差异特征与融合算法间的对应关系也是不确定的. 为了寻找融合算法随着差异特征不同而变化的优化方式, 差异特征类集和融合算法集之间集值映射关系的建立就尤为重要. 研究表明, 利用可能性分布表征不确定性信息的优势表明各差异特征对每一融合算法的融合有效程度是行之有效的 [11]. 具体过程为:

首先, 将源图像以大小 16×16 像素、步长 8 像素的滑动块依次进行分割, 并对其进行特征提取, 选择出有效差异特征, 具体公式为

$$\Delta T_i = \frac{|T_{i1} - T_{i2}|}{(T_{i1} + T_{i2})/2} \tag{11.1}$$

其中, T_{i1} 为红外偏振图像的第 i 个差异特征值; T_{i2} 为红外光强图像的第 i 个差异特征值; ΔT_i 为两图像第 i 个差异特征的相对值.

然后, 利用上述融合算法分别对源图像进行融合, 得到融合图像, 根据融合图像样本块的差异特征值与两类源图像相对应样本块差异特征均值的差值来判断各融合算法对差异特征融合有效的程度, 公式为

$$Q_{if} = T_{if} - \frac{T_{i1} + T_{i2}}{2} \tag{11.2}$$

其中, T_{if} 表示融合图像的第 i 个差异特征值, 将 Q_{if} 归一化, 可得到差异特征对融合算法的融合有效程度. 图 11.4 给出了图 11.1 中第一组图像 (a1, b1) 第 46 块的 14 个差异特征对应各融合算法的融合有效度分布.

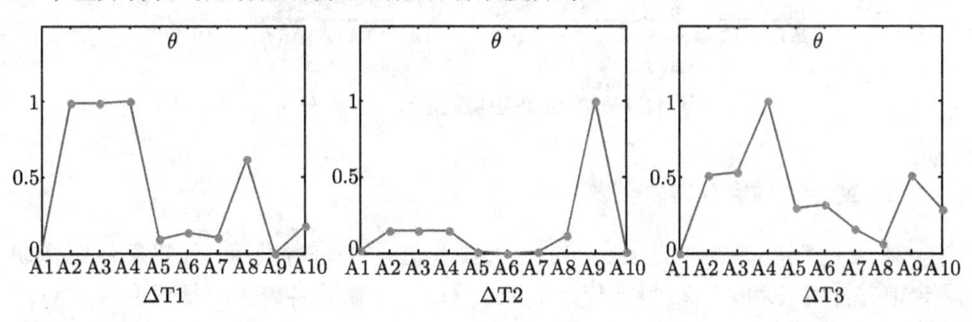

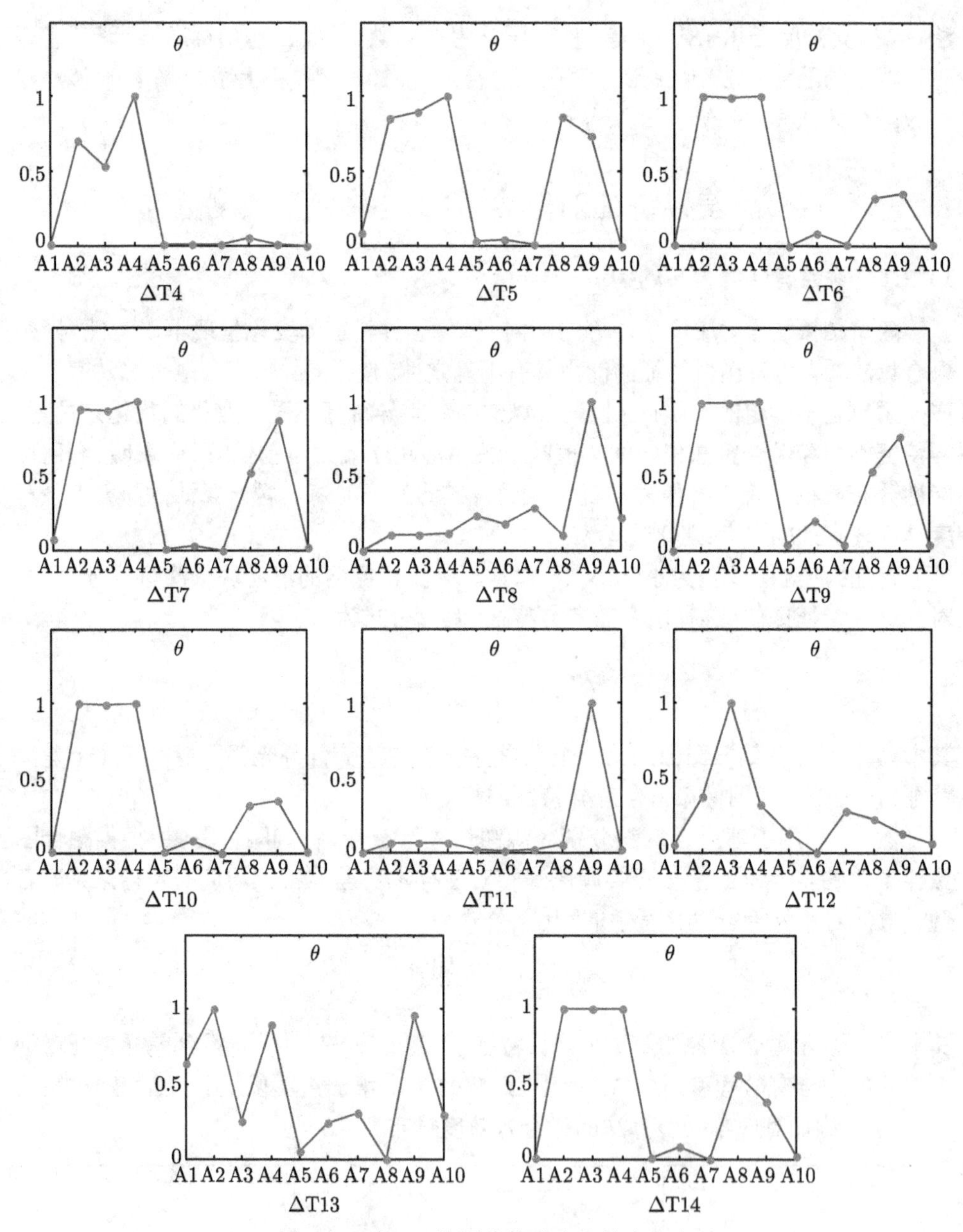

图 11.4　第 46 块图像的融合有效度分布

11.2.2　融合有效度分布的合成

对 4 组红外偏振和光强图像的 49×4 组图像块进行训练, 计算每组图像块融合前差异特征和融合后特征值, 分别计算每个图像块各差异特征对应融合算法的融合有效度分布; 将 4 组图像的 49 组图像块的融合有效度分布的均值进行合成, 利用可能性分布的取大合成规则得到全局图像的融合有效度分布, 如图 11.5 所示.

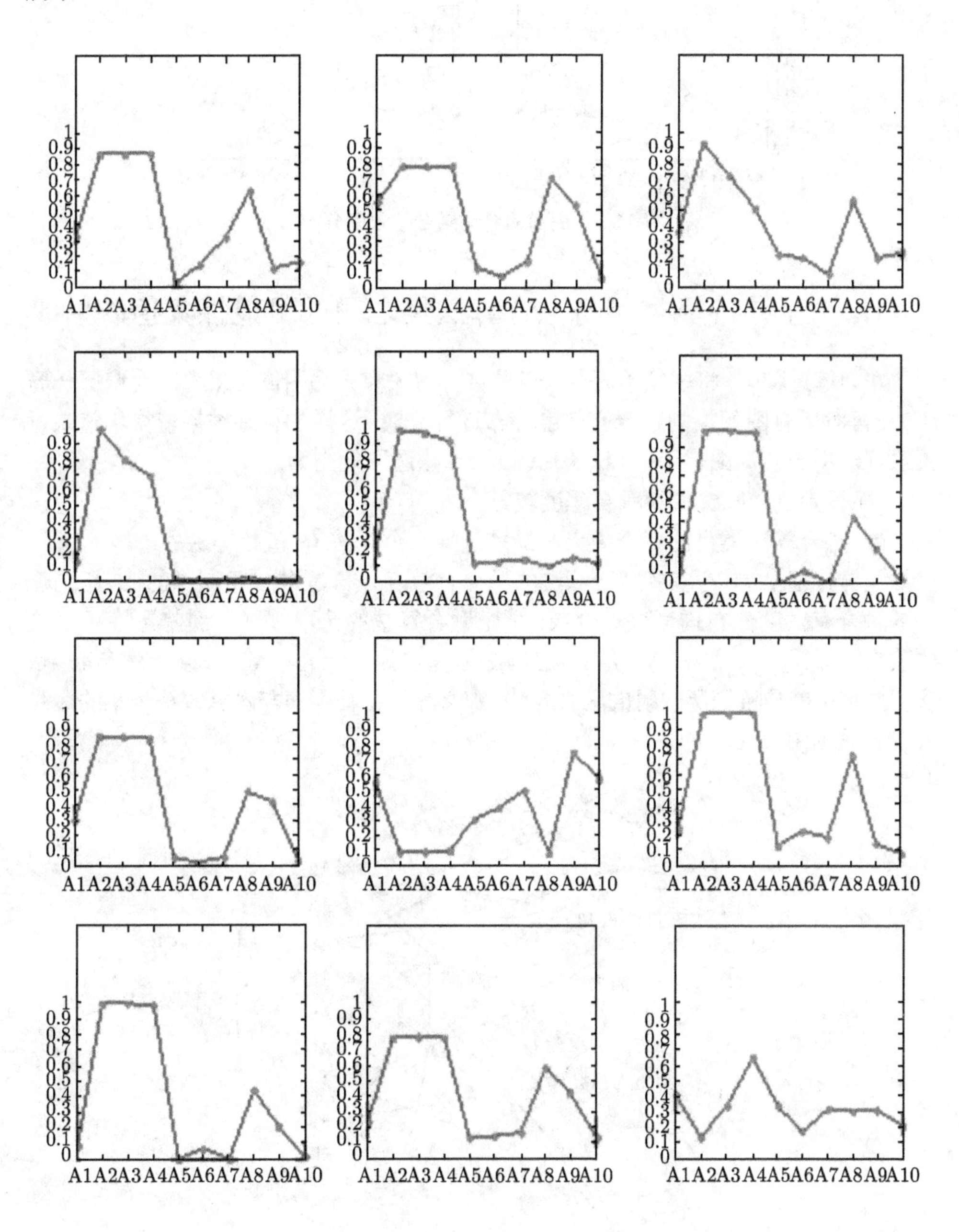

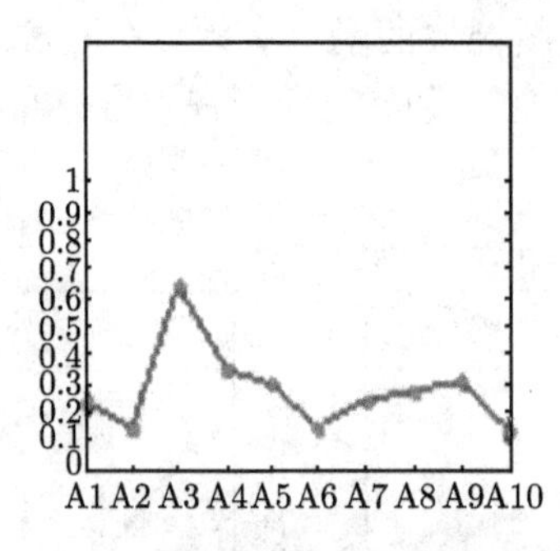

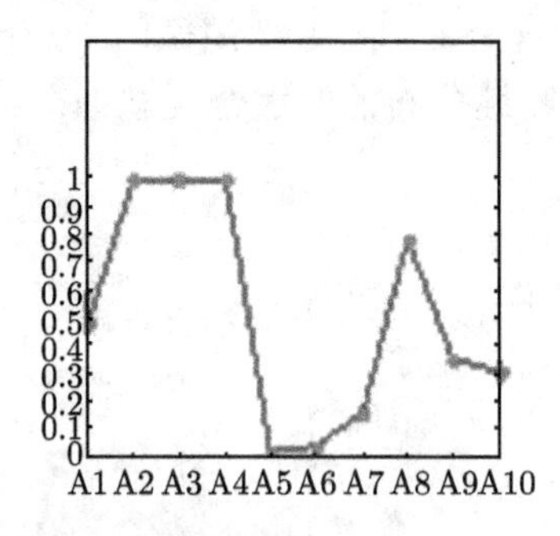

图 11.5　图像的全局融合有效度分布

11.3　差异特征类集与融合算法集之间的可能性集值映射

在训练过程中, 将多组不同背景下的红外偏振和光强图像采用滑动块遍历全局图像, 再对所有图像块的融合有效度分布进行合成, 这样的训练结果使得集值映射关系可适用于全局图像. 多次试验后, 设定算法选取规则为:

(1) 设定 $\theta \in [0.6, 1]$ 为融合程度较好;

(2) 融合算法类集的每个类集中最多选择一个算法 (θ 值相等除外).

差异特征 ΔT_1 对应各融合算法的融合有效度分布是将 4 组图像的 49 组图像块的融合有效度分布均值进行合成, 再由融合算法的选取规则得到差异特征 ΔT_1 的映射关系 [12,13], 如 ΔT_1 得到对应的融合算法为 A2, A4, A8, 重复上述步骤, 依次得到每个差异特征所映射的融合算法, 那么差异特征类集与融合算法类集的最终映射关系见图 11.6.

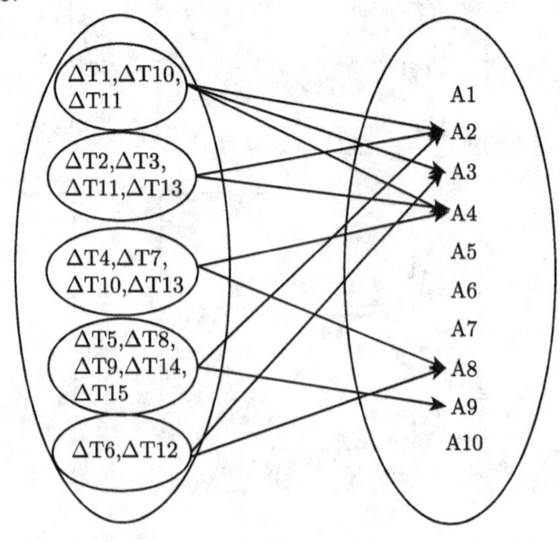

图 11.6　差异特征类集和融合算法集间可能性集值映射

11.4 图像融合模型

11.4.1 融合原理

为验证上节所建立的集值映射的有效性, 本节提出了一种基于集值映射的融合模型, 该模型根据差异特征类集和融合算法集之间的集值映射, 可以建立某类特征与数个融合算法的对应关系, 从而根据差异特征的变化而选择融合算法, 为此提出如下思路:

(1) 根据红外偏振和光强成像的差异特性, 提取两类图像的差异特征, 将多个差异特征值归一化处理, 选取差异相对较大的差异特征, 以提升驱动能力.

(2) 根据差异特征分类树, 建立差异特征类集.

(3) 以差异特征类集为论域, 构造偏振和光强图像的差异特征的融合有效度分布, 选择参与驱动的差异特征.

(4) 以融合算法集为论域, 构造每个差异特征集值映射所得的论域子集上的融合有效度分布.

(5) 根据融合有效度的大小, 选择相应的融合算法, 即得到根据差异特征选择的融合算法子集.

差异特征驱动选择融合算法后, 研究各算法间的协同关系及嵌接方法, 这需要根据具体算法和特征的特点来确定, 一般应遵照对应差异特征的主次顺序、便于输入输出、总体算法复杂度要低、节省处理时间、便于特征融合等原则进行. 由此建立的融合模型如图 11.7 所示.

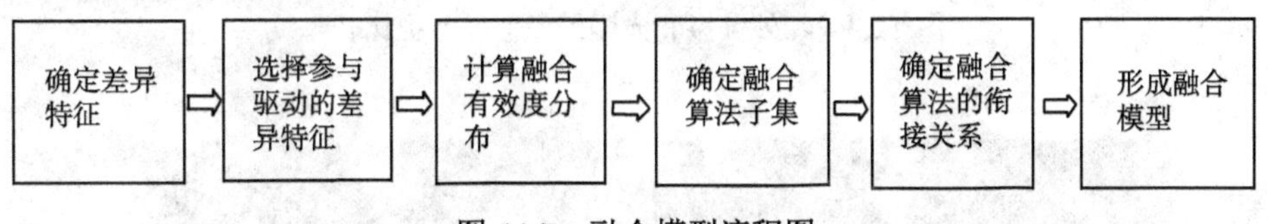

图 11.7 融合模型流程图

11.4.2 融合结果及评价

1. 单组图像的融合结果

以一组红外偏振和光强图像为测试图像, 如图 11.8 所示, 提取差异特征类集中各个差异特征, 选取出差异值较大的差异特征, 见图 11.9, 为 $\{\Delta T_3, \Delta T_5, \Delta T_9\}$; 根据差异特征类集与融合算法类集之间的映射关系选择出相应的各融合算法, 为 $\{A_2, A_3, A_4, A_8\}$; 采用均值法融合所选择出的各融合算法 [14], 得到本节融合结果, 见图 11.10.

(a) 红外偏振

(b) 红外光强

图 11.8　红外偏振和光强图像

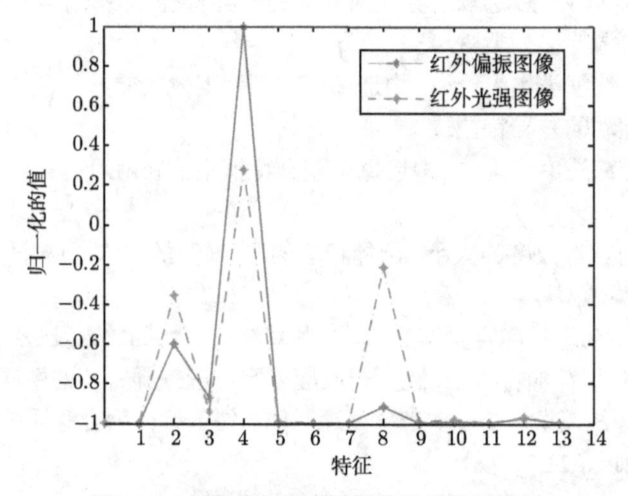

图 11.9　红外偏振和光强图像差异特征比较

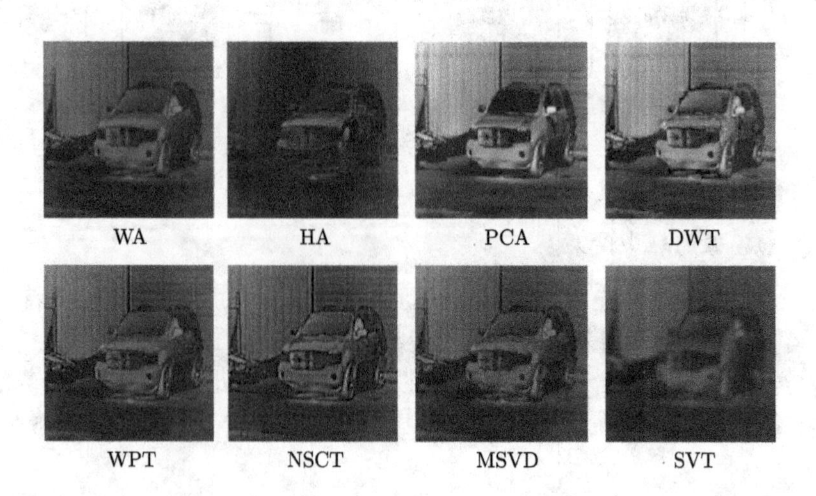

图 11.10 红外偏振和光强图像融合结果

2. 序列图像的融合结果

以一序列红外偏振和光强图像为测试图像, 如图 11.11 所示, 提取每帧图像的

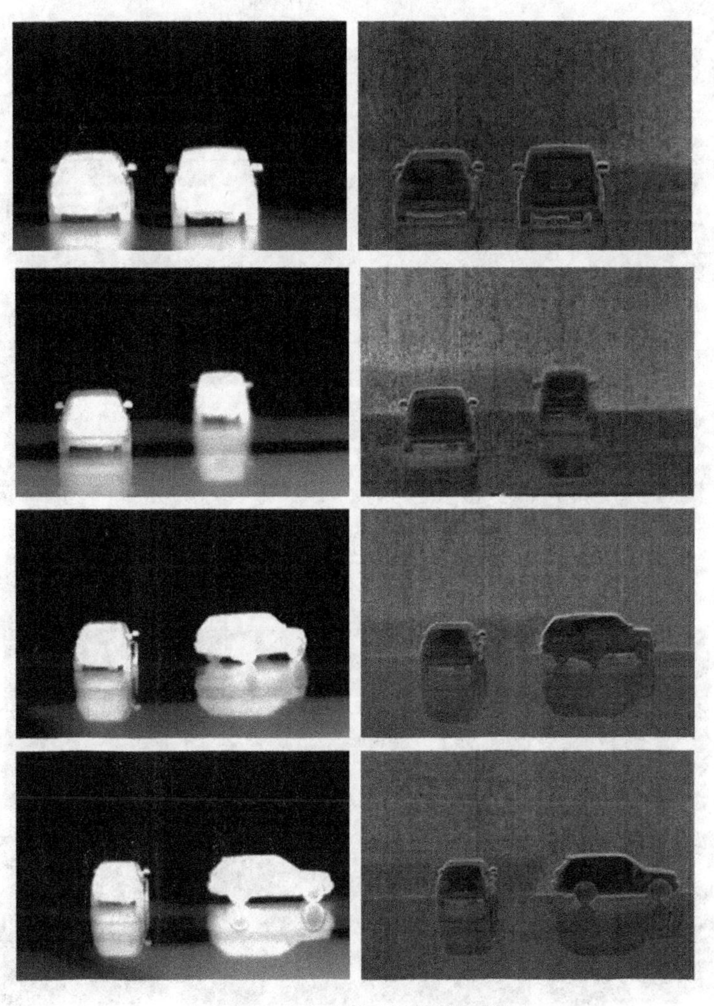

图 11.11 汽车序列图像的采集

差异特征类集中各个差异特征, 见图 11.12, 为 $\{\Delta T_3, \Delta T_4, \Delta T_5, \Delta T_9, \Delta T_{11}, \Delta T_{13}\}$; 选取出差异值较大 3 个差异特征来驱动融合, 为 $\{\Delta T_4, \Delta T_5, \Delta T_9\}$; 根据差异特征类集与融合算法类集之间的映射关系选择出相应的各融合算法, 为 $\{A_4, A_8, A_9\}$; 采用均值法融合所选择出的各融合算法, 得到本节融合结果, 见图 11.13.

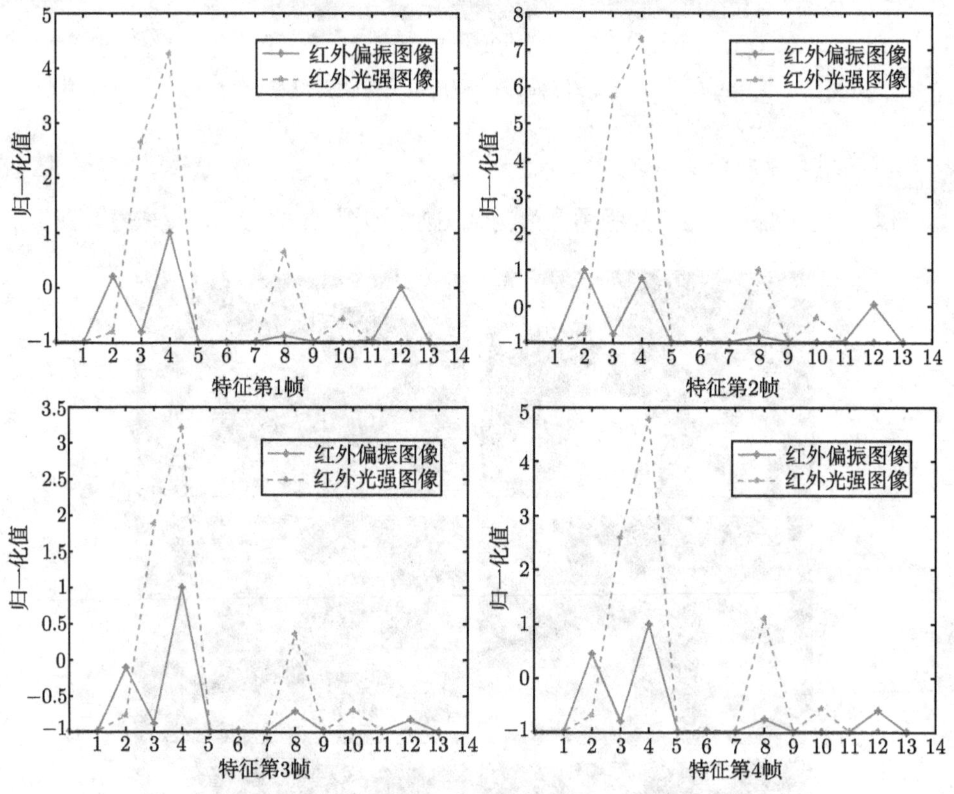

图 11.12　红外偏振和光强序列图像差异特征比较

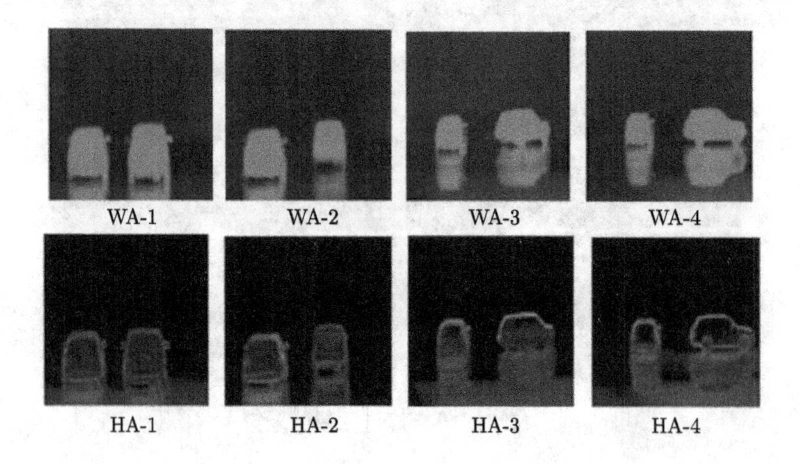

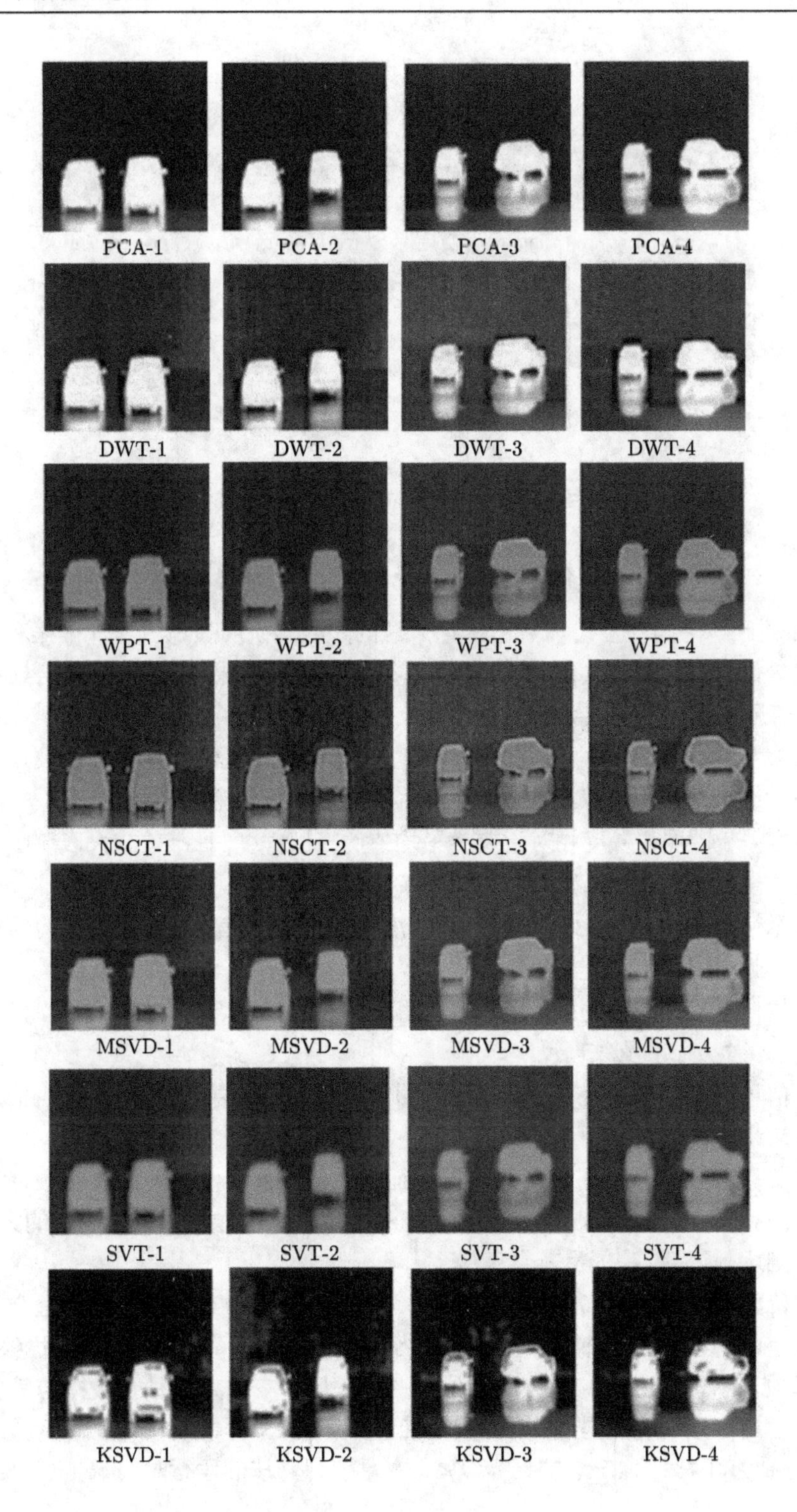
PCA-1
PCA-2
PCA-3
PCA-4
DWT-1
DWT-2
DWT-3
DWT-4
WPT-1
WPT-2
WPT-3
WPT-4
NSCT-1
NSCT-2
NSCT-3
NSCT-4
MSVD-1
MSVD-2
MSVD-3
MSVD-4
SVT-1
SVT-2
SVT-3
SVT-4
KSVD-1
KSVD-2
KSVD-3
KSVD-4

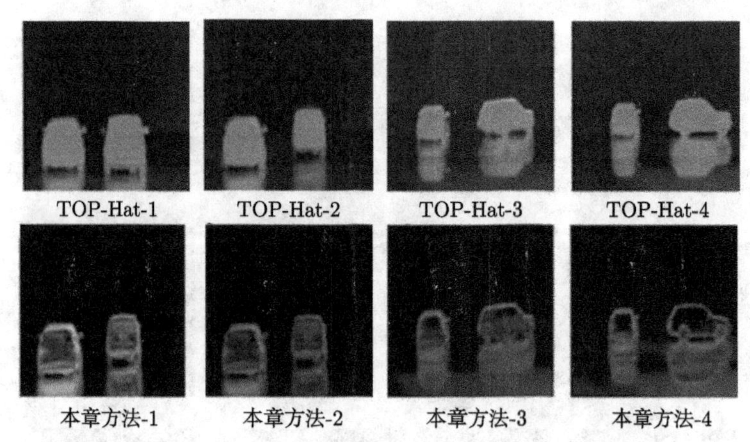

图 11.13　红外偏振和光强序列图像融合结果

3. 单组图像的融合评价

主观上, 从图 11.10 可以看出本章方法的融合结果明显地将红外偏振和光强图像的差异信息进行了有效的融合, 且与其他算法融合结果比较而言, 融合结果清晰明了、信息丰富, 而且融合方法操作方便 [15].

客观上, 本节选择了标准差、信息熵、平均梯度、互信息量 [16] 以及运行时间的客观指标来评价几种算法的融合效果, 各指标的评价情况分别是:

标准差反映图像灰度相对于灰度平均值的离散程度, 标准差越大表明图像灰度反差越大, 所含信息量也就越大, 反之会越小;

信息熵是衡量融合图像信息丰富程度的一个重要指标, 融合图像的信息熵越大, 说明融合图像的信息量的越多;

平均梯度衡量图像的微小细节反差和纹理变化特征, 平均梯度越大, 则图像的清晰度高, 微小细节及纹理反映越好;

互信息量反映的是融合图像容原始图像中获得的信息量的多少, 获得信息越多融合效果越好;

算法运行时间包括测试图像差异特征的选取时间、根据集值映射融合算法的选择时间和融合时间, 反映的是各融合算法与本章算法融合图像的速度的大小, 时间越小则运行速度越快, 反之会越慢.

评价结果见表 11.3, 表中可以看出本章方法与其他融合算法得到的融合图像相比标准差、信息熵、平均梯度、互信息量各指标值都为最高, 表现出明显优势. 为更加直观地显示本章方法的优势, 采用式 (11.3) 计算本章方法融合指标与其他所有算法中各指标最大值的提高率, 得到标准差、信息熵、平均梯度、互信息量的提高率 R 分别为 1.7%, 1.3%, 7.1%, 8.1%. 本章融合算法的运行时间为 0.9216s, 相对运行时间不是最短的, 但是与运行时间短的融合算法相比融合效果最好. 因此, 本章方法实现了差异特征优化选择算法, 将互补性强的差异特征有效融合, 且各融合指标相对提高.

$$R = \frac{|\mathrm{Ind} - \mathrm{ind}_{\max}|}{\mathrm{Ind}} \tag{11.3}$$

其中, Ind 表示本章融合方法的指标值, $\mathrm{ind}_{\max}$ 表示其他融合算法的指标值中最大值.

表 11.3 单组融合图像的客观指标

融合算法	标准差	信息熵	平均梯度	互信息	运行时间/s
WA	27.4664	6.5944	3.1407	6.5943	0.7228
HA	0.0055	0.0005	0.0001	0.0005	0.8327
PCA	0.4438	0.8411	0.0278	0.8411	0.8521
DWT	0.4316	0.8074	0.0304	0.7775	1.4311
WPT	29.1181	6.7429	4.7408	4.3086	5.6929
NSCT	27.8731	6.6880	5.7004	4.0690	66.1105
MSVD	28.1941	6.6767	3.8765	4.4983	0.8393
SVT	24.1953	6.2992	1.2743	4.0060	0.9622
KSVD	53.7287	7.3131	4.8775	4.7411	3.7842
Top-Hat	29.3026	6.7415	4.4683	4.5553	2.5157
本章方法	54.6722	7.4113	6.1344	7.1780	0.9216
R	1.7%	1.3%	7.1%	8.1%	—

4. *序列图像的融合评价*

主观上, 从图 11.13 可以看出本章方法的序列图像融合结果明显地将红外偏振和光强图像的差异信息进行了有效的融合, 融合效果明显, 且与其他算法融合结果比较而言, 融合结果清晰明了、细节信息丰富, 如车牌边缘轮廓明显, 车牌细节清晰, 融合方法操作方便.

客观上, 依然选择了标准差、信息熵、平均梯度、互信息量以及运行时间的客观指标来评价几种算法的融合效果.

评价结果见表 11.4, 表中可以看出本章方法与其他融合算法得到的融合图像相比标准差、信息熵、平均梯度、互信息量各指标值都为最高, 表现出明显优势. 为更加直观地显示本章方法的优势, 评价指标 R 取相对值

$$R = \frac{|\mathrm{ind} - \bar{\mathrm{ind}}|}{\bar{\mathrm{ind}}} \tag{11.4}$$

其中, Ind 表示本章融合方法的指标值; $\bar{\mathrm{ind}}$ 表示其他融合算法的指标值中均值.

采用式 11.4 计算本章方法融合指标与其他所有算法中各指标均值的提高率, 得到标准差、信息熵、平均梯度、互信息量提高率 R 分别为 5.1%, 20.3%, 7.8%,

1.6%. 因此, 本章方法实现了差异特征优化选择算法, 将互补性强的差异特征有效融合, 且各融合指标相对提高.

表 11.4 序列图像融合的客观指标

融合算法	标准差	信息熵	平均梯度	互信息	运行时间/s
WA	38.3849	5.2153	2.8455	5.2153	0.5228
HA	0.0345	0.0133	0.0013	0.0133	0.8567
PCA	0.3621	0.6226	0.0085	0.6226	0.8961
DWT	0.3609	0.6196	0.0087	0.6185	1.7311
WPT	40.5610	5.9495	4.8631	2.7702	6.6129
NSCT	33.8165	6.1160	5.3467	3.0042	56.1735
MSVD	40.4395	5.8687	4.3805	2.9976	0.8393
SVT	35.1501	5.0351	1.1369	2.1644	0.9622
KSVD	79.1416	4.1933	3.2055	1.9497	3.8842
Top-Hat	41.2120	6.0483	5.9185	2.6741	2.6157
本章方法	36.3183	6.0985	8.9506	2.0491	1.2516
R	5.1%	20.3%	7.8%	1.6%	—

11.5 本章小结

本章将可能性理论应用到红外偏振与光强图像融合中, 利用可能性分布构造了差异特征对融合算法的融合有效度分布, 并通过可能性分布的合成得到图像的全局融合有效度分布; 采用可能性集值映射建立了差异特征与融合算法间的关系, 提出了一种基于集值映射的图像融合模型, 并对多组红外偏振和光强图像及其序列图像进行融合仿真验证, 实现了融合算法根据差异特征的变化而变化.

参考文献

[1] Yang F B, Wei H. Fusion of infrared polarization and intensity images using support value transform and fuzzy combination rules[J]. Infrared Physics & Technology, 2013, 60: 235-243.

[2] 杨风暴, 李伟伟, 蔺素珍, 王飞跃. 红外偏振与红外光强图像的融合研究 [J]. 红外技术, 2011, 33(5): 262-266.

[3] Toet A, Hogervorst M A, Nikolov S G, et al. Towards cognitive image fusion[J]. Information Fusion. 2010, 11(2): 95-113.

[4] 牛涛, 杨风暴, 王志社, 王肖霞. 一种双模态红外图像的集值映射融合方法 [J]. 光电工程, 2015, 42(4): 75-80.

[5] 杨风暴. 红外偏振与光强图像的拟态融合原理和模型研究 [J]. 中北大学学报 (自然科学版), 2017, 38(1): 1-8.

[6] 陆彦婷, 陆建峰, 杨静宇. 层次分类方法综述 [J]. 模式识别与人工智能, 2013, 26(12): 1130-1139.

[7] 牛涛, 杨风暴, 卫红, 等. 红外光强和偏振图像差异特征分类树的构建 [J]. 红外技术, 2015, 37(6): 457-461.

[8] 靳焕庭. 基于稀疏表示与压缩感知的图像融合方法研究 [D]. 西安电子科技大学硕士学位论文, 2013.

[9] 陈磊, 杨风暴, 王志社, 纪利娥. 特征级与像素级相混合的 SAR 与可见光图像融合 [J]. 光电工程, 2014, 41(3): 55-60.

[10] Li Q S, Li J F, Jiang Z T. Image fusion based on non-subsampled contourlet transform and evaluation[J]. Application Research of Computers, 2009, 26(3): 1138-1142.

[11] 吉琳娜. 可能性分布合成理论及其工程应用研究 [D]. 中北大学博士学位论文, 2015.

[12] Zhang L, Yang F B, Ji L N. A categorization method of infrared polarization and intensity image fusion algorithm based on the transfer ability of difference features[J]. Infrared Physics and Technology, 2016, 79: 91-100.

[13] Yuan X H, Li H X, Zhang C. The set-valued mapping based on ample fields[J]. Computers and Mathematics with Application, 2008, 56: 1954-1965.

[14] 牛涛. 红外偏振探测图像差异特征类集与融合算法集的集值映射研究 [D]. 中北大学硕士学位论文, 2015.

[15] 杨风暴. 红外物理与技术 [M]. 北京: 电子工业出版社, 2014.

[16] 安富, 杨风暴, 蔺素珍, 周萧. 特征差异驱动的红外偏振与光强图像融合 [J]. 中国科技论文, 2014, 9(1): 96-102.

彩　图

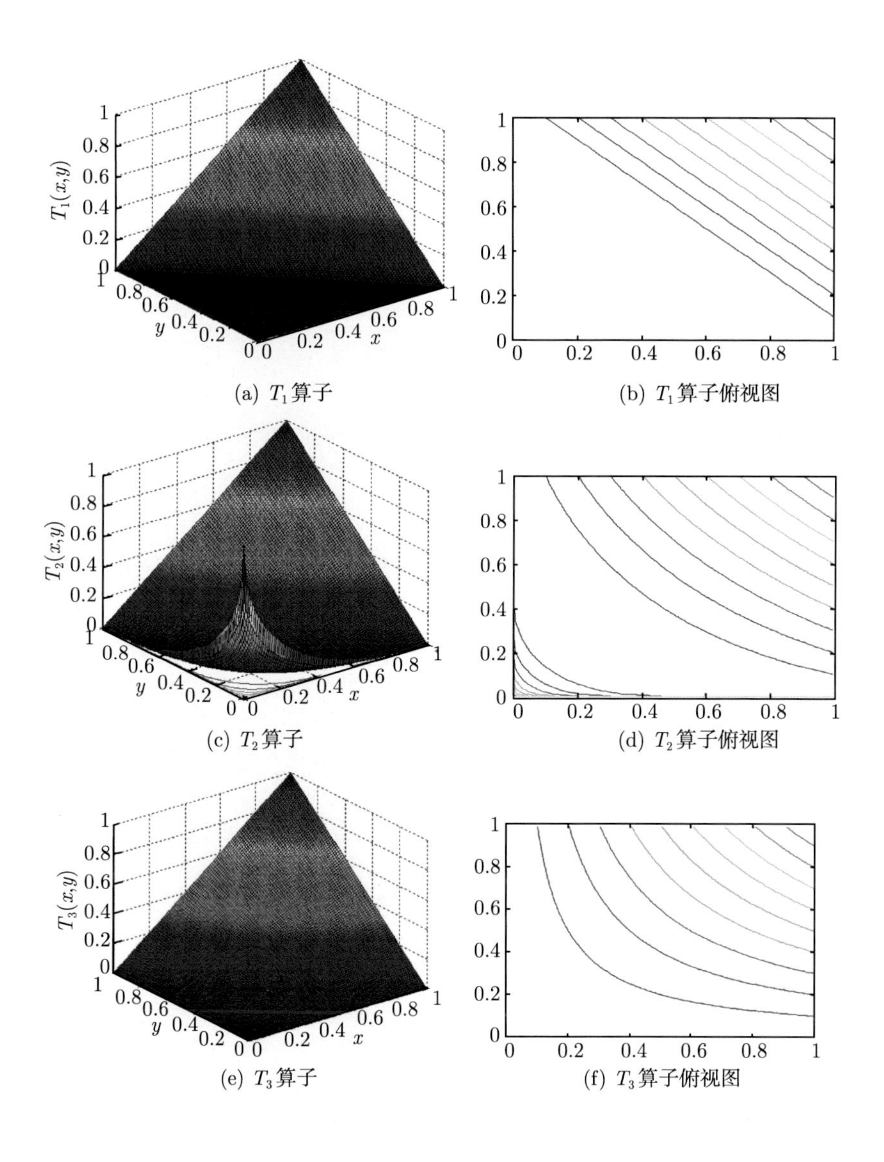

(a) T_1算子　(b) T_1算子俯视图

(c) T_2算子　(d) T_2算子俯视图

(e) T_3算子　(f) T_3算子俯视图

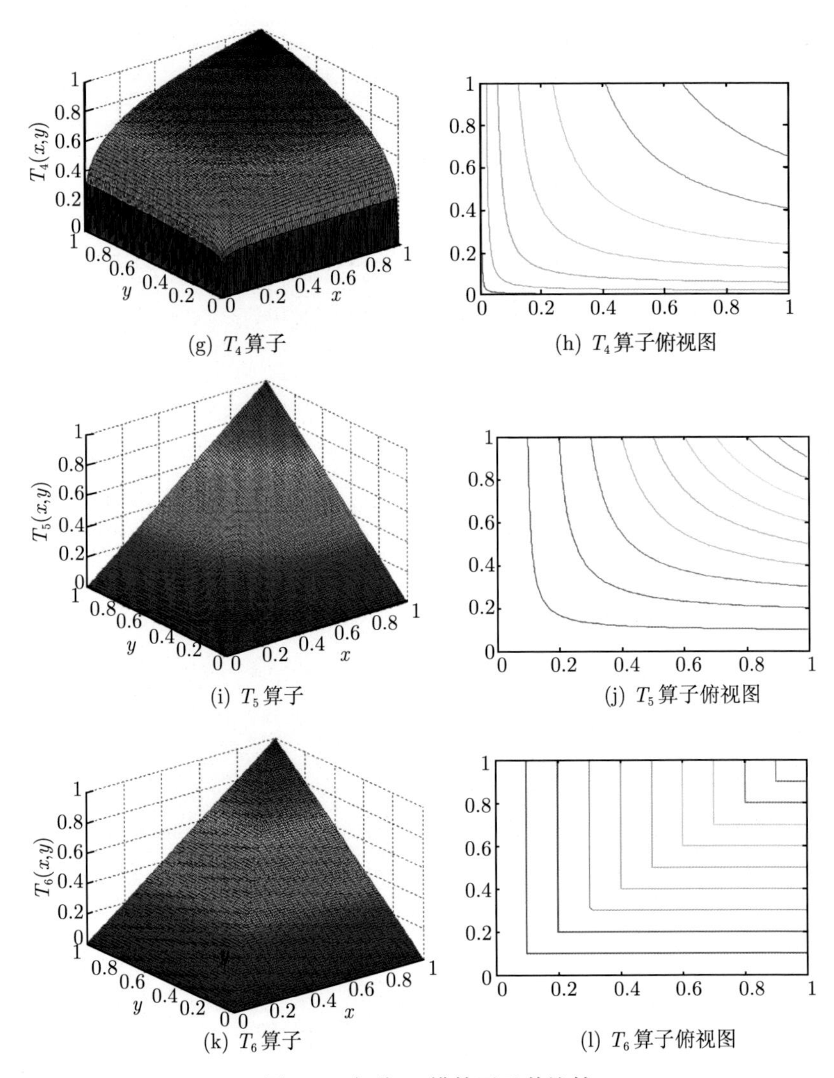

(g) T_4算子　(h) T_4算子俯视图

(i) T_5算子　(j) T_5算子俯视图

(k) T_6算子　(l) T_6算子俯视图

图 5.2　各种 T-模算子及其比较

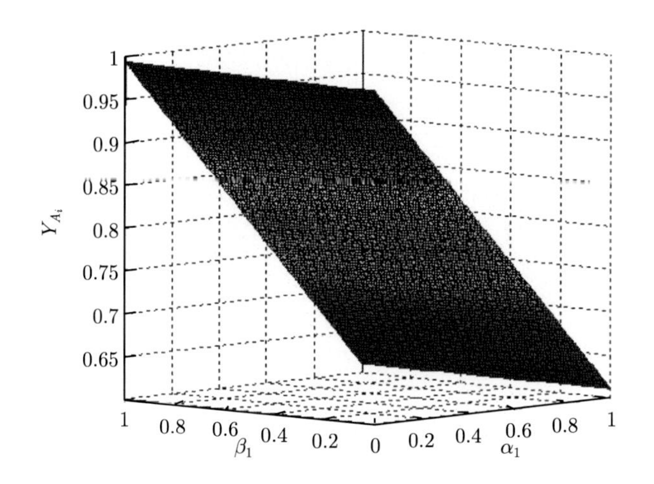

图 5.9　确定度 Y_{A_i} 与 α_1, β_1 的关系

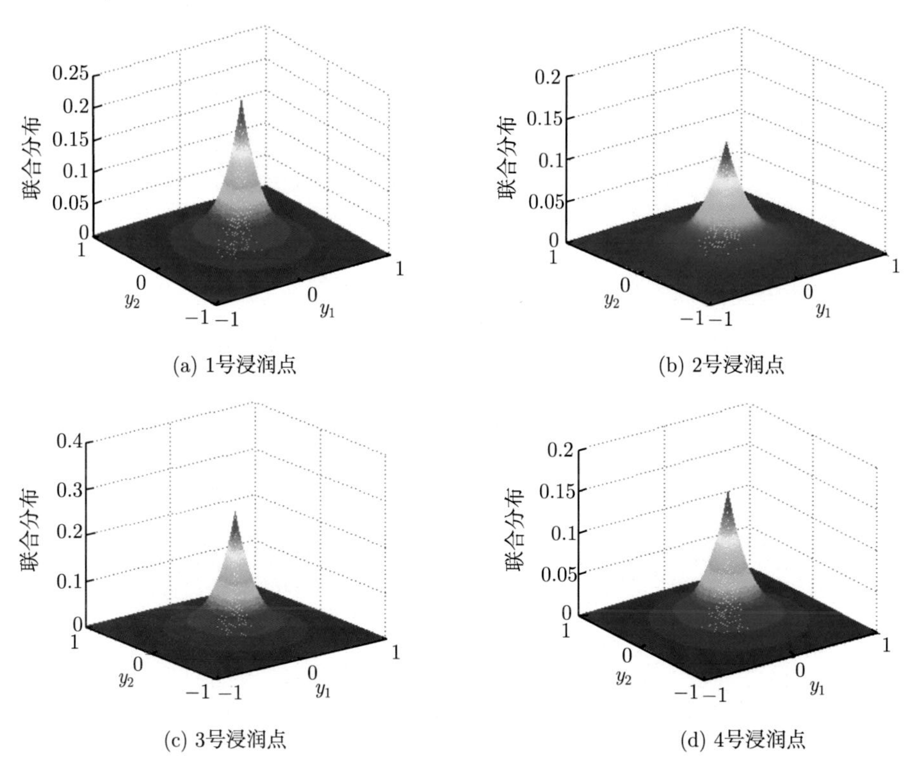

图 8.8　浸润点不确定性系数的联合可能性分布

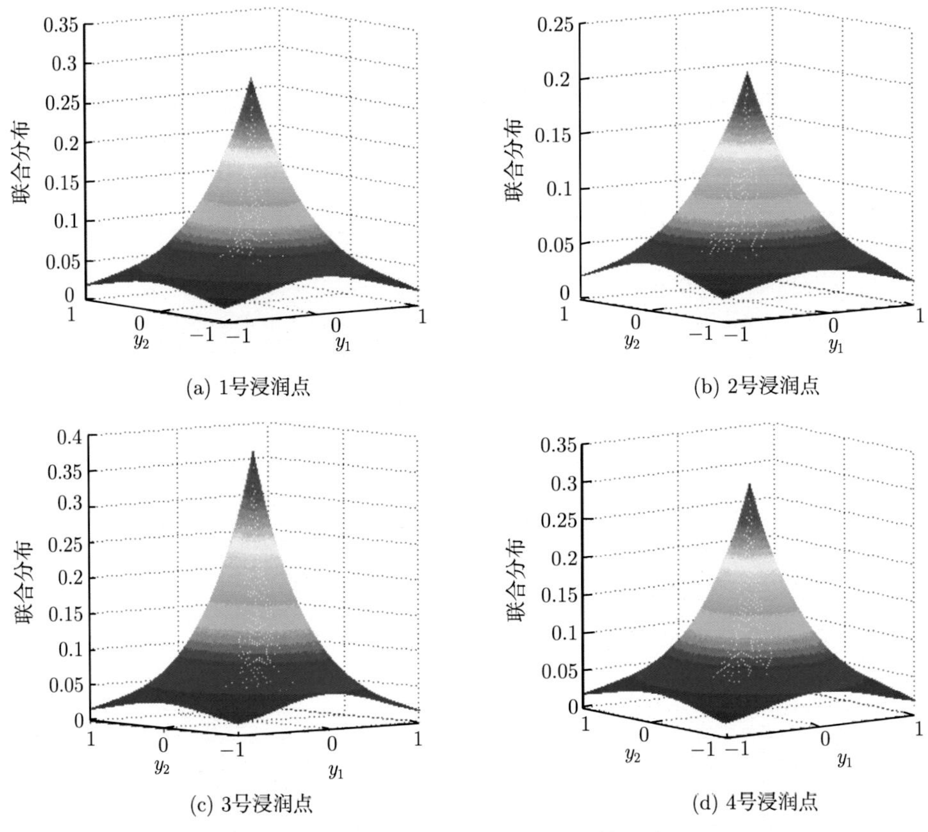

(a) 1号浸润点　(b) 2号浸润点

(c) 3号浸润点　(d) 4号浸润点

图 8.9　浸润点信息的联合可能性分布

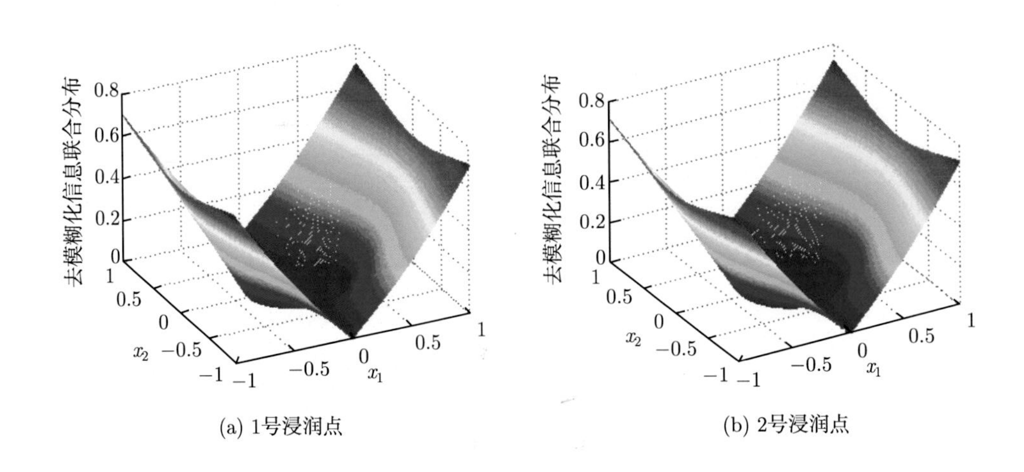

(a) 1号浸润点　(b) 2号浸润点

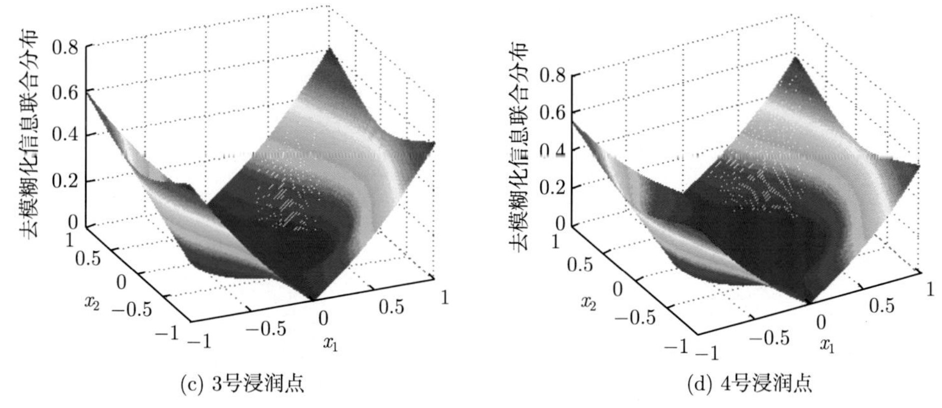

(c) 3号浸润点　　(d) 4号浸润点

图 8.10　浸润点去模糊化信息联合分布

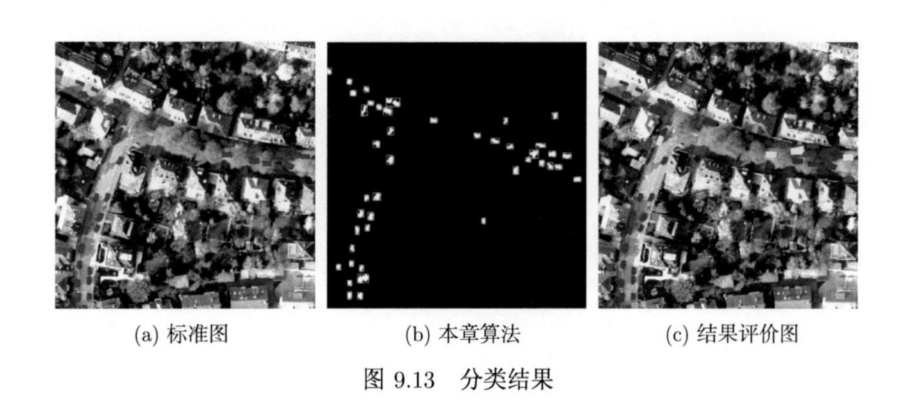

(a) 标准图　　(b) 本章算法　　(c) 结果评价图

图 9.13　分类结果

(a1)　　(a2)　　(a3)　　(a4)

(b1)　　(b2)　　(b3)　　(b4)

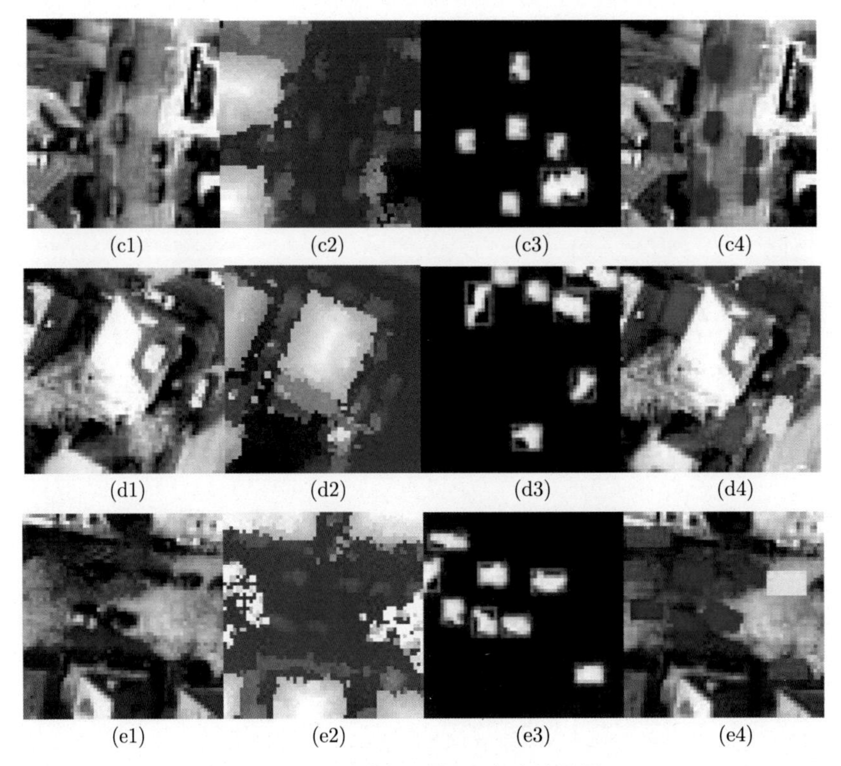

图 9.14　车辆区域提取实验结果图